输电线路覆冰振动特性及融冰测试

祝 贺 施俊杰 著

科 学 出 版 社
北 京

内 容 简 介

本书系统介绍了输电线路覆冰振动理论及融冰测试技术。全书共 16 章，分为三大部分，主要内容包括输电导线覆冰增长、脱冰振动数学模型求解及计算方法对比分析，输电导线覆冰增长、脱冰振动仿真，融冰体系脱冰振动特性仿真，输电导线脱冰振动位移、覆冰横扭振动、融冰体系脱冰振动试验测试。本书理论性及系统性较强，注重理论结合实际，尽量避开复杂理论分析，重点关注基本原理和基本方法。

本书可作为电气工程学科输电工程方向硕士研究生、博士研究生的学习资料，也可供电气工程相关专业技术人员参考。

图书在版编目(CIP)数据

输电线路覆冰振动特性及融冰测试 / 祝贺，施俊杰著. —北京：科学出版社，2021.11

ISBN 978-7-03-070388-0

Ⅰ. ①输…　Ⅱ. ①祝…　②施…　Ⅲ. ①输电线路-融冰化雪-研究　Ⅳ. ①TM726

中国版本图书馆CIP数据核字(2021)第226295号

责任编辑：吴凡洁　王楠楠 / 责任校对：胡小洁
责任印制：吴兆东 / 封面设计：无极书装

科学出版社 出版
北京东黄城根北街 16 号
邮政编码：100717
http://www.sciencep.com
北京中石油彩色印刷有限责任公司 印刷
科学出版社发行　各地新华书店经销
*
2021 年 11 月第　一　版　开本：720 × 1000　1/16
2023 年　7　月第三次印刷　印张：11 1/2
字数：218 000

定价：98.00 元

(如有印装质量问题，我社负责调换)

前　言

输电线路覆冰引发的脱冰振动、舞动已成为我国在役输电线路必须解决的工程问题，也是广大科研工作者急需解决的科研问题；此外，在融冰作业时覆冰脱落将导致融冰体系发生振动，引起悬臂组合机构和短接导线产生位移和应力变化，进而导致结构失稳、动触头脱出、短接导线断线及绝缘破坏等事故。

为解决上述问题，本书以融冰体系为研究对象，采用理论推导、仿真分析及试验测试等方法，建立、求解并验证融冰体系脱冰振动数学模型，并在此基础上求解分析各工况条件下融冰体系脱冰振动特性的变化规律，着重研究输电导线冰棱形成机理、针对不同脱冰工况和输电导线参数的导线脱冰振动特性，总结各参数作用下导线脱冰振动特性变化规律。

本书力求在考虑多种外界参数作用下，使用基本的数学物理方程描述复杂的输电导线结冰、融冰过程，具有丰富的理论性。在确保理论正确的前提下，本书注重理论联系实际，力求用简洁的数学物理方法解决电网实际运行中存在的科学问题，尽量避开烦冗的公式推导和数据分析，具有较强的实用性。

本书由祝贺、施俊杰撰写。全书共分为 16 章，第 1～12 章由祝贺执笔，第 13～16 章由施俊杰执笔。本书的撰写依据国内外现行的最新标准、规范、规程，结合了吉林省输电工程安全与新技术实验室近年的科研成果，并融合了作者多年的教学及科研经验。在撰写过程中得到了中国南方电网公司-东北电力大学共建联合实验室的大力支持，谨在此对实验室人员表示衷心的感谢！感谢研究生杨俊晴的大量校稿工作！

由于作者水平有限，书中难免存在不足之处，敬请广大读者批评指正。

祝贺　施俊杰
2021 年 5 月于东北电力大学

目　　录

前言

第 1 章　绪论 …… 1

1.1　背景 …… 1

1.2　意义 …… 2

第一篇　输电导线覆冰增长、脱冰振动数学模型

第 2 章　覆冰导线冰棱动态覆冰增长数学模型 …… 5

2.1　建立输电导线覆冰冻结能量守恒方程 …… 5

2.1.1　建立冻雨(过冷水滴)冻结热平衡方程 …… 5

2.1.2　求解冰棱覆冰导线冻结系数 …… 7

2.2　建立输电导线覆冰增长质量守恒方程 …… 7

2.2.1　冻雨(过冷水滴)冻结过程中的质量守恒 …… 7

2.2.2　冰棱生长特性分析 …… 9

2.3　建立输电导线冰棱动态增长数学模型 …… 10

2.3.1　冰棱纵向增长数学模型 …… 10

2.3.2　冰棱径向增长数学模型 …… 11

第 3 章　覆冰导线连续档脱冰振动数学模型及计算方法对比分析 …… 13

3.1　导线脱冰振动达朗贝尔原理及计算方法分析 …… 13

3.1.1　导线脱冰振动达朗贝尔动力学基本方程 …… 13

3.1.2　导线脱冰振动基本方程的自振角频率计算 …… 15

3.1.3　导线脱冰振动基本方程的动力响应计算 …… 16

3.2　基于拉格朗日方程的输电导线脱冰振动数学模型及计算方法分析 …… 17

3.2.1　建立输电导线脱冰振动位移数学模型 …… 17

3.2.2　建立输电导线脱冰振动水平应力数学模型 …… 23

3.2.3　Runge-Kutta 计算方法的 MATLAB 实现 …… 23

第 4 章　覆冰导线流固耦合横扭振动数学模型及求解方法 …… 26

4.1　覆冰导线气动弹性数学模型的失稳判定 …… 26

4.2　覆冰导线流固耦合横扭振动数学模型的建立及分析 …… 28

4.3　覆冰导线流固耦合横扭振动数学模型降阶变换 …… 30

4.4　覆冰导线横扭振动数学模型的 Runge-Kutta 耦合迭代求解法 …… 32

第 5 章　基于实体单元找形分析的模型结构参数矩阵……34
5.1　考虑截面弯矩时覆冰导线实体单元找形分析……34
5.1.1　导线参数及建模……34
5.1.2　找形分析……34
5.2　覆冰导线预应力状态下的模态分析……42
5.3　覆冰单、分裂导线刚度和阻尼矩阵……45
第 6 章　基于气动仿真数据的多参数激励响应面方程……48
6.1　覆冰单导线静、动态气动力参数仿真对比分析……48
6.1.1　流域模型与网格划分……48
6.1.2　脉动风模拟……48
6.1.3　舞动轨迹控制……50
6.1.4　横向振动气动力系数……51
6.1.5　横向振动压力和速度云图……52
6.1.6　横扭耦合气动力系数……54
6.1.7　横扭耦合压力和速度云图……55
6.2　覆冰分裂导线静、动态气动力参数仿真对比分析……57
6.2.1　流域模型与网格划分……57
6.2.2　子导线气动力参数对比分析……57
6.3　覆冰导线风速、冰厚和风攻角三参数动态气动力参数仿真……60
6.4　覆冰导线动态气动力多参数响应面拟合方程……62
6.4.1　建立三因素交互影响下的响应面拟合方程……62
6.4.2　建立三因素独立作用下的响应面拟合方程……63
第 7 章　覆冰导线流固耦合横扭振动动力响应及轨迹重构……67
7.1　覆冰单、分裂导线流固耦合横扭振动动力响应数学模型的求解……67
7.2　覆冰导线流固耦合横扭振动动力响应轨迹重构……69
第 8 章　融冰体系结构分析及脱冰振动数学模型……72
8.1　融冰体系基本结构及脱冰振动分析模型……72
8.1.1　融冰体系基本结构组成……72
8.1.2　融冰体系脱冰振动分析模型……73
8.2　基于拉格朗日方程的融冰体系脱冰振动数学模型构建方法……74
8.3　建立融冰体系短接导线脱冰振动数学模型……76
8.3.1　建立短接导线脱冰振动位移数学模型……76
8.3.2　建立短接导线脱冰振动应力数学模型……81
8.4　建立悬臂组合机构脱冰振动数学模型……81
8.4.1　建立悬臂组合机构脱冰振动位移数学模型……81

8.4.2 建立悬臂组合机构脱冰振动应力数学模型 ……85
第 9 章 融冰体系脱冰振动数学模型求解及比较 ……86
9.1 融冰体系脱冰振动数学模型计算求解 ……86
9.1.1 改进欧拉法求解融冰体系脱冰振动数学模型 ……86
9.1.2 融冰体系脱冰振动数学模型求解初始条件分析 ……88
9.1.3 融冰体系脱冰振动数学模型计算算例 ……88
9.2 融冰体系脱冰振动数学模型比较分析 ……89
9.2.1 建立融冰体系脱冰振动仿真模型 ……90
9.2.2 确定融冰体系脱冰振动仿真计算参数 ……91
9.2.3 融冰体系脱冰振动仿真分析 ……92
9.2.4 融冰体系脱冰振动数学模型计算与仿真分析结果对比 ……93

第二篇 输电导线覆冰增长、脱冰振动特性仿真

第 10 章 多冰棱覆冰导线气动力特性仿真 ……97
10.1 建立多冰棱覆冰输电导线仿真模型 ……97
10.1.1 建立覆冰导线仿真模型 ……97
10.1.2 网格划分及边界条件设定 ……98
10.2 不同影响因素下多冰棱覆冰导线气动力特性 ……100
10.2.1 多冰棱覆冰导线气动力特性 ……100
10.2.2 冰棱长度变化下多冰棱覆冰导线气动力特性 ……103
10.2.3 覆冰厚度变化下多冰棱覆冰导线气动力特性 ……106
10.2.4 冰棱间距变化下多冰棱覆冰导线气动力特性 ……107
第 11 章 多分裂冰棱覆冰导线气动力特性仿真 ……109
11.1 建立多分裂冰棱覆冰输电导线仿真模型 ……109
11.1.1 建立覆冰导线仿真模型 ……109
11.1.2 网格划分及边界条件设定 ……110
11.2 二分裂冰棱覆冰导线气动力特性研究 ……112
11.2.1 风攻角变化下二分裂冰棱覆冰导线气动力特性 ……115
11.2.2 分裂间距变化下二分裂冰棱覆冰导线气动力特性 ……116
11.3 四分裂冰棱覆冰导线气动力特性研究 ……117
11.3.1 风攻角变化下四分裂冰棱覆冰导线气动力特性 ……118
11.3.2 风速变化下四分裂冰棱覆冰导线气动力特性 ……121
第 12 章 输电导线脱冰振动特性仿真分析 ……122
12.1 建立输电导线脱冰振动仿真模型 ……122
12.1.1 建立输电杆塔仿真模型 ……122
12.1.2 建立输电导线仿真模型 ……122

12.2　输电导线仿真模型模态分析和瞬态动力学分析……123
12.2.1　模态分析求解输电导线仿真模型的自振频率……123
12.2.2　基于输电导线自振频率的瞬态动力学分析……125
12.3　输电导线脱冰振动特性仿真计算结果……127
12.4　输电导线脱冰振动数学模型振动特性计算……128
12.4.1　初始条件计算……128
12.4.2　数学模型振动特性计算结果……131
第13章　融冰体系脱冰振动特性仿真分析……133
13.1　短接导线脱冰振动特性分析……133
13.1.1　不同脱冰工况下短接导线脱冰振动特性分析……133
13.1.2　不同阻尼比下短接导线脱冰振动特性分析……135
13.1.3　不同挂点下短接导线脱冰振动特性分析……136
13.2　悬臂组合机构脱冰振动特性分析……138
13.2.1　不同脱冰工况下悬臂组合机构脱冰振动特性分析……138
13.2.2　不同阻尼比下悬臂组合机构脱冰振动特性分析……140
13.2.3　不同属性参数下悬臂组合机构脱冰振动特性分析……141

第三篇　输电导线覆冰增长、脱冰振动试验

第14章　输电导线脱冰振动位移试验测试及验证分析……147
14.1　输电导线脱冰振动位移试验测试分析……147
14.1.1　输电导线脱冰振动位移试验测试方法……147
14.1.2　输电导线脱冰振动位移试验测试结果……150
14.2　输电导线脱冰振动数学模型与试验测试结果验证分析……152
第15章　覆冰导线流固耦合横扭振动试验及多重检视系统……154
15.1　覆冰导线流固耦合横扭振动质点监测试验方案设计……154
15.2　在线监测数据统计分析及覆冰导线振动轨迹拟合……156
15.3　覆冰导线动力响应数值解与试验数据对比分析……159
15.4　覆冰导线流固耦合横扭振动多重检视系统研发……161
第16章　融冰体系脱冰振动试验测试……164
16.1　融冰体系脱冰振动试验……164
16.1.1　基于在线监测技术的融冰体系脱冰振动试验方案……164
16.1.2　融冰体系线路温度与临界融冰电流的脱冰振动试验测试……166
16.2　数学模型计算与试验测试结果对比分析……168
参考文献……170
附录……171

第1章 绪　论

1.1 背　景

导线脱冰振动引起的线路覆冰灾害是影响线路正常运行的主要原因之一[1-6]。输电导线覆冰在特定温度条件下以及进行输电导线脱冰将会给导线以及整个塔线体系产生冲击影响，如导线低频大幅振动、绝缘子串偏转明显、输电塔动力冲击等。导线脱冰振动的具体危害主要表现如下：

(1) 对导线产生的影响。在电气性能上，输电导线脱冰产生的位移变化会导致导线电气安全距离缩短，振动位移超过极限值导致导线闪络；在力学性能上，输电导线脱冰振动会降低导线的抗疲劳强度，当振动次数超过极限值时导线断线，造成放电或者短路故障。

(2) 对输电塔产生的影响。输电导线脱冰振动时，导线水平张力也在随时间变化，不断对输电塔造成冲击，使之产生受迫振动，当实际振动频率和固有频率保持一致时，便会产生倒塔事故。

(3) 对输电导线金具产生的影响。导线脱冰振动会使与之相连的金具产生振动。而我国现行的输电导线设计标准是在静态荷载条件下进行计算的，导线脱冰振动很多时候会显著大于静态荷载设计标准，当大于金具强度极限时，金具产生损坏。除此之外，导线反复振动也会削弱金具的抗疲劳强度。

为克服导线覆冰、脱冰带来的危害，直流融冰技术是目前最为成熟的融冰技术手段[7-9]。在开展融冰工作前需将融冰段线路进行短接，输电塔融冰体系即为短接作业的主要装置，由悬臂组合机构和短接导线组成，其中悬臂组合机构由支柱绝缘子和悬臂两部分组成，是融冰作业线路短接时的主要动作部位，短接导线连接两个不同的悬臂，实现两相之间的短接。在融冰过程中，悬臂组合机构和短接导线上的覆冰也随之脱落，脱冰导致的振动将会对悬臂组合机构和短接导线在稳定性、可靠性、绝缘安全性等方面产生极大影响[10-16]，具体危害如下：

(1) 悬臂组合机构失稳。覆冰的脱落将会对悬臂组合机构产生瞬时冲击荷载，导致脱冰振动，情况严重时将可能引起结构失稳。同时，由于置于悬臂前段的动触头与安装于输电导线上的静触头相互咬合，脱冰振动也可能会导致动触头脱出，造成设备失灵。

(2) 短接导线、连接金具及输电塔杆件受损。因融冰体系短接导线具有强度较架空线低、挂点高差大、距离短、允许荷载小等特点，覆冰的脱落将会导致其发生多次振动，从而使短接导线及其连接的金具的抗疲劳强度降低，短接导线断线、脱落等危险情况发生。

(3)绝缘破坏。融冰体系安装于输电塔塔头处，在融冰过程中将会通过较大的直流电流。融冰体系脱冰振动所产生的悬臂组合机构和短接导线位移变化将使融冰体系与输电塔、线路之间的安全距离大大缩短，若振动位移超过极限值将会发生电气故障。

1.2 意　　义

本书在对输电导线覆冰增长进行分析时，不仅考虑了过冷水滴撞击导线立即冻结部分，还考虑了部分未及时冻结过冷水滴，分析未及时冻结过冷水滴在覆冰导线底部的增长特性，进而分析输电导线覆冰出现冰棱时的气动力特性，将扩展与加深对覆冰导线风致振动的研究；考虑到部分未及时冻结过冷水滴对导线覆冰产生的影响，通过理论和实际相结合的方法，建立输电导线冰棱覆冰增长模型，使预测导线覆冰增长模型与实际导线覆冰增长冰形更加吻合；考虑未及时冻结过冷水滴在导线底部冻结对导线覆冰冰形产生的影响，通过建立输电导线冰棱覆冰仿真模型，计算非均匀导线覆冰条件下覆冰导线的气动力，将弥补导线覆冰特殊冰形下气动力特性研究盲点。

本书建立的输电导线脱冰振动位移和水平应力数学模型及其计算方法，能确定输电导线脱冰后的位移范围及应力变化，能够方便简化线路设计，且只涉及标量的计算，求解速度快，四阶-五阶 Runge-Kutta 计算方法以四阶方法提供候选项、五阶方法控制求解误差为$(\Delta x)^5$，计算精度高，同时可避免现有仿真软件进行导线脱冰振动分析所需的烦琐步骤。而且，建立的输电导线脱冰振动数学模型能够分别考虑不同档导线阻尼比，进而分析不同阻尼比组合对导线脱冰振动的影响。

通过建立并求解融冰体系悬臂组合机构和短接导线脱冰振动位移、应力数学模型，分析在不同结构参数、脱冰率、覆冰厚度、挂点位置及材料属性等影响因素下，融冰体系脱冰振动位移、应力的变化规律，将有助于全面了解融冰作业时融冰体系脱冰振动情况。可利用融冰体系脱冰振动数学模型及总结的特性规律，快速确定悬臂组合机构和短接导线脱冰振动位移及应力变化情况，实现对融冰体系结构稳定性、电气安全距离、触头接触范围等参数的快速核算，有利于融冰体系在不同塔型结构上的设计开发、应用和推广。

第一篇　输电导线覆冰增长、脱冰振动数学模型

第 2 章　覆冰导线冰棱动态覆冰增长数学模型

2.1　建立输电导线覆冰冻结能量守恒方程

2.1.1　建立冻雨(过冷水滴)冻结热平衡方程

空气中的冻雨(过冷水滴)撞击在覆冰导线表面并开始冻结时，过冷水滴的温度由 T_a 上升至 0℃，在温度升高过程，过冷水滴所吸收的热能由式(2-1)表示：

$$q_1 = \alpha_1 \alpha_2 \alpha_3 v w c_w (0 - T_a) \tag{2-1}$$

式中，α_1、α_2、α_3 依次为过冷水滴的碰撞系数、捕获系数、冻结系数；v 为环境风速，m/s；w 为空气中液态水含量；c_w 为比热容(液态水)，J/(kg·℃)；T_a 为自然环境温度，℃。

撞击并停留在导线表面的过冷水滴吸热由 T_a 上升到 0℃后，由温度为 0℃液态水的状态转变为温度为 0℃固态冰的过程中释放的热能由式(2-2)表示：

$$q_f = \alpha_1 \alpha_2 \alpha_3 v w L_f \tag{2-2}$$

式中，L_f 为冰融化时吸收的潜热，L_f=335000J/kg。

0℃冰冻结至覆冰导线表面稳态温度 T_s 时所释放的热能由式(2-3)表示：

$$q_d = \alpha_1 \alpha_2 \alpha_3 v w c_i (0 - T_s) \tag{2-3}$$

式中，c_i 为比热容(固态冰)，J/(kg·℃)。

空气对导线覆冰增长的影响主要体现在空气对覆冰导线表面的摩擦生热，考虑到自然环境中空气的流动速度较小，可暂时不考虑其对导线覆冰产生的影响，由式(2-4)表示：

$$q_v = 0 \tag{2-4}$$

冻雨(过冷水滴)以一定的速度撞击在覆冰导线表面时，冻雨(过冷水滴)所拥有的动能在撞击过程中会逐渐转变成水滴的热能，假设冻雨(过冷水滴)的动能在转变为水滴的热能时不存在其他形式的能量损耗，冻雨(过冷水滴)撞击在导线表面的加热热能由式(2-5)表示：

$$q_k = \frac{1}{2} \alpha_1 \alpha_2 v^3 w \tag{2-5}$$

空气流过覆冰导线表面时，冷热流体相互渗透所产生的对流热损失由式(2-6)表示：

$$q_{\mathrm{c}} = h(T_{\mathrm{s}} - T_{\mathrm{a}}) \tag{2-6}$$

式中，h为对流换热系数，$\mathrm{J/(m^2 \cdot K)}$。

液态水蒸发或冰升华产生的潜热损失由式(2-7)表示：

$$q_{\mathrm{e}} = \chi\left[e(T_{\mathrm{s}}) - e(T_{\mathrm{a}})\right] \tag{2-7}$$

式中，χ为水膜蒸发系数，$\mathrm{J/(m^2 \cdot kPa)}$；$e(T)$为环境温度为$T$时覆冰导线表面水膜的饱和水汽压，kPa，计算式由式(2-8)表示：

$$e(T) = 0.61121\exp\left(\frac{18.678 - \dfrac{T}{234.5}}{257.14 + T} \times T\right) \tag{2-8}$$

通过上述分析，空气中的冻雨(过冷水滴)撞击输电导线表面后先是吸收热能使自身温度上升到0℃，然后进行相变，由0℃液态水变为0℃固态冰并释放热能。导线覆冰增长过程中未及时冻结并脱离覆冰导线的冻雨(过冷水滴)所带走的热能对导线覆冰增长有明显的影响，损失的热能由式(2-9)表示：

$$q_{\mathrm{s}} = \alpha_1\alpha_2(1 - \alpha_3)vwc_{\mathrm{w}}(0 - T_{\mathrm{a}}) \tag{2-9}$$

输电导线覆冰一般发生在阴雨天，此时天空被乌云所遮挡，太阳光无法直接照射在输电导线上，不考虑太阳光辐射对导线覆冰增长产生的影响，长波辐射损失的热量由式(2-10)表示：

$$q_{\mathrm{r}} = 4\varepsilon\sigma_{\mathrm{R}}(T_{\mathrm{a}} + 273.15)^3(T_{\mathrm{s}} - T_{\mathrm{a}}) \tag{2-10}$$

式中，ε为冰面发射率，$\varepsilon = 0.95$；σ_{R}为 Stefan-Boltzman 常量，$\sigma_{\mathrm{R}} = 5.567 \times 10^{-8}\mathrm{W/(m^2 \cdot K^4)}$。

通过对冻雨(过冷水滴)在输电导线表面冻结过程的分析并结合能量守恒定律，冻雨(过冷水滴)在输电导线上由液态冻结为固态的过程中吸收和释放的热量是守恒的，输电导线覆冰过程中热平衡方程由式(2-11)表示：

$$q_{\mathrm{f}} + q_{\mathrm{v}} + q_{\mathrm{k}} + q_{\mathrm{d}} = q_{\mathrm{c}} + q_{\mathrm{e}} + q_{\mathrm{l}} + q_{\mathrm{r}} + q_{\mathrm{s}} \tag{2-11}$$

2.1.2　求解冰棱覆冰导线冻结系数

输电导线表面冻结的水滴量与碰撞并滞留在输电导线表面的水滴量之比为冻结系数，由热平衡方程式(2-11)可推导出冻结系数。

将式(2-1)～式(2-10)代入式(2-11)中得

$$\begin{aligned}&A_{\mathrm{p}}\left[\alpha_1\alpha_2\alpha_3 vwL_{\mathrm{f}}+\frac{1}{2}\alpha_1\alpha_2 v^3 w+\alpha_1\alpha_2\alpha_3 vwc_{\mathrm{i}}(0-T_{\mathrm{s}})\right]\\&=A_{\mathrm{s}}\left\{h(T_{\mathrm{s}}-T_{\mathrm{a}})+\chi\left[e(T_{\mathrm{s}})-e(T_{\mathrm{a}})\right]+4\varepsilon\sigma_{\mathrm{R}}(T_{\mathrm{a}}+273.15)^3(T_{\mathrm{s}}-T_{\mathrm{a}})\right\}\\&\quad+A_{\mathrm{p}}\left[\alpha_1\alpha_2(1-\alpha_3)vwc_{\mathrm{w}}(0-T_{\mathrm{a}})+\alpha_1\alpha_2\alpha_3 vwc_{\mathrm{w}}(0-T_{\mathrm{a}})\right]\end{aligned}\tag{2-12}$$

式中，A_{p}为导线与表面水滴截面积；A_{s}为导线与表面冻结水滴的总截面积。

对式(2-12)进行分析推导，得冻结系数α_3为式(2-13)：

$$\begin{aligned}\alpha_3=&\frac{h(T_{\mathrm{s}}-T_{\mathrm{a}})+\chi\left[e(T_{\mathrm{s}})-e(T_{\mathrm{a}})\right]+4\varepsilon\sigma_{\mathrm{R}}(T_{\mathrm{a}}+273.15)^3(T_{\mathrm{s}}-T_{\mathrm{a}})}{\alpha_1\alpha_2 vwL_{\mathrm{f}}-\alpha_1\alpha_2 vwc_{\mathrm{i}}T_{\mathrm{s}}}\frac{A_{\mathrm{s}}}{A_{\mathrm{p}}}\\&-\frac{\alpha_1\alpha_2 vwc_{\mathrm{w}}T_{\mathrm{a}}+\frac{1}{2}\alpha_1\alpha_2 v^3 w}{\alpha_1\alpha_2 vwL_{\mathrm{f}}-\alpha_1\alpha_2 vwc_{\mathrm{i}}T_{\mathrm{s}}}\end{aligned}\tag{2-13}$$

式(2-13)中推导得出的过冷水滴的冻结系数α_3与Makkonen等提出的导线覆冰增长模型中的冻结系数α_3是有所区别的，Makkonen等提出的导线覆冰增长模型中的冻结系数α_3是指过冷水滴撞击导线时瞬间冻结的过冷水滴与滞留在导线表面的过冷水滴的比值，而本书所推导的冻结系数α_3是除去流动部分过冷水滴求得的比值，即所求冻结系数是偏大的。

2.2　建立输电导线覆冰增长质量守恒方程

2.2.1　冻雨(过冷水滴)冻结过程中的质量守恒

已知冰棱增长过程中撞击在覆冰导线表面的过冷水滴是其主要的水源，过冷水滴撞击在导线表面流动会形成水膜，冰棱表面水膜厚度直接影响了冰棱的径向增长和纵向增长，此前研究均认为过冷水滴撞击在导线表面或者马上冻结或者离开导线，未考虑过冷水滴在导线底部逐渐聚集并生长。图2-1为导线覆冰增长过程中的过冷水滴的流动分析。

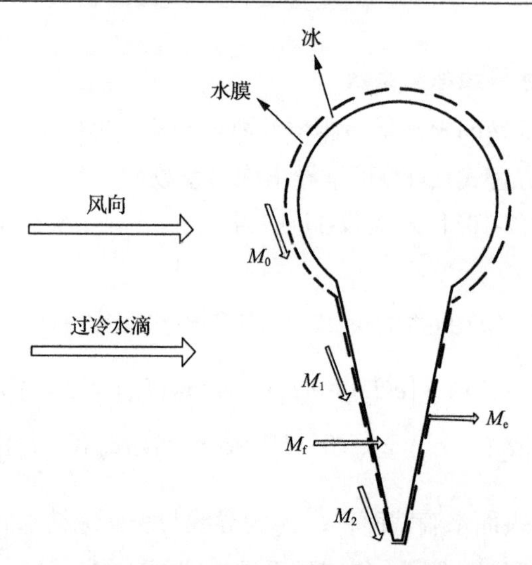

图 2-1 导线覆冰增长过程中过冷水滴流动分析

在图 2-1 中，M_0 为一定时间内流向每个冰棱的过冷水滴的质量，M_0 的大小主要与风速 v 、空气中液态水含量 w 、碰撞系数 α_1 、冻结系数 α_3 等因素有关。

M_1 为一定时间内每个冰棱自身从大气中吸附的过冷水滴质量，由式(2-14)表示：

$$M_1 = 0.5\pi DL\rho_{\mathrm{i}}\frac{\mathrm{d}D}{\mathrm{d}t} \tag{2-14}$$

式中，D 为导线直径；L 为冰棱长度；ρ_{i} 为不同位置处大气水分子密度。

通过对冰棱生长过程分析并结合质量守恒定律，最终汇聚在冰棱尖端的过冷水滴质量 M_2 由四部分组成，分别为 M_0 、M_1、过冷水滴在冰棱表面流动过程中冻结损失的水量 M_{f} 、冰棱表面蒸发升华而损失的水量 M_{e}，其表达式由式(2-15)表示：

$$M_2 = M_0 + M_1 - (M_{\mathrm{f}} + M_{\mathrm{e}}) \tag{2-15}$$

因冻结和蒸发升华而损失的水量 M_{f} 和 M_{e} 可由式(2-16)和式(2-17)表示：

$$M_{\mathrm{f}} = 0.5\pi DL\rho_{\mathrm{i}}\frac{\mathrm{d}D}{\mathrm{d}t} \tag{2-16}$$

$$M_{\mathrm{e}} = \frac{0.622\pi DLh_{\mathrm{w}}}{c_{\mathrm{a}}p}\left[e(T_{\mathrm{s}}) - e(T_{\mathrm{a}})\right] \tag{2-17}$$

式中，c_a 为空气的比热容，J/(kg·K)；h_w 为冰棱表面水膜的对流换热系数，$J/(m^2 \cdot K)^3$；p 为气压，kPa。

上述冰棱增长过程中受降水量的影响可由图 2-2 水膜厚度对冰棱生长的影响表征。

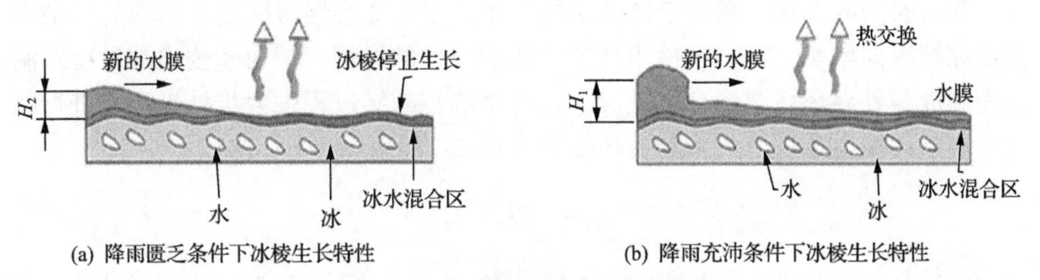

(a) 降雨匮乏条件下冰棱生长特性　(b) 降雨充沛条件下冰棱生长特性

图 2-2　水膜厚度对冰棱生长的影响

由图 2-2，覆冰导线表面及输电导线冰棱生长水源由两方面组成，其一为覆冰导线表面水膜流向冰棱；其二为空气中过冷水滴在风的作用下吸附在冰棱表面。

2.2.2　冰棱生长特性分析

在导线覆冰增长过程中，冻雨(过冷水滴)撞击在覆冰导线表面时部分过冷水滴立刻冻结在导线表面，而未冻结的过冷水滴在导线表面形成水膜并在自身重力和风荷载的共同作用下沿着覆冰导线表面流向冰棱尖端，图 2-3 为冰棱生长过程横截面。

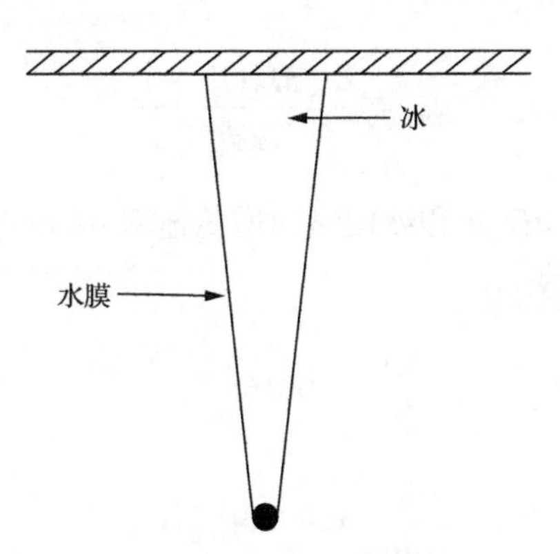

图 2-3　冰棱生长过程横截面

黑色表示液态水，白色表示冰

未冻结的过冷水滴在向冰棱尖端流动的过程中主要分三部分：其一是过冷水滴在冰棱表面流动时逐渐冻结，其二是过冷水滴在冰棱表面流动时自然蒸发或者升华，其三是剩余的过冷水滴慢慢聚集在冰棱尖端并形成一个半球形小水珠。

2.3　建立输电导线冰棱动态增长数学模型

2.3.1　冰棱纵向增长数学模型

随着时间的推移，悬挂于冰棱尖端的半球形水珠会慢慢冻结，水珠的冻结不仅使冰棱纵向增长，还是过冷水珠所含热能变化的过程。因为冰棱尖端过冷水滴表面温度与外界环境温度存在差异，过冷水滴在冻结过程中会与外界环境进行能量交换，冰棱尖端过冷水滴对流热损失由式(2-18)表示：

$$q_{\mathrm{cl}} = h_{\mathrm{t}}(T_{\mathrm{f}} - T_{\mathrm{a}}) \tag{2-18}$$

式中，h_{t}为冰棱尖端过冷水滴对流换热系数，$\mathrm{J/(m^2 \cdot K)}$；T_{f}为冰棱尖端过冷水珠温度；T_{a}为自然环境温度。

由于冰棱尖端过冷水珠小，可不考虑空气流动对尖端水珠冻结的影响，但不能忽略由冰棱表面流向冰棱尖端的过冷水滴对过冷水珠产生的影响，Q_{wl}为加热作用热能，由式(2-19)表示：

$$Q_{\mathrm{wl}} = c_{\mathrm{w}} M_2 (T_{\mathrm{w}} - T_{\mathrm{n}}) \tag{2-19}$$

式中，T_{w}为冰棱表面温度；T_{n}为冰棱尖端冰-水混合处温度。

冰棱尖端半球形悬垂水珠表面积为$\pi d_{\mathrm{w}}^2/2$，d_{w}为冰棱尖端直径，单位面积水滴吸收的热量由式(2-20)表示：

$$q_{\mathrm{wl}} = \frac{2c_{\mathrm{w}} M_2 (T_{\mathrm{w}} - T_{\mathrm{n}})}{\pi d_{\mathrm{w}}^2} \tag{2-20}$$

冰棱径向增长速率$\mathrm{d}D/\mathrm{d}t$和冰棱纵向增长速率$\mathrm{d}L/\mathrm{d}t$分别由T_{w}、T_{n}决定，由式(2-21)和式(2-22)表示：

$$\frac{\mathrm{d}D}{\mathrm{d}t} = 0.0016\left(\left|T_{\mathrm{w}}\right|\right)^{1.7} \tag{2-21}$$

$$\frac{\mathrm{d}L}{\mathrm{d}t} = 0.0016\left(\left|T_{\mathrm{n}}\right|\right)^{1.7} \tag{2-22}$$

冰棱尖端过冷水滴冻结释放的潜热由式(2-23)表示：

$$Q_{\mathrm{fl}} = L_{\mathrm{f}} \frac{\mathrm{d}M}{\mathrm{d}t} \tag{2-23}$$

式中，$\mathrm{d}M/\mathrm{d}t$为冰棱尖端质量增长速率。

过冷水滴流动至冰棱尖端处并逐渐累积，冰棱尖端水膜厚度为σ。冰棱尖端处过冷水滴冻结部分面积由式(2-24)表示：

$$A_{\mathrm{i}} = \pi\sigma(d_{\mathrm{w}} - \sigma) \tag{2-24}$$

在 dt 时间内，尖端水滴冻结导致冰棱增加的质量 dM 由式(2-25)表示：

$$\mathrm{d}M = \rho_{\mathrm{i}}'\pi\sigma(d_{\mathrm{w}} - \sigma)\mathrm{d}L \tag{2-25}$$

式中，ρ_{i}' 为冰的密度。

将式(2-25)代入式(2-23)中得

$$Q_{\mathrm{fl}} = \pi L_{\mathrm{f}}\rho_{\mathrm{i}}'\sigma(d_{\mathrm{w}} - \sigma)\frac{\mathrm{d}L}{\mathrm{d}t} \tag{2-26}$$

已知冰棱尖端处半球形小水珠的表面积为$\pi d_{\mathrm{w}}^2/2$，在一定时间和面积内冰棱尖端过冷水滴由液态水变为固态冰所释放的热能由式(2-27)表示：

$$q_{\mathrm{fl}} = \frac{2L_{\mathrm{f}}\rho_{\mathrm{i}}'\sigma(d_{\mathrm{w}} - \sigma)}{d_{\mathrm{w}}^2}\frac{\mathrm{d}L}{\mathrm{d}t} \tag{2-27}$$

通过对冰棱尖端过冷水滴冻结过程中吸收和释放的热量进行分析并结合能量守恒定律，得冰棱尖端过冷水滴冻结过程热平衡方程式(2-28)：

$$q_{\mathrm{cl}} + q_{\mathrm{el}} + q_{\mathrm{rl}} = q_{\mathrm{fl}} + q_{\mathrm{wl}} \tag{2-28}$$

式中，q_{el} 为冰棱尖端液态水滴蒸发或冰升华产生的潜热损失；q_{rl} 为冰棱尖端长波辐射损失的热量。

将式(2-18)～(2-27)代入式(2-28)中得

$$\begin{aligned}&\left[h_{\mathrm{t}} + 4\varepsilon\sigma_{\mathrm{R}}(T_{\mathrm{a}} + 273.15)^3\right](T_{\mathrm{s}} - T_{\mathrm{a}}) + \chi\left[e(T_{\mathrm{s}}) - e(T_{\mathrm{a}})\right]\\ &= \frac{28M_2c_{\mathrm{w}}}{d_{\mathrm{w}}^2}\left[\left(\frac{\mathrm{d}L}{\mathrm{d}t}\right)^{0.588} - \left(\frac{\mathrm{d}D}{\mathrm{d}t}\right)^{0.588}\right] + \frac{2\rho_{\mathrm{i}}'\sigma(d_{\mathrm{w}} - \sigma)L_{\mathrm{f}}}{d_{\mathrm{w}}^2}\frac{\mathrm{d}L}{\mathrm{d}t}\end{aligned} \tag{2-29}$$

2.3.2　冰棱径向增长数学模型

随着时间的推移，冰棱表面水膜冻结不但使冰棱径向增加，而且在由液态变为固态时水膜所含热能也发生变化。

空气中的冻雨(过冷水滴)撞击在覆冰导线表面，过冷水滴的温度由T_{a}上升至T_{s}，在温度升高过程中过冷水滴所吸收的热能由式(2-30)表示：

$$q_{\mathrm{lw}} = \alpha_1\alpha_2 vwc_{\mathrm{w}}(T_{\mathrm{s}} - T_{\mathrm{a}}) \tag{2-30}$$

因为冰棱表面水膜流动伴随着热量变化，其对流热损失由式(2-31)表示：

$$q_{\mathrm{cw}} = h_{\mathrm{w}}(T_{\mathrm{s}} - T_{\mathrm{a}}) \tag{2-31}$$

冰棱表面水膜具有一定厚度，在水膜冻结时并不是瞬间全部冻结，水膜内部有一个冰和水同时存在的区域，而未冻结过冷水滴因为未发生相变所以未释放热能，冰棱表面水膜部分冻结释放的热能由式(2-32)表示：

$$q_{\mathrm{fw}} = \frac{1}{A} L_{\mathrm{f}}(1-\lambda)\frac{\mathrm{d}M}{\mathrm{d}t} \tag{2-32}$$

式中，A 为冰棱表面水膜表面积；λ 为冰棱表面水膜中冰-水同时存在的区域中水的比例。

冰棱径向增长速率与冰棱质量增长速率之间的关系由式(2-33)表示：

$$\frac{\mathrm{d}M}{\mathrm{d}t} = \rho_{\mathrm{a}} A \frac{1}{2}\frac{\mathrm{d}D}{\mathrm{d}t} \tag{2-33}$$

因为冰棱表面含有未冻结过冷水滴，冰棱表面密度 ρ_{a} 由式(2-34)表示：

$$\rho_{\mathrm{a}} = \lambda\rho_{\mathrm{w}} + (1-\lambda)\rho_{\mathrm{i}} \tag{2-34}$$

式中，ρ_{w} 为水的密度；ρ_{i} 为冰的密度。

通过对冰棱表面水膜冻结过程中能量转移的分析并结合能量守恒定律，冰棱表面水膜冻结过程热平衡方程由式(2-35)表示：

$$q_{\mathrm{cw}} + q_{\mathrm{ew}} + q_{\mathrm{rw}} + q_{\mathrm{lw}} = q_{\mathrm{fw}} \tag{2-35}$$

式中，q_{ew} 为冰棱表面水膜蒸发的潜热损失；q_{rw} 为冰棱表面水膜长波辐射损失的热量。

将式(2-30)～式(2-34)代入式(2-35)中，热平衡方程由式(2-36)表示：

$$\begin{aligned}&\left\{h_{\mathrm{w}}(T_{\mathrm{s}}-T_{\mathrm{a}}) + \chi\left[e(T_{\mathrm{s}}) - e(T_{\mathrm{a}})\right] + 4\varepsilon\sigma_{\mathrm{R}}(T_{\mathrm{a}}+273.15)^3(T_{\mathrm{s}}-T_{\mathrm{a}})\right\}A \\ &+ DL\alpha_1\alpha_2 v w c_{\mathrm{w}}(T_{\mathrm{s}}-T_{\mathrm{a}}) = \frac{1}{2}L_{\mathrm{f}}\rho_{\mathrm{a}}(1-\lambda)\frac{\mathrm{d}D}{\mathrm{d}t}A\end{aligned} \tag{2-36}$$

对式(2-36)进行分析推导，得冰棱径向增长速率 $\mathrm{d}D/\mathrm{d}t$，由式(2-37)表示：

$$\frac{\mathrm{d}D}{\mathrm{d}t} = \frac{\left[h_{\mathrm{w}} + 4\varepsilon\sigma_{\mathrm{R}}(T_{\mathrm{a}}+273.15)^3 + \alpha_1\alpha_2 v w c_{\mathrm{w}}/\pi\right](T_{\mathrm{s}}-T_{\mathrm{a}}) + \chi\left[e(T_{\mathrm{s}}) - e(T_{\mathrm{a}})\right]}{\frac{1}{2}L_{\mathrm{f}}\rho_{\mathrm{a}}(1-\lambda)} \tag{2-37}$$

第3章　覆冰导线连续档脱冰振动数学模型及计算方法对比分析

3.1　导线脱冰振动达朗贝尔原理及计算方法分析

3.1.1　导线脱冰振动达朗贝尔动力学基本方程

对于动态导线体系结构，外力和位移都是时间 t 的函数。基于达朗贝尔原理，考虑结构对应的惯性力，把求解动力学问题等效为求解相应结构的静力学问题。首先将结构分为有限个单元体，由于位移与时间有关，用 $\boldsymbol{\delta}(t)^e$ 表示单元位移列阵，三维问题中 $\boldsymbol{\delta}(t)^e$ 表达式为式(3-1)：

$$\boldsymbol{\delta}(t)^e=\begin{bmatrix}u_i(t) & v_i(t) & w_i(t) & u_j(t) & v_j(t) & w_j(t)\end{bmatrix}^{\mathrm{T}} \tag{3-1}$$

式中，$u_i(t)$、$v_i(t)$、$w_i(t)$ 为沿 x、y、z 方向的位移。

采用位移模式，利用位移插值方式表示单元内任意一点的位移 $\boldsymbol{f}(t)$，表达式为式(3-2)：

$$\boldsymbol{f}(t)=\boldsymbol{N}\boldsymbol{\delta}(t)^e \tag{3-2}$$

式中，$\boldsymbol{N}$ 为形函数矩阵，与平衡问题时相同。

两节点等参单元形函数表示为分块形式的表达式为

$$\boldsymbol{N}=\begin{bmatrix}N_i\boldsymbol{I}, N_j\boldsymbol{I}\end{bmatrix} \tag{3-3}$$

式中，$\boldsymbol{I}$ 为3阶单位矩阵；$\boldsymbol{N}_i$、$\boldsymbol{N}_j$ 为形函数矩阵 $\boldsymbol{N}$ 的两个子矩阵。

由于形函数矩阵 $\boldsymbol{N}$ 中的元素与时间 t 无关，单元应变、应力的表达式为

$$\begin{cases}\boldsymbol{\varepsilon}(t)=\boldsymbol{B}\boldsymbol{\delta}(t)^e \\ \boldsymbol{\sigma}(t)=\boldsymbol{D}\boldsymbol{\varepsilon}(t)=\boldsymbol{D}\boldsymbol{B}\boldsymbol{\delta}(t)^e\end{cases} \tag{3-4}$$

式中，$\boldsymbol{B}$ 为应变矩阵；$\boldsymbol{D}$ 为弹性矩阵，与弹性平衡问题时相同，其元素与时间 t 无关。

因此，导线体系的单元刚度矩阵表示为

$$\boldsymbol{k}=\iiint \boldsymbol{B}^{\mathrm{T}}\boldsymbol{D}\boldsymbol{B}\mathrm{d}V \tag{3-5}$$

式中，V 为单位体积。

在动力学问题中，单元上的节点力列阵由以下几部分组成。

(1)第一部分为作用在单元上随时间变化的外荷载，其与时间 t 有关，是时间 t 的函数，由此形成的单元节点力列阵记为 $\boldsymbol{P}(t)^e$ 。

(2)第二部分由动力学中所特有的单元惯性力构成，其表达式为

$$\ddot{f}(t)=\begin{Bmatrix}\ddot{u}(t)\\\ddot{v}(t)\\\ddot{w}(t)\end{Bmatrix} \tag{3-6}$$

式中，$\ddot{f}(t)$ 为加速度列阵。

设 ρ 为物体的密度，则单位体积中的惯性力即惯性密度为 $\rho\ddot{f}(t)$ 。由此得到单元惯性力所等效的单元节点力为

$$\boldsymbol{P}(t)_{惯}^{e}=-\iiint \rho\boldsymbol{N}^{\mathrm{T}}\ddot{f}(t)\mathrm{d}V \tag{3-7}$$

单元质量矩阵的表达式为

$$\boldsymbol{m}=\iiint \rho\boldsymbol{N}^{\mathrm{T}}\boldsymbol{N}\mathrm{d}V \tag{3-8}$$

将式(3-1)和式(3-8)代入式(3-7)得到惯性力等效节点力的最终表达式为

$$\boldsymbol{P}(t)_{惯}^{e}=-\iiint \rho\boldsymbol{N}^{\mathrm{T}}\boldsymbol{N}\mathrm{d}V\boldsymbol{\delta}(t)^{e} \tag{3-9}$$

由单元位移列阵 $\boldsymbol{\delta}(t)^e$ 叠加得到整个导线体系上总的节点位移列阵 $\boldsymbol{\delta}(t)$ ，并将单元刚度矩阵 $\boldsymbol{k}$ 和单元质量矩阵 $\boldsymbol{m}$ 按相应的贡献叠加，得到体系总的刚度矩阵 $\boldsymbol{K}$ 和质量矩阵 $\boldsymbol{M}$ ：

$$\begin{cases}\boldsymbol{K}=\sum\limits_{e=1}^{n_e}\boldsymbol{k}\\\boldsymbol{M}=\sum\limits_{e=1}^{n_e}\boldsymbol{m}\end{cases} \tag{3-10}$$

式中，n_e 为矩阵个数。

(3)第三部分为体系运动过程中存在的正比于速度的阻尼力，阻尼机理非常复杂，考虑到结构与周围介质的黏性、结构自身的黏性和内摩擦耗能等因素，采用

瑞利阻尼，其表达式为

$$C = \alpha M + \beta K \tag{3-11}$$

式中，α 为质量阻尼系数；β 为刚度阻尼系数。

瑞利阻尼系数由表达式(3-12)求解：

$$\begin{cases} \alpha = \dfrac{2 \times \omega_1 \times \omega_2 \times \xi}{\omega_1 + \omega_2} \\ \beta = \dfrac{2 \times \xi}{\omega_1 + \omega_2} \end{cases} \tag{3-12}$$

式中，ω_1、ω_2 为导线在 z 方向第一、二阶自振角频率；ξ 为体系阻尼比。

单元节点力列阵 $\boldsymbol{P}(t)^e$ 按对应的贡献叠加得到体系总的荷载列阵 $\boldsymbol{P}_{总}(t)$，其表达式为

$$\boldsymbol{P}_{总}(t)=\sum_{e=1}^{n_e}\boldsymbol{P}(t)^e = \boldsymbol{P}(t) - \boldsymbol{M}\ddot{\boldsymbol{\delta}}(t) - \boldsymbol{C}\ddot{\boldsymbol{\delta}}(t) \tag{3-13}$$

式中，$\boldsymbol{P}(t)$ 为惯性荷载矩阵。

由计算的 $\boldsymbol{M}$、$\boldsymbol{C}$、$\boldsymbol{K}$、$\boldsymbol{P}(t)$，根据达朗贝尔原理得到

$$\boldsymbol{M}\ddot{\boldsymbol{\delta}}(t)+\boldsymbol{C}\ddot{\boldsymbol{\delta}}(t) + \boldsymbol{K}\ddot{\boldsymbol{\delta}}(t)=\boldsymbol{P}(t) \tag{3-14}$$

表达式(3-14)即为有限单元法中求解导线脱冰振动问题时体系的动力学基本方程，它是关于节点位移的二阶常系数微分方程组。

3.1.2 导线脱冰振动基本方程的自振角频率计算

由于体系动力学基本方程中瑞利阻尼矩阵未知，需要计算动力学方程中的第一、二阶频率，通过求解的前两阶频率和阻尼比，计算瑞利阻尼系数，从而得到瑞利阻尼矩阵。

计算体系的固有频率和振型是动力学分析的基础。根据计算经验，很多工程结构的阻尼对结构的频率和振型的影响很小，因此可在不考虑阻尼影响的情况下求解固有频率和振型，将式(3-14)中的阻尼项和外力项取值为零，得到式(3-15)所表示的无阻尼振动方程：

$$\boldsymbol{M}\ddot{\boldsymbol{\delta}}(t) + \boldsymbol{K}\boldsymbol{\delta}(t)=\boldsymbol{P}(t) \tag{3-15}$$

结构振动的振型为一系列简谐振动的叠加，为计算结构振动的固有频率和振型，考虑式(3-16)的简谐振动形式的解：

$$\boldsymbol{\delta}(t)=\boldsymbol{\delta}_0 \sin(\omega t+\theta) \tag{3-16}$$

式中，$\boldsymbol{\delta}_0$为位移幅值；ω为与该振型对应的振动角频率；θ为与该振型对应的振幅角度。

将式(3-16)代入式(3-15)得到位移幅值的齐次方程，表达式为

$$(\boldsymbol{K}-\omega^2\boldsymbol{M})\boldsymbol{\delta}_0=0 \tag{3-17}$$

为得到位移幅值$\boldsymbol{\delta}_0$的非零解，系数行列式必须满足的条件为

$$\left|\boldsymbol{K}-\omega^2\boldsymbol{M}\right|=0 \tag{3-18}$$

式(3-18)即为体系模型的频率方程，将其展开得到关于ω^2的n次代数方程，求出方程的n个根，即可得到体系的n个自振角频率$\omega_1,\omega_2,\cdots,\omega_n$，再将其与阻尼比代入式(3-12)，得到质量阻尼系数和刚度阻尼系数，从而计算出瑞利阻尼矩阵。

3.1.3 导线脱冰振动基本方程的动力响应计算

按照有限单元法的步骤，经过模态分析计算出瑞利阻尼矩阵后，得到体系动力学基本方程的完整表达式。对动力学基本方程进行动力响应计算，首先要设置$t=0$时结构的位移和速度矢量作为初始条件，表达式为式

$$\boldsymbol{\delta}=\boldsymbol{\delta}_0,\quad \dot{\boldsymbol{\delta}}=\dot{\boldsymbol{\delta}}_0 \tag{3-19}$$

根据初始条件式(3-19)计算式(3-14)表示的动力学基本方程，获得体系模型各个时刻的位移、速度和加速度矢量，即为待求解体系的动力响应过程。

采用有限元软件 ANSYS，使用逐步积分法中的 Newmark 显式时间积分法，其积分时间步 dt 可以较大，但因为有收敛问题，方程求解时间相对较长，此方法中，当前时间点的位移$\boldsymbol{\delta}(t)$可以由包含上一时间点$t-1$的方程推导出来，其求解过程如下：

首先要建立$t+\Delta t$时刻位移、速度和加速度的表达式，对 0～t_0时间段里动力学基本方程的动力响应进行计算，将 0～t_0 时间段分成n等分，取时间步长为$\Delta t=t_0/n$，因此，$t+\Delta t$时刻动力学基本方程表示为

$$\boldsymbol{M}\ddot{\boldsymbol{\delta}}_{t+\Delta t}+\boldsymbol{C}\dot{\boldsymbol{\delta}}_{t+\Delta t}+\boldsymbol{K}\boldsymbol{\delta}_{t+\Delta t}=\boldsymbol{P}_{t+\Delta t} \tag{3-20}$$

根据拉格朗日中值定理，$t+\Delta t$时刻的速度矢量为

$$\dot{\boldsymbol{\delta}}_{t+\Delta t}=\dot{\boldsymbol{\delta}}_t+\tilde{\ddot{\boldsymbol{\delta}}}\Delta t \tag{3-21}$$

式中，$\ddot{\delta}$表示在某时间段内速度矢量变化值。

在 Newmark 显式时间积分法中，式(3-21)的近似表达式为

$$\tilde{\ddot{\boldsymbol{\delta}}}=(1-\gamma)\ddot{\boldsymbol{\delta}}_t+\gamma\boldsymbol{\delta}_{t+\Delta t},\qquad 0\leqslant\gamma\leqslant 1 \tag{3-22}$$

式中，γ 为静态攻角。

将式(3-22)代入式(3-21)，得到 $t+\Delta t$ 时刻的速度矢量表达式为

$$\dot{\boldsymbol{\delta}}_{t+\Delta t}=\dot{\boldsymbol{\delta}}_t+(1-\gamma)\ddot{\boldsymbol{\delta}}_t\Delta t+\gamma\ddot{\boldsymbol{\delta}}_{t+\Delta t}\Delta t \tag{3-23}$$

同样得到 $t+\Delta t$ 时刻的位移矢量表达式为

$$\boldsymbol{\delta}_{t+\Delta t}=\boldsymbol{\delta}_t+\dot{\boldsymbol{\delta}}_t\Delta t+(1-2\beta)\ddot{\boldsymbol{\delta}}_t\frac{\Delta t^2}{2}+2\beta\ddot{\boldsymbol{\delta}}_{t+\Delta t}\Delta t\frac{\Delta t^2}{2},\qquad 0\leqslant 2\beta\leqslant 1 \tag{3-24}$$

式中，β 为舞动轨迹的方向角。

由式(3-24)得到 $t+\Delta t$ 时刻的加速度矢量表达式为

$$\ddot{\boldsymbol{\delta}}_{t+\Delta t}=\frac{1}{\beta\Delta t^2}(\boldsymbol{\delta}_{t+\Delta t}-\boldsymbol{\delta}_t)-\frac{1}{\beta\Delta t}\boldsymbol{\delta}_t-\left(\frac{1}{2\beta}-1\right)\ddot{\boldsymbol{\delta}}_t \tag{3-25}$$

将式(3-25)和式(3-23)代入 $t+\Delta t$ 时刻动力学基本方程式(3-20)，整理得到表达式(3-26)：

$$\begin{cases}\tilde{\boldsymbol{K}}\boldsymbol{\delta}_{t+\Delta t}=\tilde{\boldsymbol{P}}_{t+\Delta t}\\ \tilde{\boldsymbol{K}}=\boldsymbol{K}+\dfrac{1}{\beta\Delta t^2}\boldsymbol{M}+\dfrac{1}{\beta\Delta t}\boldsymbol{C}\\ \tilde{\boldsymbol{P}}_{t+\Delta t}=\boldsymbol{P}_{t+\Delta t}+\boldsymbol{M}\left[\dfrac{1}{\beta\Delta t^2}\boldsymbol{\delta}_t+\dfrac{1}{\beta\Delta t}\dot{\boldsymbol{\delta}}_t+\left(\dfrac{1}{2\beta}-1\right)\ddot{\boldsymbol{\delta}}_t\right]\\ \qquad\qquad +\boldsymbol{C}\left[\dfrac{\gamma}{\beta\Delta t}\boldsymbol{\delta}_t+\left(\dfrac{\gamma}{\beta}-1\right)\dot{\boldsymbol{\delta}}_t+\dfrac{\Delta t}{2}\left(\dfrac{\gamma}{\beta}-2\right)\ddot{\boldsymbol{\delta}}_t\right]\end{cases} \tag{3-26}$$

式中，$\tilde{\boldsymbol{K}}$ 为 $t+\Delta t$ 时刻的刚度矩阵；$\tilde{\boldsymbol{P}}$ 为 $t+\Delta t$ 时刻的惯性力。

在建立了 $t+\Delta t$ 时刻位移、速度和加速度的表达式基础上，根据 t 时刻的初始条件 $\boldsymbol{\delta}=\boldsymbol{\delta}_t,\dot{\boldsymbol{\delta}}=\dot{\boldsymbol{\delta}}_t$，由动力学基本方程可求出 $\ddot{\boldsymbol{\delta}}_t$，从 t 时刻的状态矢量出发，根据式(3-26)求出 $t+\Delta t$ 时刻的位移矢量 $\boldsymbol{\delta}_{t+\Delta t}$，再将其代入式(3-23)和式(3-25)分别求出 $t+\Delta t$ 时刻的速度 $\dot{\boldsymbol{\delta}}_{t+\Delta t}$ 和加速度 $\ddot{\boldsymbol{\delta}}_{t+\Delta t}$，据此依次求解 $0\sim t_0$ 内导线脱冰振动基本方程的动力响应。

3.2　基于拉格朗日方程的输电导线脱冰振动数学模型及计算方法分析

3.2.1　建立输电导线脱冰振动位移数学模型

本节考虑输电导线不同覆冰厚度、脱冰率及线路参数等因素的影响，同时考

虑输电导线竖向、顺线路方向位移和绝缘子串偏转角的耦合效应，忽略导线横向抗弯刚度及剪切刚度，不考虑导线在平面外的位移，结合假设模态法，建立连续档输电导线脱冰振动过程中的导线位移数学模型。输电导线坐标示意图如图 3-1 所示。

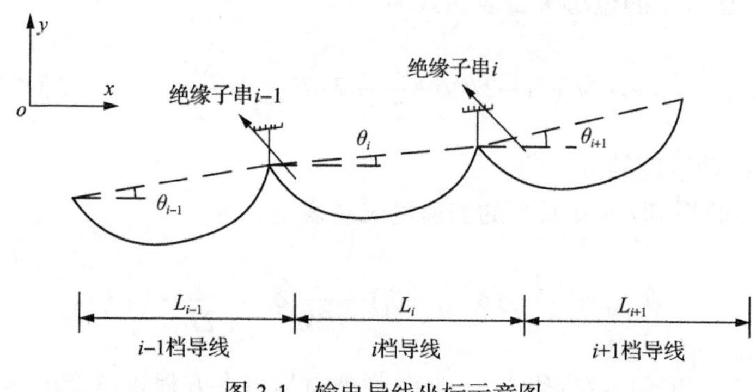

图 3-1 输电导线坐标示意图

利用伽辽金原理表示导线脱冰振动过程中导线竖向、顺线路方向的实际位移，其表达式可由导线脱冰振动时的振动模态以及振动时导线各个方向上的广义位移相乘得到，其中不同档输电导线位置 x 都以各自所在档左端为坐标原点：

$$u_{ij}(x,t)=\varphi_i(x)\cdot q_{ij}(t) \tag{3-27}$$

式中，$u_{ij}(x,t)$ 为第 i 档导线各点 j 方向上的实际位移；$\varphi_i(x)$ 为第 i 档导线脱冰振动时的振动模态；$q_{ij}(t)$ 为第 i 档导线 j 方向上的广义位移，$i=1$ 代表竖向，$j=1$ 代表顺线路方向。

假设导线脱冰振动时各阶振动模态均为正弦波，架空输电导线脱冰振动时以一阶正弦波为主要形式，得到导线脱冰振动时的振动模态表达式为

$$\varphi_i(x)=\sin(\pi x/L_i) \tag{3-28}$$

式中，L_i 为第 i 档导线档距长度。

考虑输电导线竖向、顺线路方向的位移和脱冰后输电导线单位长度质量，第 i 档导线微元体的动能表达式为

$$T_{微i}=\sum_{j=1}^{2}\frac{1}{2}m_{i1}\dot{u}_{ij}^2(x,t) \tag{3-29}$$

式中，$\dot{u}_{ij}(x,t)$ 为第 i 档导线中 x 位置 t 时刻竖向和纵向速度；m_{i1} 为第 i 档导线脱冰后单位长度导线的质量。

第 i 档导线脱冰后单位长度导线质量的表达式为

$$m_{i1} = m_{i0} - \alpha_i m_{i2} \tag{3-30}$$

式中，m_{i0} 为第 i 档导线脱冰前单位长度导线总质量，包括导线质量和覆冰质量；m_{i2} 为第 i 档导线单位长度覆冰质量；α_i 为第 i 档导线脱冰率。

第 i 档导线单位长度覆冰质量可由覆冰密度、导线直径和覆冰厚度表示，其表达式为

$$m_{i2} = \rho\pi b(D + 2b) \tag{3-31}$$

式中，ρ 为第 i 档导线覆冰密度；D 为第 i 档导线直径；b 为第 i 档导线覆冰厚度。

将式(3-27)代入式(3-29)，简化求解并对档距积分，可得第 i 档导线的动能表达式为

$$T_i = \int_0^{L_i} T_{微i} = \frac{1}{4} m_{i1} L_i \left[\dot{q}_{i1}^2(t) + \dot{q}_{i2}^2(t) \right] \tag{3-32}$$

式中，$\dot{q}_{i1}(t)$ 为第 i 档导线 t 时刻竖向广义速度；$\dot{q}_{i2}(t)$ 为第 i 档导线 t 时刻顺线路方向广义速度。

输电导线振动时微元体位移分析图如图 3-2 所示。

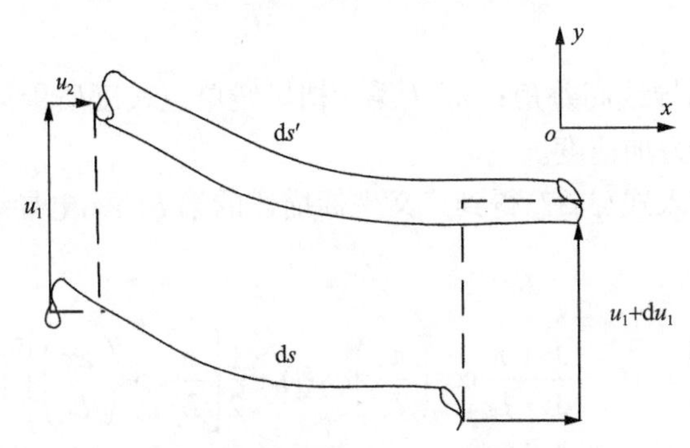

图 3-2　输电导线振动时微元体位移分析图

处在平衡状态下的输电导线微元体满足

$$(\mathrm{d}s)^2 = (\mathrm{d}x)^2 + (\mathrm{d}y)^2 \tag{3-33}$$

振动变形后输电导线微元体长度表达式为

$$(\mathrm{d}s')^2 = (\mathrm{d}x + \mathrm{d}u_2)^2 + (\mathrm{d}y + \mathrm{d}u_1)^2 \tag{3-34}$$

设 $\mathrm{d}s' = \mathrm{d}s + \Delta$，其中 Δ 为高阶小量，因此有

$$\frac{(\mathrm{d}s')^2-(\mathrm{d}s)^2}{2(\mathrm{d}s)^2}=\frac{(2\mathrm{d}s+\varDelta)(\mathrm{d}s'-\mathrm{d}s)}{2(\mathrm{d}s)^2}\approx\frac{\mathrm{d}s'-\mathrm{d}s}{\mathrm{d}s}=\varepsilon \tag{3-35}$$

由式(3-34)得到导线振动时动应变表达式为

$$\varepsilon=\frac{(\mathrm{d}s')^2-(\mathrm{d}s)^2}{2(\mathrm{d}s)^2} \tag{3-36}$$

将式(3-33)和式(3-34)代入式(3-36)，同时考虑输电导线绝缘子串的偏转角，可得输电导线振动时第 i 档导线动应变表达式：

$$\varepsilon_i=\left(\frac{\partial u_{i2}}{\partial x}+\frac{\mathrm{d}y}{\partial x}\cdot\frac{\partial u_{i1}}{\partial x}+\frac{1}{2}\right)\left[\left(\frac{\partial u_{i2}}{\partial x}\right)^2+\left(\frac{\partial u_{i1}}{\partial x}\right)^2\right]+\frac{a(\gamma_i-\gamma_{i-1})}{L_i} \tag{3-37}$$

式中，a 为输电导线绝缘子串的长度；γ_i 为第 i 档导线悬垂绝缘子串的偏转角，当绝缘子串在连续档线路两端点时取 $\gamma_i=0$；y 为初始状态时导线构型。

一般情况，导线初始构型 y 为悬链线函数，当垂跨比 $f/L<0.1$ 时，可等效为抛物线，表达式为

$$y=x\tan\theta_i-\frac{m_i g(L_i-x)x}{2T_i} \tag{3-38}$$

式中，θ_i 为第 i 档导线高差角；m_i 为第 i 档导线单位长度质量；T_i 为第 i 档导线水平张力；g 为重力加速度。

将式(3-38)代入式(3-37)得到广义坐标描述的第 i 档输电导线动应变，其表达式为

$$\varepsilon_i=\frac{\pi}{L_i}\cos\left(\frac{\pi x}{L_i}\right)q_{i2}(t)+\frac{\mathrm{d}y}{\mathrm{d}x}\cdot\frac{\pi}{L_i}\cos\left(\frac{\pi x}{L_i}\right)q_{i1}(t)+\frac{1}{2}\left[\frac{\pi}{L_i}\cos\left(\frac{\pi x}{L_i}\right)\right]^2\left[q_{i1}^2(t)+q_{i2}^2(t)\right]+\frac{a(\gamma_i-\gamma_{i-1})}{L_i} \tag{3-39}$$

由式(3-39)可以看出，输电导线应变包含导线广义位移的非一次项，可以体现出导线脱冰振动过程中的导线的几何非线性。

输电导线脱冰振动时的总势能包括弹性势能、初应力应变能和重力势能，重力势能以输电导线脱冰后的位置为势能零点，因此第 i 档输电导线总势能表达式为

$$V_i = \int \left(\frac{1}{2} \mathrm{EA} \varepsilon_i^2 + T_i \varepsilon_i + m_{i1} g \cdot u_{i1}(x,t) \right) \mathrm{d}x \tag{3-40}$$

式中，EA为输电导线的抗拉压刚度。

第i档导线的绝缘子串总动能和总势能的表达式为

$$\begin{cases} T_{绝i} = \dfrac{1}{2} J \dot{\gamma}_i^2(t) \\ V_{绝i} = \dfrac{1}{2} m_{绝i} a \left[1 - \cos \gamma_i(t) \right] \end{cases} \tag{3-41}$$

式中，J为绝缘子串的转动刚度；$\dot{\gamma}_i$为第i档导线悬垂绝缘子串的转动角速度；$m_{绝i}$为第i档导线绝缘子串的质量。

输电导线脱冰振动时的位移和水平应力特性受导线阻尼的影响，在阻尼的作用下趋于稳定，建立连续档输电导线脱冰振动数学模型时，通过引入耗散函数来考虑输电导线阻尼效应的影响，耗散函数由系统的质量参数、阻尼比、自振角频率和导线的广义速度表示，耗散函数表达式为

$$D = \frac{1}{2} \sum_i \int_0^{L_i} \left(\sum_{j=1}^{2} 2 m_{i1} \omega_{ij} \xi_i \sin^2 \left(\frac{\pi x}{L_i} \right) \dot{q}_{ij}^2 \right) \mathrm{d}x + \frac{1}{2} \sum_i (2 J \omega_{绝i} \xi_{绝i} \dot{\gamma}_i^2) \tag{3-42}$$

式中，ω_{ij}为第i档导线j方向上的自振角频率；ξ_i为第i档导线阻尼比；$\omega_{绝i}$为第i档导线上绝缘子串的自振角频率；$\xi_{绝i}$为第i档导线上绝缘子串的阻尼比；$\dot{q}_{ij}$为第i档导线j方向上的广义速度。

与导线脱冰振动达朗贝尔动力学基本方程利用计算式$\boldsymbol{C} = \alpha \boldsymbol{M} + \beta \boldsymbol{K}$考虑导线体系的阻尼效应相比，耗散函数方法能够分别改变各档导线和绝缘子串的阻尼，可对各个结构不同阻尼对导线脱冰振动产生的影响进行分析，而导线脱冰振动达朗贝尔动力学基本方程通常只能通过改变质量阻尼系数和刚度阻尼系数改变整个体系的阻尼。

考虑耗散函数无非保守力作用的拉格朗日方程表达式为

$$\frac{\mathrm{d}}{\mathrm{d}t} \left(\frac{\partial (T - V)}{\partial \dot{q}_{ij}} \right) - \frac{\partial (T - V)}{\partial q_{ij}} + \frac{\partial D}{\partial \dot{q}_{ij}} = 0 \tag{3-43}$$

式中，T为力学体系中由广义坐标表示的动能；V为力学体系中由广义坐标表示的势能。

将连续档输电导线中的导线和绝缘子串的总动能、总势能以及耗散函数与拉格朗日方程联立，得到连续档输电导线脱冰振动过程中广义位移数学模型的

表达式为

$$
\begin{cases}
T=\sum\limits_{i}\dfrac{1}{4}m_{i1}L_i\left[\dot{q}_{i1}^2(t)+\dot{q}_{i2}^2(t)\right]+\sum\limits_{i}\dfrac{1}{2}J\dot{\gamma}_i^2(t)\\
V=\sum\limits_{i}\int_0^{L_i}\left(\dfrac{1}{2}\mathrm{EA}\varepsilon_i^2+T_i\varepsilon_i+m_{i1}g\cdot u_{i1}(x,t)\right)\mathrm{d}x+\sum\limits_{i}\dfrac{1}{2}m_{\text{绝}i}a\left[1-\cos\dot{\gamma}_i(t)\right]\\
D=\dfrac{1}{2}\sum\limits_{i}\int_0^{L_i}\left[\sum\limits_{j=1}^{2}2m_{i1}\omega_{ij}\xi_i\sin^2\left(\dfrac{\pi x}{L_i}\right)\dot{q}_{ij}^2\right]\mathrm{d}x+\dfrac{1}{2}\sum\limits_{i}(2J\omega_{\text{绝}i}\xi_{\text{绝}i}\dot{\gamma}_i^2)\\
\dfrac{\mathrm{d}}{\mathrm{d}t}\left[\dfrac{\partial(T-V)}{\partial\dot{q}_{ij}}\right]-\dfrac{\partial(T-V)}{\partial q_{ij}}+\dfrac{\partial D}{\partial\dot{q}_{ij}}=0
\end{cases}
\tag{3-44}
$$

与导线脱冰振动经典动力学基本方程相比，此方法基于能量法的拉格朗日动力方程，推导过程采用标量形式更加简易清晰，不用进行大量的质量矩阵和刚度矩阵计算，数学模型建立过程所需计算数据少、速度快。

为方便对连续档输电导线脱冰振动位移数学模型进行验证，对数学模型中的影响因素进行分析，设 $i=3$，此时输电导线脱冰振动位移数学模型的表达式为

$$
\begin{cases}
\ddot{q}_{11}+2\omega_{11}\xi_1\dot{q}_{11}+\omega_{11}^2q_{11}+a_1q_{12}-a_2q_{11}^2+a_3q_{11}^3+a_4q_{11}q_{12}^2-a_5\gamma_1+a_6q_{11}\gamma_1-a_7q_{12}^2+a_8=0\\
\ddot{q}_{12}+2\omega_{12}\xi_1\dot{q}_{12}+\omega_{12}^2q_{12}+a_9q_{11}-a_{10}q_{11}q_{12}+a_{11}q_{11}^2q_{12}+a_{12}q_{12}^3+a_{13}q_{12}\gamma_1=0\\
\ddot{q}_{21}+2\omega_{21}\xi_2\dot{q}_{21}+\omega_{21}^2q_{21}+a_{14}q_{22}-a_{15}q_{21}^2+a_{16}q_{21}^3-a_{17}q_{22}^2+a_{18}q_{21}q_{22}^2-a_{19}\gamma_2+a_{20}\gamma_1\\
\quad+a_{21}q_{21}\gamma_2-a_{22}q_{21}\gamma_1+a_{23}=0\\
\ddot{q}_{22}+2\omega_{22}\xi_2\dot{q}_{22}+\omega_{22}^2q_{22}+a_{24}q_{21}-a_{25}q_{21}q_{22}+a_{26}q_{21}^2q_{22}+a_{27}q_{22}^3+a_{28}q_{22}\gamma_2-a_{29}q_{22}\gamma_1=0\\
\ddot{q}_{31}+2\omega_{31}\xi_3\dot{q}_{31}+\omega_{31}^2q_{31}+a_{30}q_{32}-a_{31}q_{31}^2+a_{32}q_{31}^3-a_{33}q_{32}^2+a_{34}q_{31}q_{32}^2\\
\quad-a_{21}q_{21}\gamma_2-a_{22}q_{21}\gamma_1+a_{23}=0\\
\ddot{q}_{32}+2\omega_{32}\xi_3\dot{q}_{32}+\omega_{32}^2q_{32}+a_{38}q_{31}-a_{39}q_{31}q_{32}+a_{40}q_{31}^2q_{32}+a_{41}q_{32}^3-a_{42}q_{32}\gamma_2=0\\
\ddot{\gamma}_1+2\omega_{\text{绝}1}\xi_{\text{绝}1}\dot{\gamma}_1+\omega_{\text{绝}1}^2\gamma_1+a_{43}\sin\gamma_1-a_{44}\gamma_2-a_{45}q_{11}+a_{46}q_{11}^2+a_{47}q_{12}^2+a_{48}q_{21}-a_{49}q_{21}^2\\
\quad-a_{50}q_{22}^2+a_{51}=0\\
\ddot{\gamma}_2+2\omega_{\text{绝}2}\xi_{\text{绝}2}\dot{\gamma}_2+\omega_{\text{绝}1}^2\gamma_2+a_{52}\sin\gamma_2-a_{53}\gamma_1-a_{54}q_{21}+a_{55}q_{21}^2+a_{56}q_{22}^2+a_{57}q_{31}-a_{58}q_{31}^2\\
\quad-a_{59}q_{32}^2+a_{60}=0
\end{cases}
\tag{3-45}
$$

式(3-45)中各项系数 a_i 的具体表达式见附录，积分常数由输电导线中导线和绝缘子串的阻尼比、导线截面积、档距、单位长度质量、水平张力、单位长度覆冰质量、绝缘子串质量、绝缘子串长度和转动刚度以及脱冰率等参数表示。

在式(3-45)表示的输电导线脱冰振动位移数学模型中，导线的位移以及绝缘子串偏转角均与除自身以外的位移的非一次项有关，体现出各自由度广义位移之间存在非线性耦合效应。脱冰率、覆冰厚度和输电导线参数等因素组成二阶微分方程组中的常系数项，对导线脱冰振动过程中导线位移时程求解结果有决定性作用。

3.2.2　建立输电导线脱冰振动水平应力数学模型

根据弹性变形的胡克定律 $\sigma = E\varepsilon$（σ 为应力，E 为弹性模量），由应力和应变的基础表达式得到第 i 档输电导线脱冰振动过程中的水平应力变化量为

$$\Delta\sigma_i = \frac{1}{L_i}\int_0^{L_i} E\varepsilon_i \mathrm{d}x \tag{3-46}$$

将式(3-38)和式(3-39)代入式(3-46)，同时考虑输电导线脱冰振动时导线的初始水平应力，可得输电导线脱冰振动过程中第 i 档导线水平应力数学模型表达式为

$$\sigma_i = \sigma_{i0} + \frac{2Em_{i1}gq_{i1}}{\pi T_i \cos\theta_i} + \frac{E\pi^2 q_{i1}^2}{4L_i^2} + \frac{E\pi^2 q_{i2}^2}{4L_i^2} + \frac{Ea(\gamma_i - \gamma_{i-1})}{L_i} \tag{3-47}$$

式中，σ_{i0} 为输电导线脱冰振动前第 i 档导线的初始水平应力，$\mathrm{N/mm^2}$。

由输电导线脱冰振动位移数学模型求解导线广义位移，将其代入式(3-47)表示的第 i 档输电导线脱冰振动水平应力数学模型，得到输电导线脱冰振动时各档导线的水平应力时程。

3.2.3　Runge-Kutta 计算方法的 MATLAB 实现

在建立导线脱冰振动位移和水平应力数学模型之后，需要对导线脱冰振动过程中的位移和水平应力进行求解。对振动微分方程组的求解方法进行分析，解析法可以求解数学模型得到具体的解析形式的结果，能直接表述结构的动力响应，但是只有线性常系数微分方程，并且当自由项是某些特殊类型的函数时，才能求解得到问题的解析解，连续档输电导线脱冰振动位移数学模型可由式(3-44)描述，其为包含导线广义位移和绝缘子串偏转角耦合的非线性微分方程组，由于其解耦过程中存在分母为零的情况，因此输电导线脱冰振动位移数学模型无法完全解耦得到解析解。

针对连续档输电导线脱冰振动位移数学模型无法通过解析法进行求解的情况，采用Runge-Kutta数值计算法求解该微分方程组，采用的四阶-五阶Runge-Kutta算法以四阶方法提供候选解、五阶方法控制求解误差，其整体截断误差为$(\Delta x)^5$，

是一种高精度变步长单步求解算法，其计算方法表达式为

$$\begin{cases} y_{n+1} = y_n + \dfrac{h}{6}(K_1 + 2K_2 + 2K_3 + K_4) \\ K_1 = f(x_n, y_n) \\ K_2 = f\left(x_n + \dfrac{h}{2}, y_n + \dfrac{h}{2}K_1\right) \\ K_3 = f\left(x_n + \dfrac{h}{2}, y_n + \dfrac{h}{2}K_2\right) \\ K_4 = f(x_n + h, y_n + hK_3) \end{cases} \tag{3-48}$$

式中，h 为弧垂到相邻两杆塔导线连接点连线的垂直距离；x_n 、y_n 为第 n 个微元段的坐标。

利用 Runge-Kutta 数值计算方法对建立的输电导线脱冰振动位移数学模型进行求解时，首先对其进行降阶处理，将其转换为一阶微分方程组形式，设 $x_1 = \dot{q}_{11}$，$x_2 = q_{11}, x_3 = \dot{q}_{12}, x_4 = q_{12}, x_5 = \dot{q}_{21}, x_6 = q_{21}, x_7 = \dot{q}_{22}, x_8 = q_{22}, x_9 = \dot{q}_{31}, x_{10} = q_{31}, x_{11} = \dot{q}_{32}, x_{12} = q_{32}, x_{13} = \dot{\gamma}_1, x_{14} = \gamma_1, x_{15} = \dot{\gamma}_2, x_{16} = \gamma_2$，得到式(3-45)的一阶微分方程组的表达式(3-49)：

$$\begin{cases} \dot{x}_1 = -(2\omega_{11}\xi_1 x_1 + \omega_{11}^2 x_2 + a_1 x_4 - a_2 x_2^2 + a_3 x_2^3 + a_4 x_2 x_4^2 - a_5 x_{14} + a_6 x_2 x_{14} - a_7 x_4^2 + a_8) \\ \dot{x}_3 = -(2\omega_{12}\xi_1 x_3 + \omega_{12}^2 x_4 + a_9 x_2 - a_{10} x_2 x_4 + a_{11} x_2^2 x_4 + a_{12} x_4^3 + a_{13} x_4 x_{14}) \\ \dot{x}_5 = -(2\omega_{21}\xi_2 x_5 + \omega_{21}^2 x_6 + a_{14} x_8 - a_{15} x_6^2 + a_{16} x_6^3 - a_{17} x_8^2 + a_{18} x_6 x_8^2 - a_{19} x_{16} + a_{20} x_{14} \\ \qquad + a_{21} x_6 x_{16} - a_{22} x_6 x_{14} + a_{23}) \\ \dot{x}_7 = -(2\omega_{22}\xi_2 x_7 + \omega_{22}^2 x_8 + a_{24} x_6 - a_{25} x_6 x_8 + a_{26} x_6^2 x_8 + a_{27} x_8^3 + a_{28} x_8 x_{16} - a_{29} x_8 x_{14}) \\ \dot{x}_9 = -(2\omega_{31}\xi_3 x_9 + \omega_{31}^2 x_{10} + a_{30} x_{12} - a_{31} x_{10}^2 + a_{32} x_{10}^3 - a_{33} x_{12}^2 + a_{34} x_{10} x_{12}^2 + a_{35} x_{16} \\ \qquad - a_{36} x_{10} x_{16} + a_{37}) \\ \dot{x}_{11} = -(2\omega_{32}\xi_3 x_{11} + \omega_{32}^2 x_{12} + a_{38} x_{10} - a_{39} x_{10} x_{12} + a_{40} x_{10}^2 x_{12} + a_{41} x_{12}^3 - a_{42} x_{12} x_{16}) \\ \dot{x}_{13} = -(2\omega_{绝1}\xi_{绝1} x_{13} + \omega_{绝1}^2 x_{14} + a_{43} \sin x_{14} - a_{44} x_{16} - a_{45} x_{14} + a_{46} x_2^2 + a_{47} x_4^2 + a_{48} x_6 \\ \qquad - a_{49} x_6^2 - a_{50} x_8^2 + a_{51}) \\ \dot{x}_{15} = -(2\omega_{绝2}\xi_{绝2} x_{15} + \omega_{绝2}^2 x_{16} + a_{52} \sin x_{16} - a_{53} x_{14} - a_{54} x_6 + a_{55} x_6^2 + a_{56} x_8^2 + a_{57} x_{10} \\ \qquad - a_{58} x_{10}^2 - a_{59} x_{12}^2 + a_{60}) \\ \dot{x}_2 = x_1, \dot{x}_4 = x_3, \dot{x}_6 = x_5, \dot{x}_8 = x_7, \dot{x}_{10} = x_9, \dot{x}_{12} = x_{11}, \dot{x}_{14} = x_{13}, \dot{x}_{16} = x_{15} \end{cases} \tag{3-49}$$

由式(3-49)看出，需要求解的输电导线脱冰振动位移数学模型可以等效为常

系数一次微分方程组进行求解。

根据 Runge-Kutta 数值计算方法，利用 MATLAB 软件实现对降阶式(3-49)的求解，将档距、脱冰率等工况条件的常系数参数代入表达式，并给定导线脱冰振动位移数学模型的初始条件，对连续档输电脱冰振动位移数学模型进行求解，得到输电导线脱冰振动过程中各档导线和绝缘子串随时间变化的广义位移和广义速度。将式(3-44)求解得到的广义位移结果和式(3-28)代入式(3-27)中，得到第 i 档输电导线各点 j 方向上的实际位移 $u_{ij}(x,t)$。将求解得到的广义位移代入式(3-47)中，得到输电导线脱冰振动过程中第 i 档导线的水平应力时程。Runge-Kutta 方法计算流程图如图 3-3 所示。

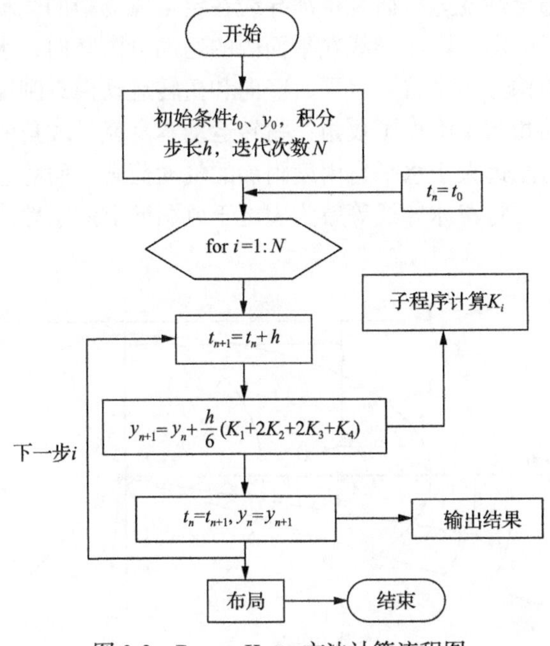

图 3-3　Runge-Kutta 方法计算流程图

第4章 覆冰导线流固耦合横扭振动数学模型及求解方法

4.1 覆冰导线气动弹性数学模型的失稳判定

导线覆冰后的非轴对称截面使得其气动特性更为复杂，在扭转自由度上存在扭转发散问题，稳定性变差，研究覆冰导线在定常风场中的气动特性将有助于控制覆冰导线的失稳问题。覆冰导线在平面内的运动可由竖向、水平和扭转这三个自由度描述，从结构方面来看，水平、竖向和扭转运动模态刚度较小；从气动方面来看，竖向运动相当于附加了攻角，扭转运动本身就是攻角的变化，这两个自由度带来的气动荷载远大于水平自由度附加的气动荷载，而静态沉浮并不引起附加气动力。因此，可将覆冰导线等效为固定于风洞壁上的刚性二元截面，其剖面见图 4-1。

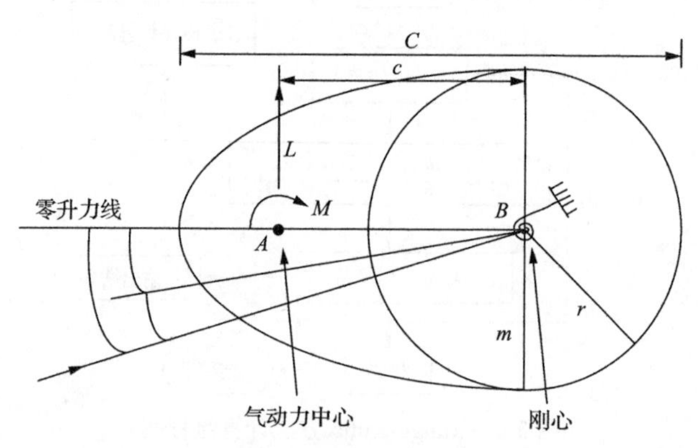

图 4-1 覆冰导线剖面

图 4-1 中，A 点为气动力中心；B 点为质心；c 为两心间距；C 为弦长；L 为气动升力；M 为气动中心的力矩；m 为导线的质量；r 为导线半径。

覆冰导线在气动力分析时主要包含气动升力 L 和绕质心的气动力矩 M_B，计算式见式(4-1)：

$$\begin{cases} L = C_L qS = \dfrac{1}{2}\rho v^2 S \dfrac{\partial C_L}{\partial \alpha}(\alpha_0 + \theta) \\ M_B = M_A + Le \end{cases} \tag{4-1}$$

式中，α_0 为无风时的初始攻角；θ 为导线在对质心的气动力矩 M_B 作用下的扭转角；α 为总攻角；C_L 为气动升力系数；ρ 为空气密度；v 为来流速度；q 为来流动压；S 为特征尺度，即弦长 C；e 为气动中心到刚心的距离；M_A 为气动中心的力矩。

根据力矩平衡条件，对 B 点列平衡方程：

$$K_\theta \theta = M_A + Le \tag{4-2}$$

式中，K_θ 为导线扭转刚度。将式(4-1)代入式(4-2)中可得覆冰导线实际扭转角为

$$\theta = \frac{\left(\dfrac{\partial C_L}{\partial \alpha} qSe\alpha_0 + M_A\right) / K_\theta}{1 - \dfrac{\partial C_L}{\partial \alpha} qSe / K_\theta} \tag{4-3}$$

对式(4-3)中的分子进一步分析可知，括号中为初始迎角所产生的气动力和气动力矩，除以导线的扭转刚度即为未考虑附加气动力时单位力矩下产生的扭转角 θ_r，式(4-3)可改写为

$$\frac{\theta}{\theta_r} = \frac{1}{1 - \dfrac{\partial C_L}{\partial \alpha} qSe / K_\theta} \tag{4-4}$$

式(4-4)中的扭转角比值为考虑气动弹性效应时的缩放因子，分母中 e 为正时，即刚心在气动中心之后时为放大效应。覆冰导线结构参数确定后，随着来流动压 q（即来流速度 v）的增加，式(4-4)中分母减小，缩放因子增大，到达临界值时分母会变为 0，此时扭转角 θ 趋于无穷大，同时覆冰导线的扭转角会突然增大而导致翻转，扭转角与流速关系见图 4-2。

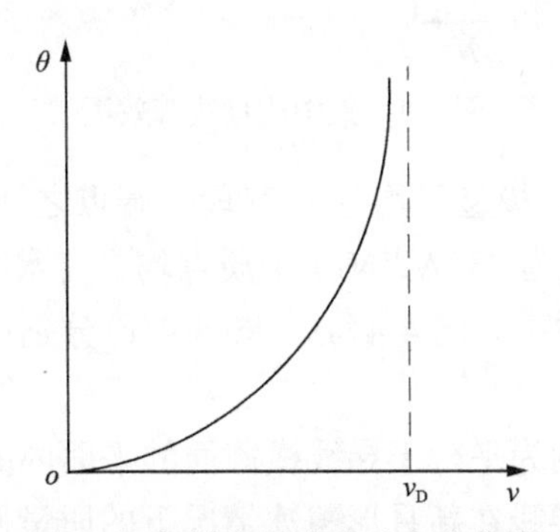

图 4-2　扭转角随来流速变化曲线

图 4-2 中的导线扭转角和上升曲率随着风速的增加而显著增长，并在临界风速 v_D 时趋近无穷大，该扭转发散的临界速度计算式为

$$v_D = \sqrt{\frac{2K_\theta}{\rho \frac{\partial C_L}{\partial \alpha} Se}} \tag{4-5}$$

式(4-5)中显示了扭转发散临界速度的计算主要取决于覆冰导线扭转刚度、空气密度以及刚心与气动中心的相对位置，其中空气密度的影响相对较小。此外，式(4-3)中的刚心位于气动中心之前时，分母恒大于 0，覆冰导线在任何速度下都不会发生扭转失稳。

对覆冰导线小迎角时的气动弹性静力分析是覆冰导线三自由度振动响应的前提，研究发现气动中心与刚心的相对位置对其振动形式的影响显著，而且气动中心位置随攻角时刻变化，尤其是气动中心与计算中心相对位置经历了前后调换，因此在气动力计算时，附加力矩的实时变换对覆冰导线动力响应的影响不可忽视。

4.2 覆冰导线流固耦合横扭振动数学模型的建立及分析

在建立覆冰导线物理参数模型时，假设覆冰质量沿导线长度均匀分布，因此根据静力等效原理将其视为两端固定、拥有有限个集中质量点的多自由度系统。可将导线等效为 N+1 个集中质量点的离散系统，将导线等效为四段时，集中质量法等效图如图 4-3 所示。

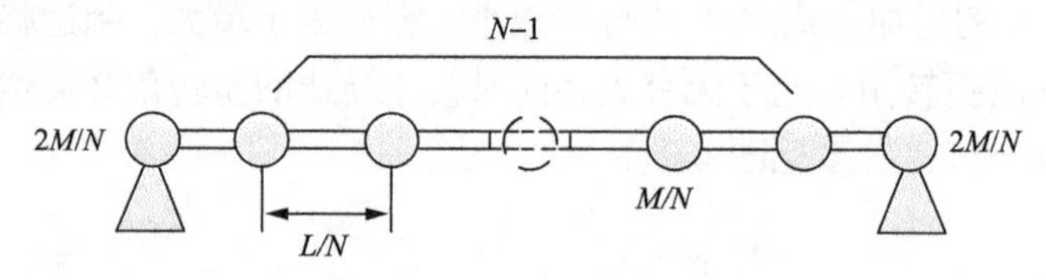

图 4-3 集中质量法等效图

将总质量为 M 的导线模型平均分为 N 段，端点之间共 N–1 个质量均为 M/N 的质点，两端的端点质量为 2M/N，N+1 个质点均具有水平、竖向和扭转三个自由度，但端点设置为固定约束。图 4-4(a)～图 4-4(c)分别反映了导线静态、动态位置以及合成风攻角。

图 4-4 中，x、y 分别为平行于导线横截面的平面内的水平向与竖向；θ 为导线的扭转角，rad；e 为导线在新月形覆冰情况下的质量偏心距，m；U 为水平静风速，m/s；U_r 为实际情况下，考虑导线自身振动的合成风速，m/s；γ 为静态风

攻角，rad；β则为动态风攻角，rad；$\dot{x}$、$\dot{y}$、$\dot{\theta}$分别为导线振动时三个自由度上的速度，m/s 和 rad/s。

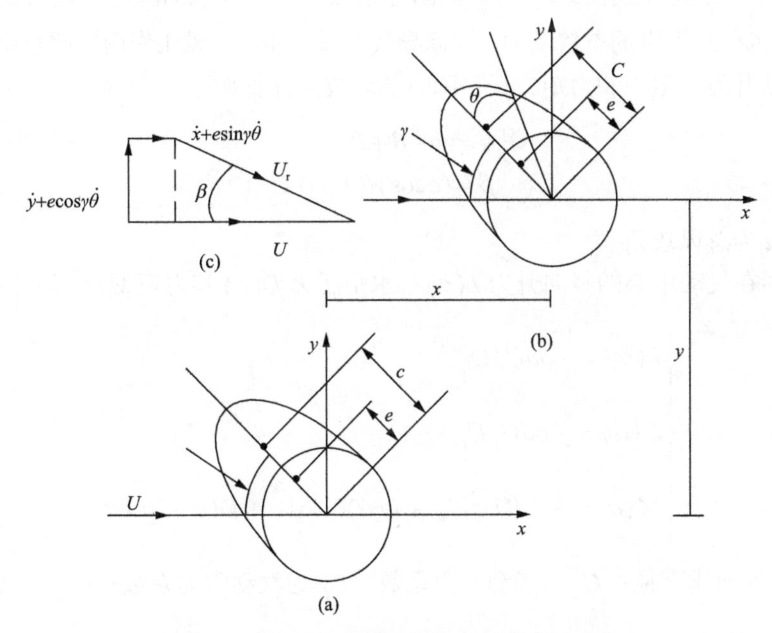

图 4-4　覆冰导线的静动态位置及合成风攻角

考虑导线在风场中的气动中心与计算中心偏差引起的附加力矩，进行受力分析时，主要考虑结构的惯性力、刚性力、阻尼力和风荷载提供的空气动力。上述各力的表达式如式(4-6)～式(4-10)所示。

(1)惯性力，导线和覆冰质量在振动过程中的假想力：

$$\begin{cases} F_{ay} = m\ddot{y} + m_{\mathrm{i}} e\cos\gamma\ddot{\theta} \\ F_{ax} = m\ddot{x} + m_{\mathrm{i}} e\sin\gamma\ddot{\theta} \\ M_{a\theta} = J\ddot{\theta} + (me\cos\gamma)\ddot{y} + (me\sin\gamma)\ddot{x} \end{cases} \tag{4-6}$$

式中，F_{ax}、F_{ay}为导线振动 x、y 方向的惯性力；$M_{a\theta}$为导线振动θ方向的惯性力矩；m为等效质点导线质量；m_{i}为等效质点覆冰质量；J为转动惯量。

(2)刚性力，即导线的弹性恢复力：

$$F_{ky} = K_y y\,,\quad F_{kx} = K_x x\,,\quad M_{k\theta} = K_\theta\theta \tag{4-7}$$

式中，K_y、K_x分别为弹性恢复力f_{ky}、f_{kx}方向上的弹性模量。

(3)阻尼力，假定垂直、水平和扭转模型中的机械阻尼是黏性的，并且阻尼力完全不耦合：

$$F_{cy}=c_y\dot{y}\ ,\quad F_{cx}=c_x\dot{x}\ ,\quad M_{c\theta}=c_\theta\dot{\theta} \tag{4-8}$$

式中，c_x、c_y 为导线在 x、y 方向的阻尼系数；c_θ 为导线的阻尼力矩系数。

(4)风荷载提供的空气动力，覆冰导线在风场中时，风压作用按照自由度主要分为气动升力、阻力和力矩，任一瞬时的风攻角计算如下：

$$\begin{cases}\alpha=\gamma-\beta+\theta\\ \beta=(e\cos\gamma\dot{\theta}+\dot{y})/U\end{cases} \tag{4-9}$$

式中，α 为总风攻角。

作用在气动中心的竖向升力 $L(\alpha)$、水平阻力 $D(\alpha)$ 和力矩 $M(\alpha)$ 的计算如下：

$$\begin{cases}L(\alpha)=\dfrac{1}{2}\rho dU_{\mathrm{r}}^2C_L\\ D(\alpha)=\dfrac{1}{2}\rho dU_{\mathrm{r}}^2C_D\\ M(\alpha)=\dfrac{1}{2}\rho d^2U_{\mathrm{r}}^2C_M+L(\alpha)C\cos\alpha+D(\alpha)C\sin\alpha\end{cases} \tag{4-10}$$

式中，d 为导线直径；C_L 为气动升力系数；C_D 为气动阻力系数；C_M 为气动力矩系数。

考虑到方程求解时的运算量，采用集中质量法将导线等效为 N 个集中质量点，每个质量点包含竖向、水平和扭转这三个自由度，方程组表示如下：

$$\begin{cases}(m+m_{\mathrm{i}})\ddot{y}+c_x\dot{y}+K_xy=-m_{\mathrm{i}}e\sin\alpha\ddot{\theta}+L(\alpha)\\ (m+m_{\mathrm{i}})\ddot{x}+c_y\dot{x}+K_yx=-m_{\mathrm{i}}e\cos\alpha\ddot{\theta}+D(\alpha)\\ J\ddot{\theta}+c_\theta\dot{\theta}+K_\theta\theta=-m_{\mathrm{i}}e\sin\alpha\ddot{y}-m_{\mathrm{i}}e\cos\alpha\ddot{x}+M(\alpha)\end{cases} \tag{4-11}$$

4.3 覆冰导线流固耦合横扭振动数学模型降阶变换

在使用 MATLAB 编写基于经典 Runge-Kutta 方法改进的求解代码前，首先需要对方程组进行降阶变换，保证方程组中只有一阶微分项，考虑到动态气动力响应面计算式包含 16 个系数，因此降阶时只对方程组等式左边进行处理。为了使方程组的表达更为简洁，在降阶变换前将式(4-11)进行系数替换，得

$$\begin{cases}a_1\ddot{y}+a_2\dot{y}+a_3y=a_4\ddot{\theta}+L(\alpha)\\ b_1\ddot{x}+b_2\dot{x}+b_3x=b_4\ddot{\theta}+D(\alpha)\\ c_1\ddot{\theta}+c_2\dot{\theta}+c_3\theta=c_4\ddot{y}+c_5\ddot{x}+M(\alpha)\end{cases} \tag{4-12}$$

将式(4-12)中水平向和竖向加速度的独立表达式代入扭转向可求得

$$\left(c_1-\frac{c_4a_4}{a_1}-\frac{c_5b_4}{b_1}\right)\ddot{\theta}+c_2\dot{\theta}+c_3\theta+\frac{c_4a_2}{a_1}\dot{y}+\frac{c_4a_3}{a_1}y+\frac{c_5b_3}{b_1}\dot{x}+\frac{c_5b_2}{b_1}x \\ =\frac{c_4L(\alpha)}{a_1}+\frac{c_5D(\alpha)}{b_1}+M(\alpha) \tag{4-13}$$

式(4-13)中的所有系数用 d_i 代替，得到式(4-14)：

$$d_1\ddot{\theta}+d_2\dot{\theta}+d_3\theta+d_4\dot{y}+d_5y+d_6\dot{x}+d_7x=d_8L(\alpha)+d_9D(\alpha)+d_{10}M(\alpha) \tag{4-14}$$

将式(4-14)代入式(4-12)得到覆冰导线三自由度振动微分方程组：

$$\begin{cases} a_1\ddot{y}+\left(a_2+\dfrac{a_4d_4}{d_1}\right)\dot{y}+\left(a_3+\dfrac{a_4d_5}{d_1}\right)y+\dfrac{a_4d_2}{d_1}\dot{\theta}+\dfrac{a_4d_3}{d_1}\theta+\dfrac{a_4d_6}{d_1}\dot{x}+\dfrac{a_4d_7}{d_1}x \\ =\left(1+\dfrac{a_4d_8}{d_1}\right)L(\alpha)+\dfrac{a_4d_9}{d_1}D(\alpha)+\dfrac{a_4d_{10}}{d_1}M(\alpha) \\ b_1\ddot{x}+\left(b_2+\dfrac{b_4d_6}{d_1}\right)\dot{x}+\left(b_3+\dfrac{b_4d_7}{d_1}\right)x+\dfrac{b_4d_2}{d_1}\dot{\theta}+\dfrac{b_4d_3}{d_1}\theta+\dfrac{b_4d_4}{d_1}\dot{y}+\dfrac{b_4d_5}{d_1}y \\ =\left(1+\dfrac{b_4d_9}{d_1}\right)D(\alpha)+\dfrac{b_4d_8}{d_1}L(\alpha)+\dfrac{b_4d_{10}}{d_1}M(\alpha) \\ d_1\ddot{\theta}+d_2\dot{\theta}+d_3\theta+d_4\dot{y}+d_5y+d_6\dot{x}+d_7x=d_8L(\alpha)+d_9D(\alpha)+d_{10}M(\alpha) \end{cases} \tag{4-15}$$

通过系数替代将式(4-15)简化为式(4-16)，使后续编程求解时代码简洁有序：

$$\begin{cases} e_1\ddot{y}+e_2\dot{y}+e_3y+e_4\dot{\theta}+e_5\theta+e_6\dot{x}+e_7x=e_8L(\alpha)+e_9D(\alpha)+e_{10}M(\alpha) \\ f_1\ddot{x}+f_2\dot{x}+f_3x+f_4\dot{\theta}+f_5\theta+f_6\dot{y}+f_7y=f_8D(\alpha)+f_9L(\alpha)+f_{10}M(\alpha) \\ d_1\ddot{\theta}+d_2\dot{\theta}+d_3\theta+d_4\dot{y}+d_5y+d_6\dot{x}+d_7x=d_8L(\alpha)+d_9D(\alpha)+d_{10}M(\alpha) \end{cases} \tag{4-16}$$

选择引入状态变量 $\boldsymbol{x}=[x_1, x_2, x_3, x_4, x_5, x_6]$完成方程组的降阶变换，其中

$$x_1=y,\quad x_2=\dot{y},\quad x_3=x,\quad x_4=\dot{x},\quad x_5=\theta,\quad x_6=\dot{\theta} \tag{4-17}$$

将式(4-17)中的状态变量表达式代入式(4-15)中完成转换，得到二阶导降阶后的一阶振动微分方程组：

$$
\begin{cases}
\dot{x}_1 = x_2 \\
\dot{x}_3 = x_4 \\
\dot{x}_5 = x_6 \\
\dot{x}_2 = \ddot{y} = -\dfrac{e_2}{e_1}x_2 - \dfrac{e_3}{e_1}x_1 - \dfrac{e_4}{e_1}x_6 - \dfrac{e_5}{e_1}x_5 - \dfrac{e_6}{e_1}x_4 - \dfrac{e_7}{e_1}x_3 + \dfrac{e_8}{e_1}L(\alpha) + \dfrac{e_9}{e_1}D(\alpha) + \dfrac{e_{10}}{e_1}M(\alpha) \\
\quad = -g_1x_2 - g_2x_1 - g_3x_6 - g_4x_5 - g_5x_4 - g_6x_3 + g_7L(\alpha) + g_8D(\alpha) + g_9M(\alpha) \\
\dot{x}_4 = \ddot{x} = -\dfrac{f_2}{f_1}x_4 - \dfrac{f_3}{f_1}x_3 - \dfrac{f_4}{f_1}x_6 - \dfrac{f_5}{f_1}x_5 - \dfrac{f_6}{f_1}x_2 - \dfrac{f_7}{f_1}x_1 + \dfrac{f_8}{f_1}D(\alpha) + \dfrac{f_9}{f_1}L(\alpha) + \dfrac{f_{10}}{f_1}M(\alpha) \\
\quad = -h_1x_4 - h_2x_3 - h_3x_6 - h_4x_5 - h_5x_2 - h_6x_1 + h_7D(\alpha) + h_8L(\alpha) + h_9M(\alpha) \\
\dot{x}_6 = \ddot{\theta} = -\dfrac{d_2}{d_1}x_6 - \dfrac{d_3}{d_1}x_5 - \dfrac{d_4}{d_1}x_2 - \dfrac{d_5}{f_1}x_1 - \dfrac{d_6}{d_1}x_4 - \dfrac{d_7}{d_1}x_3 + \dfrac{d_8}{d_1}L(\alpha) + \dfrac{d_9}{d_1}D(\alpha) + \dfrac{d_{10}}{d_1}M(\alpha) \\
\quad = -i_1x_6 - i_2x_5 - i_3x_2 - i_4x_1 - i_5x_4 - i_6x_3 + i_7L(\alpha) + i_8D(\alpha) + i_9M(\alpha)
\end{cases}
\tag{4-18}
$$

式(4-18)为求解覆冰导线流固耦合横扭振动数学方程时降阶处理后的最终表达式，前三个公式分别代表竖向位移、水平位移和扭转角，后三个公式分别为相应的速度；d、e、g、f、h 和 i 为振动方程推导过程中为了使方程更简洁地表达而使用的符号，可由导线结构参数求得；$D(\alpha)$、$L(\alpha)$ 和 $M(\alpha)$ 分别为覆冰导线动态气动竖直阻力、升力和力矩，在求解过程中需调用覆冰导线动态气动力响应面方程得到。

4.4　覆冰导线横扭振动数学模型的 Runge-Kutta 耦合迭代求解法

在式(4-18)中，三自由度振动速度表达式包含了其他各个自由度，对应了覆冰导线振动时的横扭振动现象。通过降阶处理后的横扭振动微分方程组可采用基于 Runge-Kutta 法改进的耦合迭代求解法进行求解，其中气动力荷载是随结构风攻角的变化而实时更新的，需要调用根据仿真数据分析得到的响应面拟合式计算，通过反复迭代求解动力响应，具体求解流程如图 4-5 所示。

图 4-5 中的求解流程核心是基于经典 Runge-Kutta 法并嵌入气动力响应面代码。首先确定振动方程组的结构参数，完成降阶变换，继而设定响应初值，即导线覆冰厚度、初始风攻角、初始风速和起始时间，在自行编写的四阶 Runge-Kutta 耦合迭代法中首先求解得到动力荷载和位移初始值条件下的导线位移($y_{(k+1)}$)，根据变换后的风攻角，代入气动力响应面方程计算新的动态气动力，继续施加于导线计算新的导线位移变化，反复执行此循环过程，直至达到所设定的终止时间

(end_t)，并在最后绘制导线各质点三自由度动态响应时程曲线。

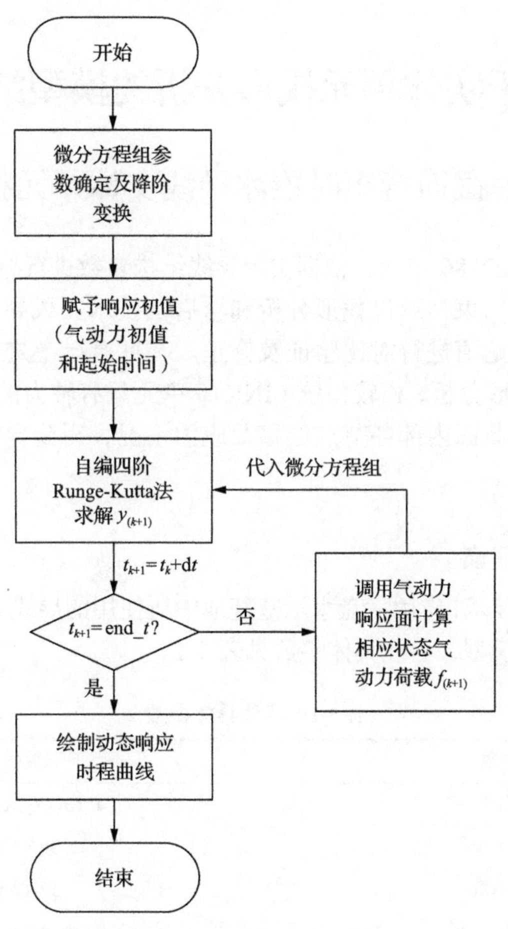

图 4-5　方程组求解流程图

第5章　基于实体单元找形分析的模型结构参数矩阵

5.1　考虑截面弯矩时覆冰导线实体单元找形分析

选用实体 SOLID186 单元，依据实际导线结构参数进行导线实体建模，在其两端截面设置固定约束，通过找形分析和重启动技术完成导线实际弧垂模拟，并与弧垂和张力理论值进行对比验证及修正。在此基础上进一步完成含有间隔棒的四分裂导线找形分析，相较传统 LINK10 单元只有轴力的局限性，实体单元充分模拟了导线横截面内部各节点位移及应力情况，得到导线各质量点的刚度系数 k_{ij} 。

5.1.1　导线参数及建模

采用防冰综合技术，应用六盘水示范基地中所使用的导线参数作为标准参数，在仿真中建立导线模型，导线具体参数见表 5-1。

表 5-1　导线具体参数

参数	数值
线型	JLHA1/G1A-400/95
铝股数	30×4.16
钢股数	19×2.50
铝截面/mm^2	407.75
钢截面/mm^2	93.27
总截面/mm^2	501.02
直径/mm	29.1
线重/(kg/m)	1856.7
计算拉断力/kN	234.77
弹性模量/GPa	65.17
热膨胀系数/10^{-6}℃	20.5

5.1.2　找形分析

首先确定档距和高差等几何参数以便创建模型，根据实际导线属性参数设置模型的材料属性，为加速找形过程，在保证较高精度的基础上设置初始应变值为实际应变值的 5～10 倍，同时设置较小的弹性模量并施加自重荷载。基于找形分析法，以水平张力和弧垂对应关系为收敛条件进行迭代，得到覆冰导线相应状态时的初始空间姿态。找形完毕后进行重启动分析，恢复覆冰导线的实际参数，设置实际应变，得到导线应力分布及位移曲线，在弧垂最大处进行面应力积分得到导线张力并与实际张力进行对比，验证模型的可靠性。

钢的密度为 7850kg/m^3，弹性模量取 $2.06\times10^{11}\text{Pa}$，泊松比取 0.3；铝的对应参数分别为 2700kg/m^3、$5.9\times10^{10}\text{Pa}$ 和 0.3；冰的对应参数分别为 900kg/m^3、$1\times10^{10}\text{Pa}$ 和 0.3；覆冰厚度取 10mm、20mm、30mm 和 40mm；新月形覆冰截面下导线覆冰面积分别为 $2.356\times10^{-4}\text{mm}^2$、$4.712\times10^{-4}\text{mm}^2$、$7.068\times10^{-4}\text{mm}^2$ 和 $9.425\times10^{-4}\text{mm}^2$，对应覆冰导线竖向总比载分别为 36.553MPa/m、38.849MPa/m、41.562MPa/m 和 43.872MPa/m。可见新月形覆冰的比载参数不同于圆形覆冰，其覆冰质量与相应比载要远小于后者，但是由于特殊的非轴对称截面配合低质量特性，在风速较低的脉动风场下的自身稳定性不足，其仍可发生大幅度的舞动现象。

1) 覆冰单导线不同档距、冰厚条件下的找形分析

依据真实导线和覆冰参数建立覆冰单导线仿真模型，采用结构化网格划分技术划分单元，模型及网格划分情况如图 5-1 所示。

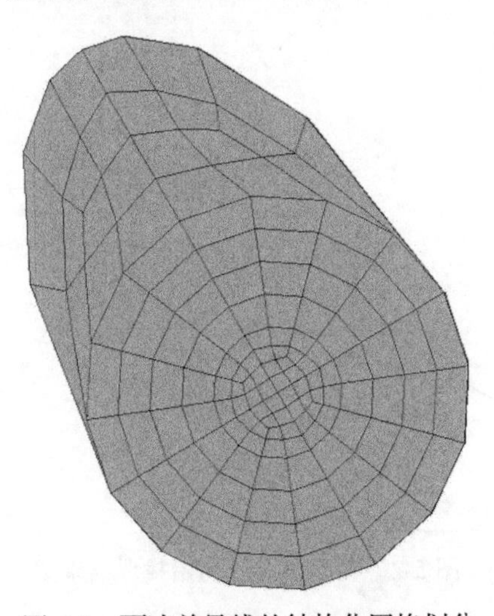

图 5-1　覆冰单导线的结构化网格划分

图 5-1 中网格单元均为六面体，且高度对称，整体均匀分布，规则整齐，可大大提高计算速度及精度。针对不同档距和冰厚情况，可建立覆冰导线模型并求解各个条件下的状态参数，考虑到导线新月形覆冰截面与圆形覆冰截面的显著差异，需要对前者进行截面等效，具体参数见表 5-2。

表 5-2 覆冰单导线几何与比载参数

参数	数值			
档距/m	200/300/400			
覆冰厚度/mm	10	20	30	40
覆冰截面积/10^{-4}mm^2	2.356	4.712	7.068	9.425
等效覆冰厚度/mm	2.5	4.5	6.5	8.0
覆冰比载/(10^{-3}N/m^3)	2.28296667	4.57897887	7.29244782	9.60150554
竖向总比载/(10^{-3}N/m^3)	36.553	38.849	41.562	43.872

表 5-2 中列出了同规格导线不同厚度覆冰时的覆冰截面积，继而列出了换算为圆形截面时的等效厚度，可见覆冰截面形状不同时，新月形覆冰情况下的等效厚度仅为表观覆冰厚度的 22.5%～25%。最后计算新月形覆冰导线的竖向总比载，作为导线实体单元找形分析的基础参数。

选取年均温气象下的导线应力状态作为状态方程中的已知项，使用 MATLAB 基于牛顿迭代法编程，求解未知状态下各个工况的应力，继而计算导线张力作为找形分析时的基础数据，得到导线覆冰状态下的初始状态。覆冰单导线初始找形结果如图 5-2 所示。

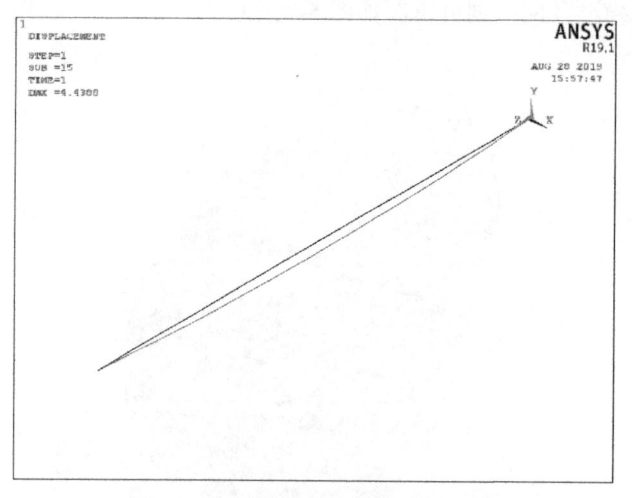

图 5-2 覆冰单导线初始找形结果图

求解理论弧垂应采用如下的应力弧垂计算式：

$$f=\frac{\gamma l^2}{8\sigma_0} \tag{5-1}$$

式中，f 为计算弧垂，m；γ 为比载，10^{-3}MPa/m；σ_0 为导线最低点应力，MPa。

根据式(5-1)计算不同档距对应的弧垂数据，如图 5-3～图 5-5 所示。

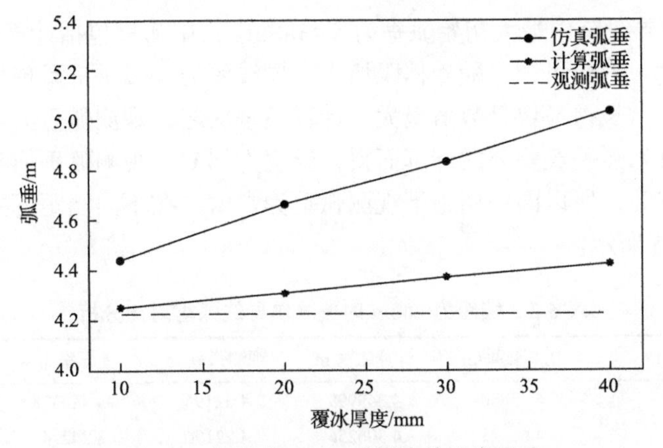

图 5-3　档距为 200m 时覆冰单导线弧垂

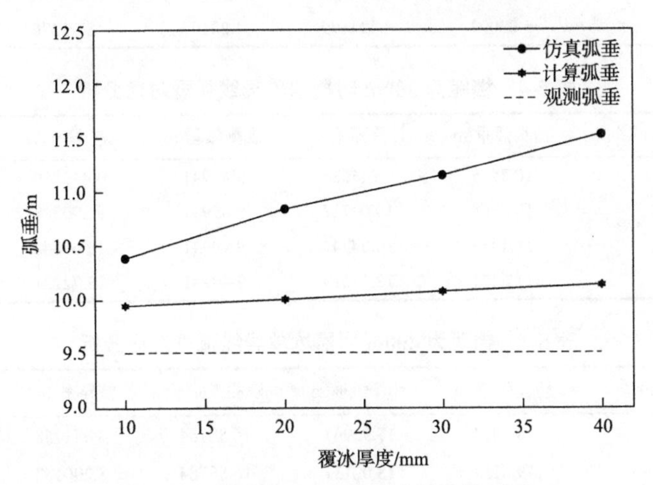

图 5-4　档距为 300m 时覆冰单导线弧垂

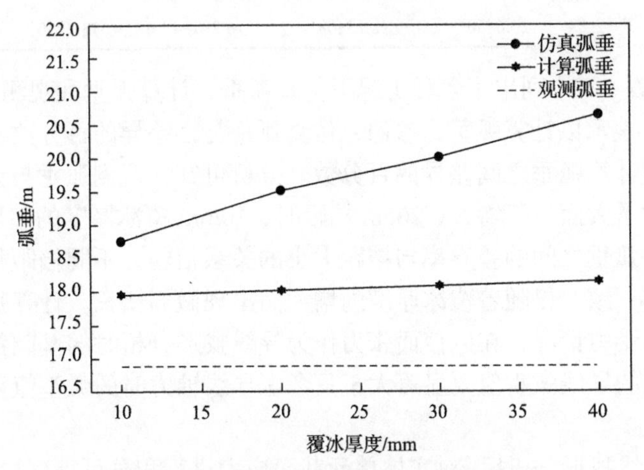

图 5-5　档距为 400m 覆冰时单导线弧垂

图 5-3 中导线跨中最大初始弧垂为 4.4388m。其中弧垂包括计算弧垂、仿真弧垂和观测弧垂。分析可知，随着档距增大，导线张力和弧垂都呈现出增长趋势，其中仿真弧垂增长得最快且数值最大，计算弧垂次之，观测弧垂为常值。其中观测弧垂是由百米弧垂经验公式计算而得，温度为–5℃，观测弧垂值与档距、温度和挂点高差有关，所以同一档距下观测弧垂为常值。在不同档距下的弧垂差异如表 5-3～表 5-5 所示。

表 5-3 档距为 200m 时覆冰单导线弧垂对比分析

覆冰厚度/mm	仿真弧垂/m	计算弧垂/m	观测弧垂/m	差异率 1/%	差异率 2/%
10	4.43880	4.249999	4.22196	4.442378	2.8039
20	4.66121	4.306256	4.22196	8.242746	8.4296
30	4.894356	4.352486	4.22196	10.658940	13.0520
40	5.03092	4.424199	4.22196	13.71370	20.2239

表 5-4 档距为 300m 时覆冰单导线弧垂对比分析

覆冰厚度/mm	仿真弧垂/m	计算弧垂/m	观测弧垂/m	差异率/1%	差异率 2/%
10	10.3885	9.946686	9.49941	4.441819	4.496736
20	10.8368	10.00717	9.49941	8.290388	5.073934
30	11.1485	10.07743	9.49941	10.62843	5.735768
40	11.5271	10.13619	9.49941	13.72221	6.282248

表 5-5 档距为 400m 时覆冰单导线弧垂对比分析

覆冰厚度/mm	仿真弧垂/m	计算弧垂/m	观测弧垂/m	差异率 1/%	差异率 2/%
10	18.7574	17.95967	16.88784	4.441758	5.968007
20	19.5153	18.02131	16.88784	8.290157	6.289586
30	20.0155	18.09340	16.88784	10.62319	6.663001
40	20.6450	18.15408	16.88784	13.72101	6.974946

表 5-3～表 5-5 中列出了各种工况下仿真弧垂、计算弧垂和观测弧垂的数值，其中差异率 1 表示以计算弧垂为参照，仿真弧垂与之差异的百分数，差异率 2 表示观测弧垂与计算弧垂之间差异的百分数。分析可知，观测弧垂与计算弧垂的差异随着档距的增大而显著增大，200m 档距时，10mm 覆冰厚度的差异最小；而仿真弧垂与计算弧垂之间的差异率与档距大小的关系很弱，不同档距相同覆冰厚度的差异率基本一致，仅随着覆冰厚度的增大而出现微弱增长。计算弧垂时并未考虑导线截面的受力情况，在以截面张力作为导线找形分析时的基础数据时，实体单元仿真得到的导线弧垂值要显著大于只考虑导线轴力时的弧垂值，差异率最高可达约 13.72%。

在覆冰导线找形分析后，对实体单元截面应力进行积分可得到导线截面张力，包括钢芯、铝绞线和覆冰的张力分布。图 5-6 和图 5-7 分别为计算覆冰导线截面张力时细致划分的单元和截面相应的轴向应力分布及矢量显示，在此面单元上完成张力的积分计算。

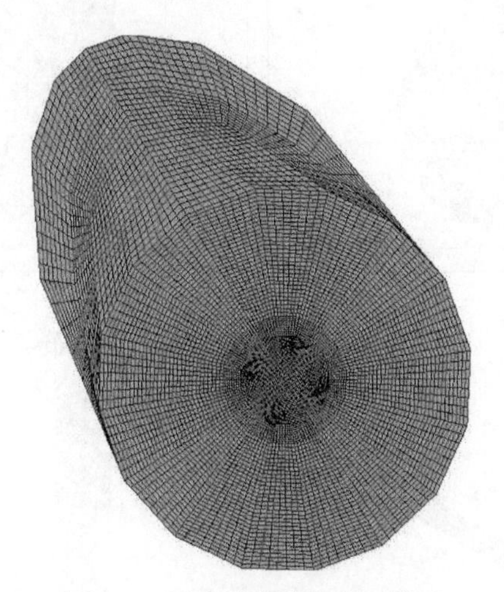

图 5-6　覆冰导线的积分面单元

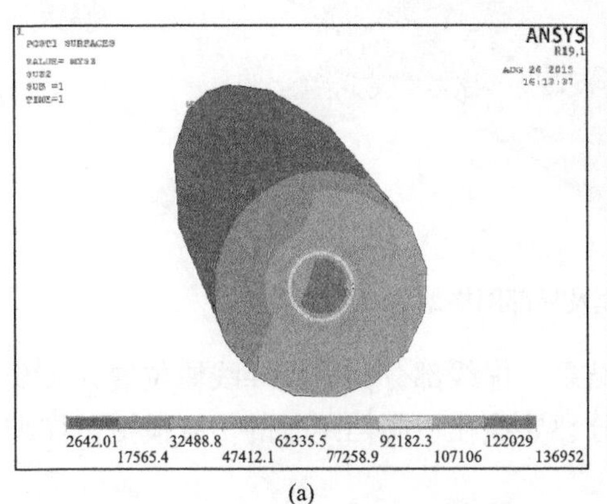

(a)

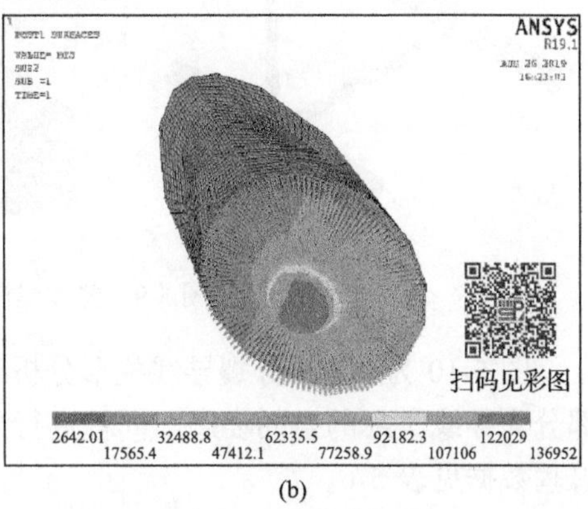

(b)

图 5-7　截面轴向应力分布及矢量显示

图 5-7 中图中中心圆圈为导线钢芯部分，所受应力最大；从中心开始由内向外，应力逐渐降低，钢芯部分应力最大为 136952Pa，铝绞线次之，覆冰部分所承受拉力最小，为 2642Pa。

图 5-8 为覆冰导线截面 Y 向和 YZ 向应力分布，其中 Y 向为竖向，最大值为 15.9791Pa；Z 向为轴向，最大值不足 1Pa。

2）覆冰分裂导线不同档距、冰厚条件下的找形分析

根据实际参数创建间距为 450mm 的覆冰分裂导线模型，采用结构化网格划分技术与节点耦合技术，整体建模及局部网格划分如图 5-9 所示，找形结果如图 5-10 所示。

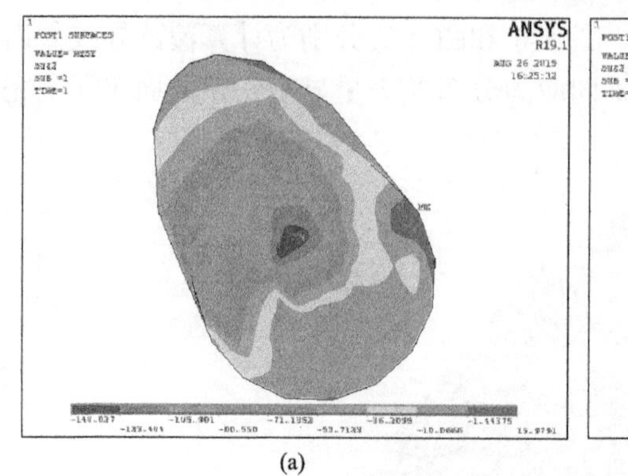

(a)

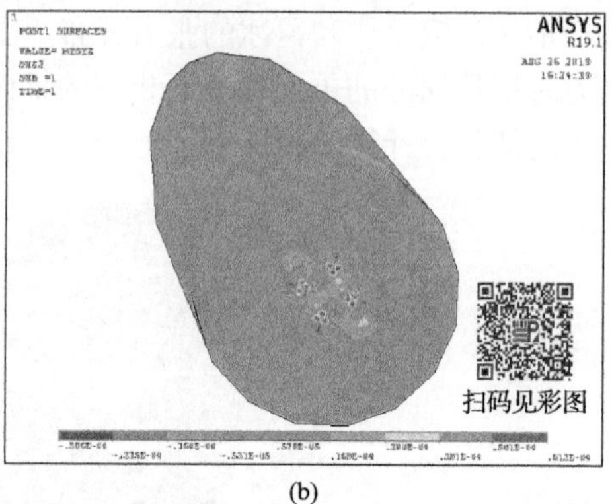

(b)

图 5-8　截面 *Y* 向和 *YZ* 向应力分布

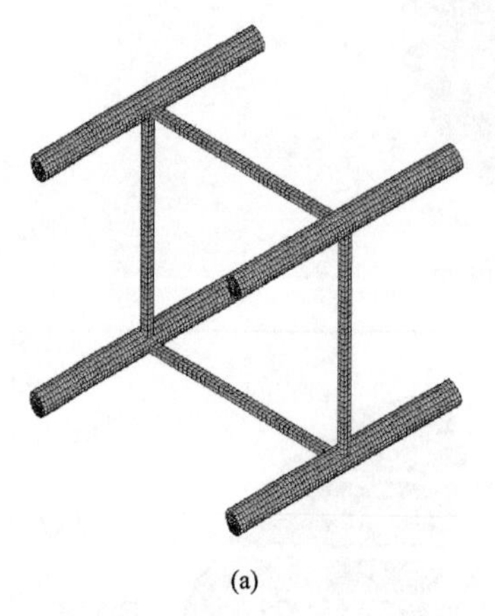

(a)

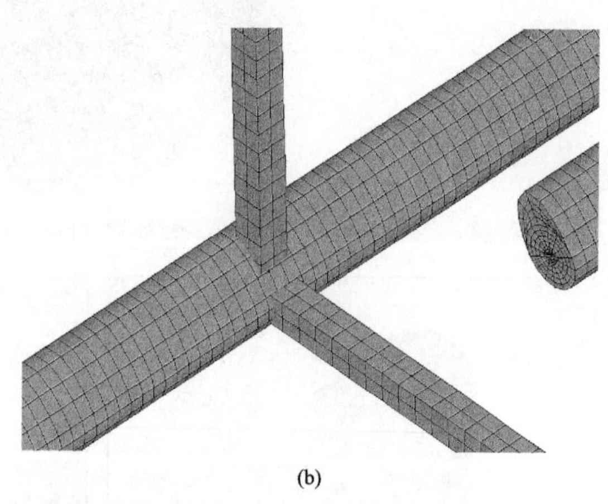

(b)

图 5-9　整体建模及局部网格划分

图 5-10 为 200m 分裂导线找形分析结果，虚线部分为分裂导线原位置，实线部分为导线实际的空间姿态。同理进行分裂导线在不同档距时的仿真模拟，详细弧垂数据见表 5-6。

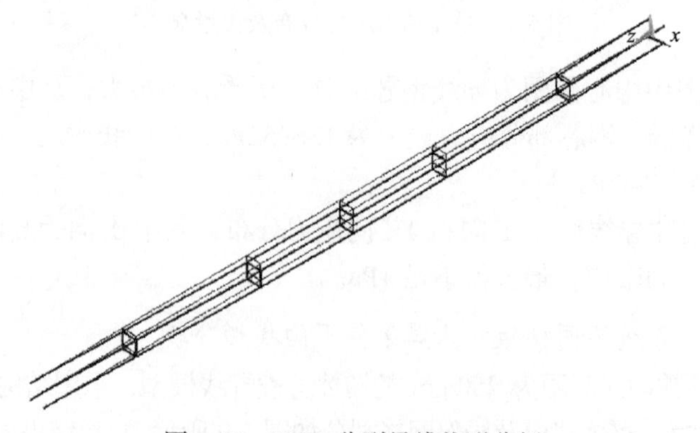

图 5-10　200m 分裂导线找形分析

表 5-6　覆冰单导线、分裂导线弧垂对比分析　（单位：m）

覆冰厚度	200m 档距		300m 档距		400m 档距	
	单导线	分裂导线	单导线	分裂导线	单导线	分裂导线
10mm	4.43880	4.72853	10.3885	10.8751	18.7574	19.2435
20mm	4.66121	4.97582	10.8368	11.2574	19.5153	19.8534
30mm	4.82944	5.48775	11.1485	11.6372	20.0155	20.2243
40mm	5.03092	5.82025	11.5271	12.1755	20.6450	20.9455

表 5-6 中，导线张力相同时，覆冰分裂导线的弧垂略高于覆冰单导线，覆冰厚度增加，弧垂相应增长，档距增加时覆冰分裂导线的弧垂增长，比单导线弧垂最高增长 0.7m。对仿真的应力数据绘制轴向应力分布云图，如图 5-11 所示。

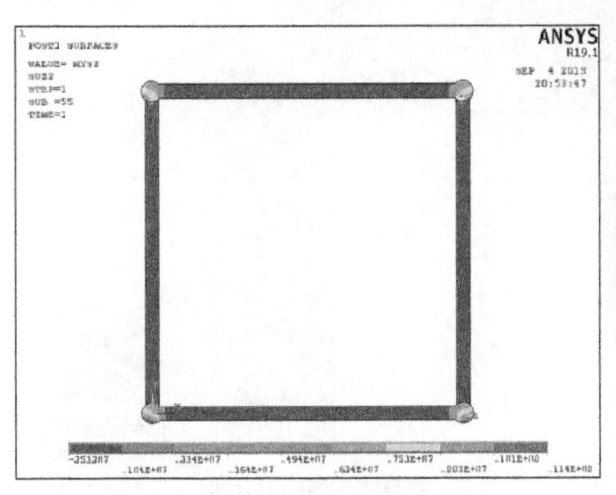

(a) 分裂导线和间隔棒的整体应力分布

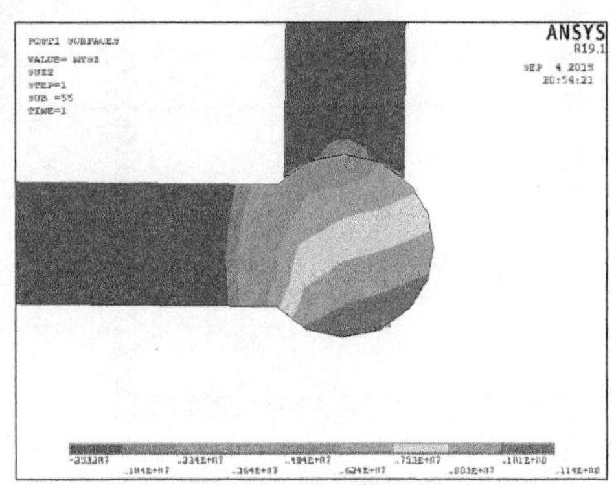

(b) 分裂导线下部应力分布

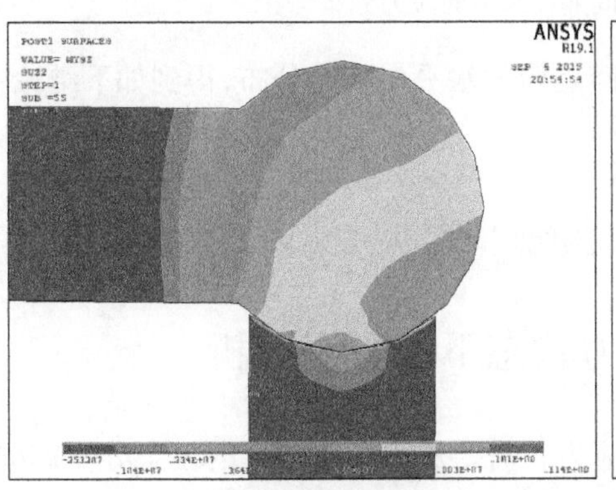

(c) 分裂导线上部应力分布

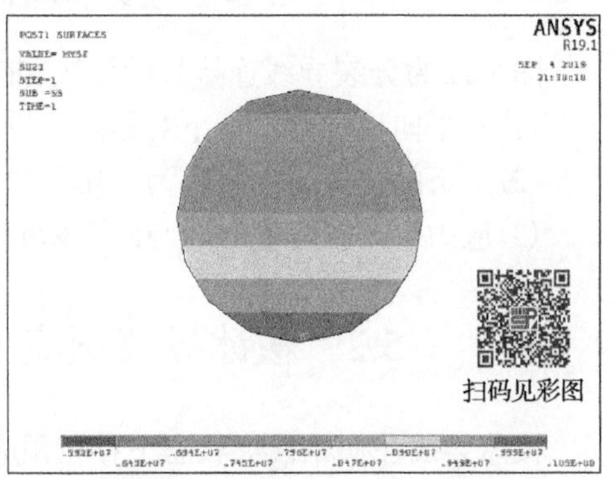

(d) 分裂导线未连接处的子导线的截面应力分布

图 5-11　分裂导线轴向应力分布

图 5-11(a)为分裂导线和间隔棒的整体应力分布，图 5-11(b)和图 5-11(c)为导线和间隔棒连接处的局部细节，图 5-11(d)为分裂导线未连接处的子导线的截面应力分布，可得到如下结论：

(1) 分裂导线的轴向应力左右对称。

(2) 间隔棒所受轴向应力远小于导线，仅在连接处末端有应力集中现象。

(3) 分裂导线的下方子导线的拉应力最大，可达 1.14×10^{7}Pa，上方子导线整体拉应力小于下方子导线，其外侧下端拉应力最大为 8.03×10^{6}Pa；

(4) 分裂导线未连接处的子导线的截面应力分布呈现由上至下拉应力逐渐增强的分布趋势，分布均匀有层次，可知导线间存在间隔棒时，将深刻影响其应力分布。

此外，考察分裂导线和间隔棒连接处的水平向受力，其应力分布如图 5-12 所示。

(a) 分裂导线和间隔棒水平向应力分布

扫码见彩图

(b) 分裂导线子导线水平向应力分布

图 5-12　分裂导线和间隔棒水平向应力分布

图 5-12 为分裂导线连接处的导线和间隔棒的水平向应力分布，得到如下结论：

(1) 水平向应力分布上下对称。

(2) 上下间隔棒受力状态为上压下拉。

(3) 应力分布在分裂导线与间隔棒的连接处呈现出一定的不均匀现象。

5.2　覆冰导线预应力状态下的模态分析

覆冰导线在初始线形状态下存在预应力，需要进行预应力下的模态分析，继而得到导线振动的频率，可知结构刚度与变形快慢，并可以从振态的形状预估结构的变形趋势。分别进行半波数 3 以内的导线模态分析，并提取振型图，如图 5-13 和表 5-7 所示。

图 5-13 包含了单导线的前 6 阶振型图和分裂导线的前 8 阶振型图，分裂导线的振型形式多样，包含了扭转现象。提取不同档距和不同覆冰厚度时分裂导线的

模态分析数据，见表 5-7。

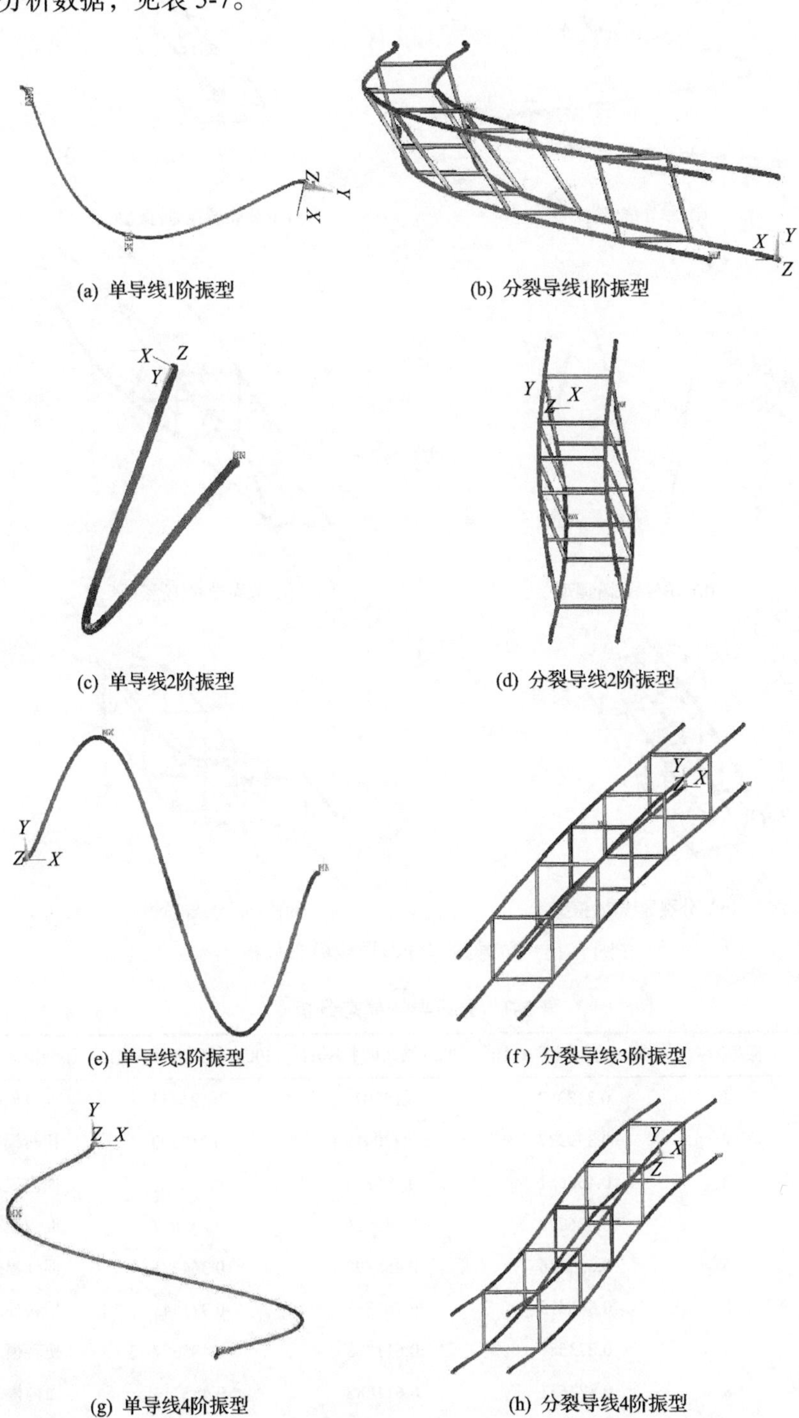

(a) 单导线1阶振型　(b) 分裂导线1阶振型

(c) 单导线2阶振型　(d) 分裂导线2阶振型

(e) 单导线3阶振型　(f) 分裂导线3阶振型

(g) 单导线4阶振型　(h) 分裂导线4阶振型

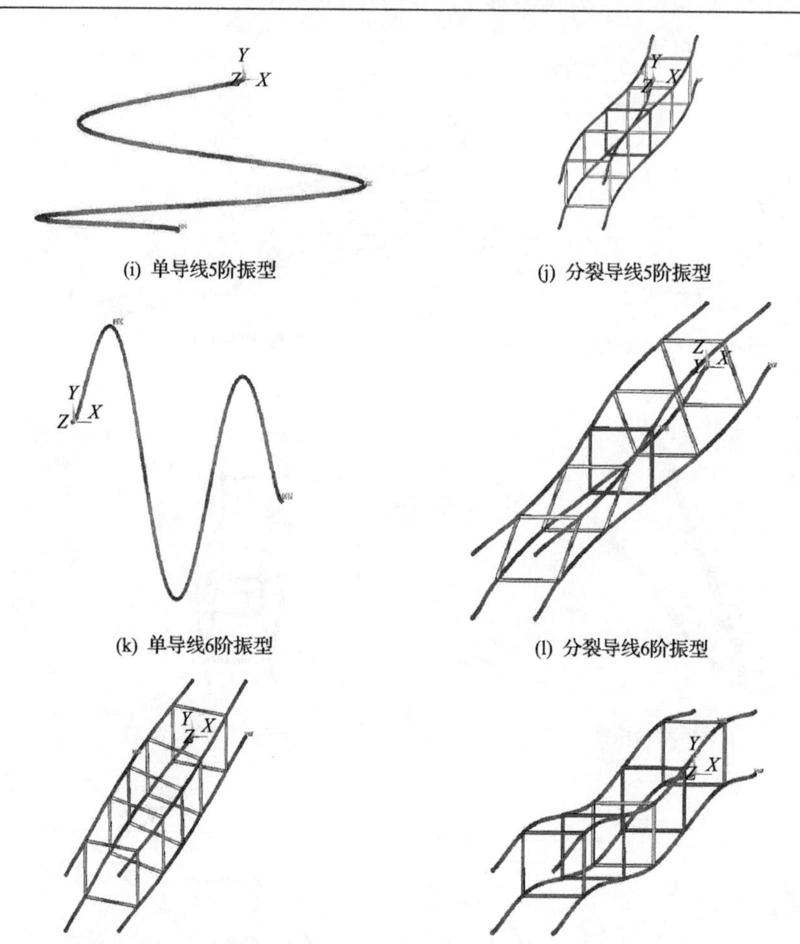

(i) 单导线5阶振型　(j) 分裂导线5阶振型

(k) 单导线6阶振型　(l) 分裂导线6阶振型

(m) 分裂导线7阶振型　(n) 分裂导线8阶振型

图 5-13　单导线与分裂导线模态分析

表 5-7　分裂导线模态分析

振动半波数	振型阶数	200m 档距时频率/Hz	300m 档距时频率/Hz	400m 档距时频率/Hz	振型模态描述
1	1	0.218397	0.152971	0.121433	面外模态
1	2	0.379937	0.270912	0.219300	扭转模态
1	3	0.436651	0.305824	0.242743	面内模态
2	4	0.436778	0.305926	0.242857	面内模态
2	5	0.655190	0.458897	0.364271	面外模态
2	6	0.666413	0.467353	0.371543	扭转模态
3	7	0.873587	0.611838	0.485657	扭转模态
3	8	0.873651	0.611882	0.485714	面内模态
3	9	1.092159	0.764897	0.607143	面外模态

分析表 5-7，分裂导线具有面内模态、面外模态和扭转模态三种振型，半波数为 1 和 3 时，面内模态频率和扭转模态频率相近，且大于面外模态频率；半波数为 2 时，面外模态频率和扭转模态频率相近，且大于面内模态频率。整体分析可知，档距增加和覆冰厚度增加会导致自振频率相应减小。

对单导线而言，以 1 阶和 2 阶振型为主时，半波数对应为 1，分别在 X 和 Y 方向振动；以 3 阶和 4 阶振型为主时，半波数对应为 2，分别在 Y 和 X 方向振动；以 5 阶和 6 阶振型为主时，半波数对应为 3，分别在 X 和 Y 方向振动。其中 Y 方向振动时包含 Z 方向小幅度振动。X、Y 和 Z 方向分别对应面外水平向、面内竖向和轴向。

5.3　覆冰单、分裂导线刚度和阻尼矩阵

完成导线找形与模态分析后与实际情况进行对比修正，保证模型的可靠性。在此基础上对导线各质点施加荷载，提取各质点相应位移计算柔度系数，计算对应刚度系数创建刚度矩阵并基于瑞利阻尼法建立阻尼矩阵。

结合试验基地实际情况，档距 396m 长的导线共设置了 5 个舞动探头，分别位于 1/8、2/8、3/8、4/8 和 6/8 导线长度处，根据质量集中法，导线均分为 8 段，导线部分共有 7 个集中质点，质量皆为 $M/8$，两端集中质点质量为 $2M/N$。结合前述参数建立模型并对质点编号，8 个质点共 24 个自由度。考虑到结构的对称性，在施加单位荷载求取刚度时可选取前 4 个质点，同时考虑到提取单位荷载相应位移时的方便性，质点施加的荷载设置为 100N，计算得到刚度矩阵。

图 5-14(a)为单导线等效质点的集中位置图，在图 5-14(b)中，将质点相应位置的节点集结为一个刚性区域并与质点处的 MASS21 单元相耦合，此时刚性面有质点六个自由度协同一致，且可以施加三自由度相应外荷载，图 5-14(c)～图 5-14(e)分别为相应的竖向、水平和扭转位移。

(1)在质点 2～4 处竖向施加相同荷载时，位移变化相近，质点 3 为 0.38355m，质点 2 为 0.3757m，质点 1 处最小，为 0.2113m，而跨中节点处位移为 0.3599m。推导导线上各质点刚度，质点 1 刚度最大，质点 4 和 2 次之，质点 3 刚度最小。

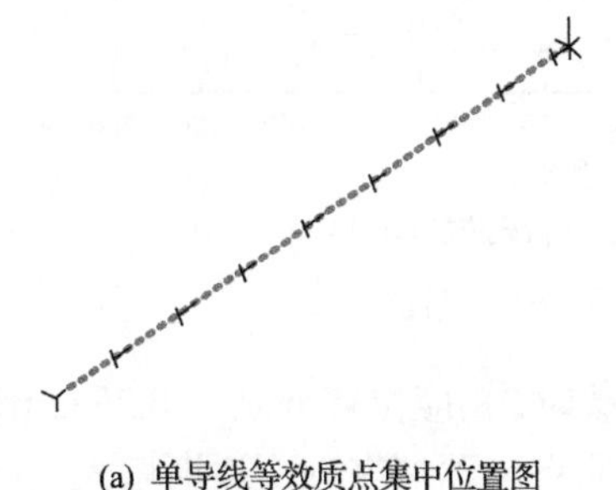

(a) 单导线等效质点集中位置图

(b) 建立质点刚性区域

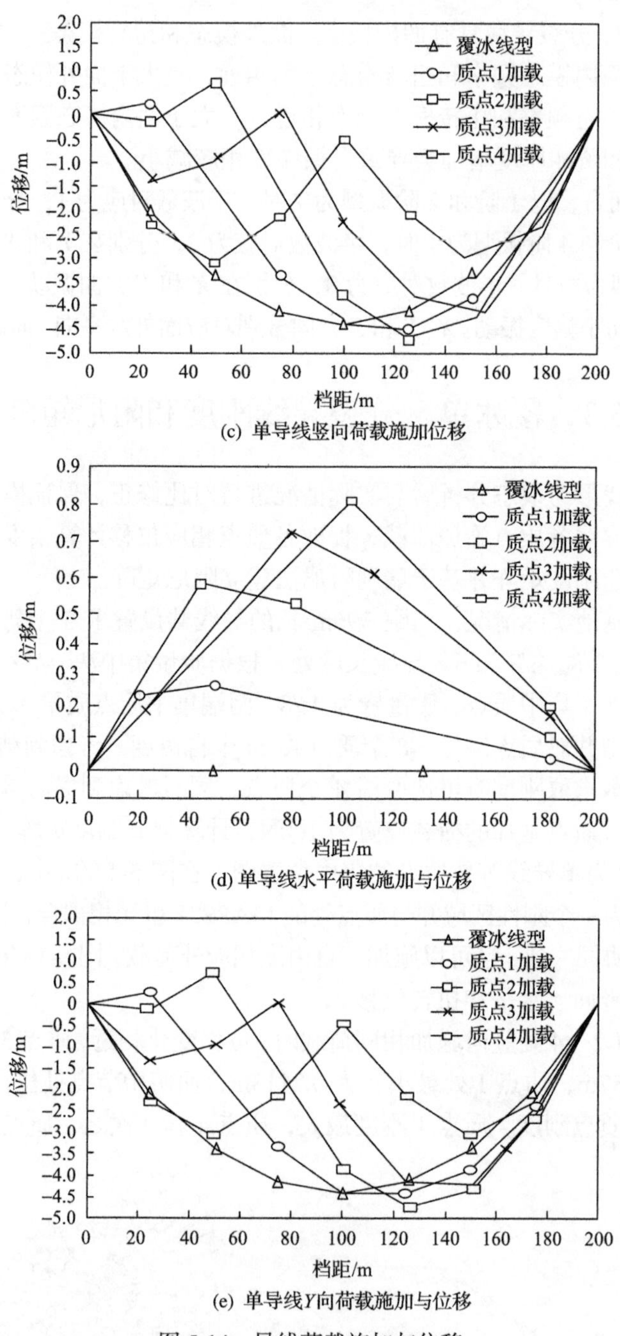

(c) 单导线竖向荷载施加位移

(d) 单导线水平荷载施加与位移

(e) 单导线Y向荷载施加与位移

图 5-14　导线荷载施加与位移

(2)在质点 1～4 上施加相同水平荷载时，相应位移分别为 0.2542m、0.5652m、0.749m 和 0.8087m，表明导线刚度随着质点向两端靠近而逐渐增大。此外，随着导线质点向跨中靠近，位移增长趋势减缓。

(3)在质点 1～4 上施加相同扭转荷载时，相应扭转角分别为 0.541789°、0.778249°、0.854337°和 0.822252°。对应各质点扭转刚度大小如下：导线端部质点 1 最大，质点 2 和 4 次之，质点 3 最小，且质点 3 和 4 扭转刚度相近。

(4)采用同样的方法进行 300m 和 400m 档距导线仿真时，对质点刚度进行归一化处理后，趋势相同且数值相近；此外，施加扭转荷载时，除转角位移外伴随有一定的竖向位移。

根据上述刚度和质量矩阵，基于瑞利阻尼法建立结构阻尼矩阵，见式(5-2)：

$$C_{ij}=\lambda_{k1}M_{ij}+\lambda_{k2}K_{ij} \tag{5-2}$$

式中，M_{ij} 为结构质量矩阵元素；K_{ij} 为结构刚度矩阵元素；下标 i、j 和 k 分别表示水平、竖向和扭转三个自由度；λ_{k1} 和 λ_{k2} 为沿 k 方向的瑞利阻尼系数，由式(5-3)计算而得

$$\begin{cases}\lambda_{k1}=\dfrac{2\omega_{k1}\omega_{k2}}{\omega_{k2}^2-\omega_{k1}^2}(\xi_{k1}\omega_{k2}-\xi_{k2}\omega_{k1})\\ \lambda_{k2}=\dfrac{2(\xi_{k2}\omega_{k2}-\xi_{k1}\omega_{k1})}{\omega_{k2}^2-\omega_{k1}^2}\end{cases} \tag{5-3}$$

其中，ω_{k1}、ω_{k2} 为对应沿 k 方向的前两阶固有自振角频率；ξ_{k1}、ξ_{k2} 为沿 k 方向对应于第一阶和第二阶模态的阻尼比。

输电导线特殊的刚柔结构使得面内、面外和扭转方向的阻尼比存在差异，通过分别定义其参数可有效提高振动精度。设定不同方向的阻尼比，计算瑞利阻尼系数作为后续程序求解和实际数据对比分析时的校正因素。

第6章 基于气动仿真数据的多参数激励响应面方程

6.1 覆冰单导线静、动态气动力参数仿真对比分析

6.1.1 流域模型与网格划分

本章基于 Fluent 流体仿真进行二次开发，控制风场边界条件和导线舞动轨迹，并结合重叠网格技术实现基于弱耦合的单向流固耦合仿真模拟，研究脉动风场下覆冰导线横扭耦合运动时的动态气动力系数的变化规律。

根据试验塔导线实际几何和物理参数，建立直径为 30mm、冰厚为 20mm 的新月形覆冰导线模型。脉动风平均风速为 5m/s；为了减小流域边界对覆冰导线边界的阻塞影响，保证流场变化在覆冰导线尾流区域的精确性，计算域设置为，长 $-45D\leqslant x\leqslant 70D$，宽 $-40D\leqslant y\leqslant 40D$，阻塞率为 1.25%，小于允许值 3%，其中 D 为导线直径；坐标原点位于导线中心。

以定常风场下覆冰导线静态气动力为参照，设置三种工况进行对比，具体设置如下：

工况 1：定常风场。采用结构化网格技术对流场域进行网格划分，网格最大尺寸 10mm，导线周围加密处理，网格尺寸 0.5mm。

工况 2：脉动风场。网格划分与工况 1 相同，入口边界采用 Profile 文件输入均速为 5m/s、湍流度为 8%的脉动风，脉动风持续 3s，共计算 5s。

工况 3：脉动风场重叠网格技术下的动态气动力。基于重叠网格技术，利用 ICEM 进行结构化网格划分，保持背景网格与部件网格大小一致，保证网格运动时能够精确嵌套，导线前景网格进行加密处理，设置最大网格尺寸为 1mm，最小网格尺寸为 0.5mm，网格尺寸增长率为 1.2，背景网格加密尺寸为 2mm；计算步长 0.001s，迭代步为 5000 步，共计算 5s。出口为 PRESS OUT，上下两侧为 SYM，覆冰导线表面为 WALL，部件域外围曲线类型为 OVERSET，创建重叠网格并实现网格运动时的实时嵌套，新月形覆冰模型及重叠网格组装如图 6-1 所示，其中 H 为导线外径到覆冰尖端的距离。

6.1.2 脉动风模拟

考虑线路的实际运行环境、大气功率谱随高度的变化，基于良态风谱中的 Kaimal 谱来进行脉动风模拟，脉动风速谱计算式如下：

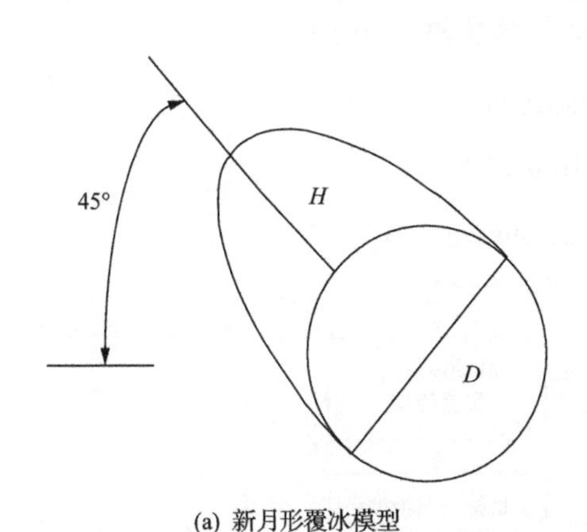

(a) 新月形覆冰模型

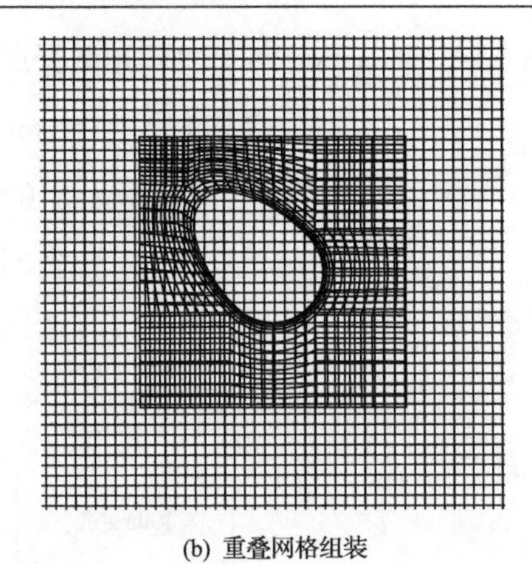

(b) 重叠网格组装

图 6-1　新月形覆冰模型及重叠网格组装

$$S_n(f)=\frac{200k\overline{V}_{10}^2}{f}\frac{x}{(1+50x)^{5/3}},\quad x=\frac{hf}{\overline{V}_z} \tag{6-1}$$

式中，h为高度；k为地面粗糙度系数；f为频率；$\overline{V}_{10}$为标准高度为 10m 处的平均风速；$\overline{V}_z$为平均风速。

完成单边谱到双边谱的转换后，采用可表示三维空间中质点相关性的 Davenport 相干函数，其函数表达式见式(6-2)：

$$\mathrm{coh}(r,\omega)=\exp\left\{-\frac{\omega}{2\pi}\frac{\left[C_x^2(x_1-x_2)^2+C_y^2(y_1-y_2)^2+C_z^2(z_1-z_2)^2\right]^{\frac{1}{2}}}{\frac{1}{2}\left[U(z_1)+U(z_2)\right]}\right\} \tag{6-2}$$

式中，ω为导线振动圆周率；$U(z_1)$、$U(z_2)$分别为z_1、z_2高度处的水平静风速；C_x为水平向衰减系数；C_y为横向衰减系数；C_z为竖向衰减系数；x_1、x_2、y_1、y_2、z_1、z_2为双边谱中质点在x、y、z方向的位置。

式(6-2)中第一组C_x、C_y、C_z分别为 8、16、10；第二组C_x、C_y、C_z分别为 3、8、8；第三组C_x、C_y、C_z分别为 16、8 和 10。

采用线性滤波器法(AR 法)完成脉动风场的风速模拟，对比目标谱验证其正确性。具体操作流程如图 6-2 所示。

图 6-2 中得到脉动风模拟时程曲线后，进行统计分析得到脉动湍流度，最后将时间节点和对应风速写入 Profile 文件，导入 Fluent 可控制入口边界的风速。脉动风速时程曲线如图 6-3 所示。

图 6-3 为 3.0s 内的脉动风速时程曲线，其风速均值为 4.97m/s，湍流度为 8%。基于上述数据编辑 Profile 文件控制入口风速变化，采用暂态无周期数据，时间间

隔 0.1s，[Pulsating wind]为风速数据点矩阵，具体格式如下：

((vinlet transient 31 0)

(time [0:0.1:3])

(v_x　[Pulsating wind]))

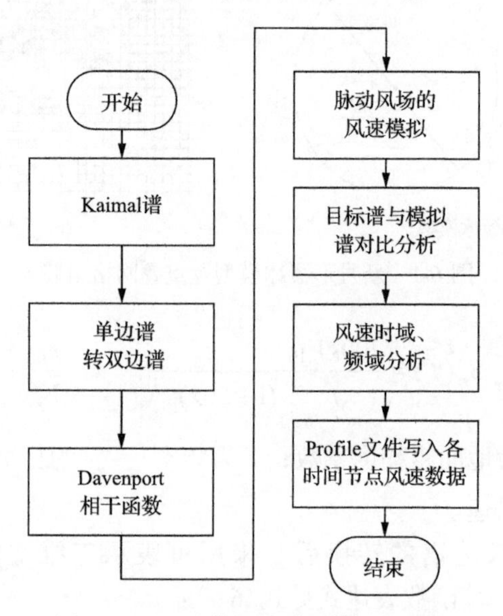

图 6-2　AR 法模拟脉动风算法流程图

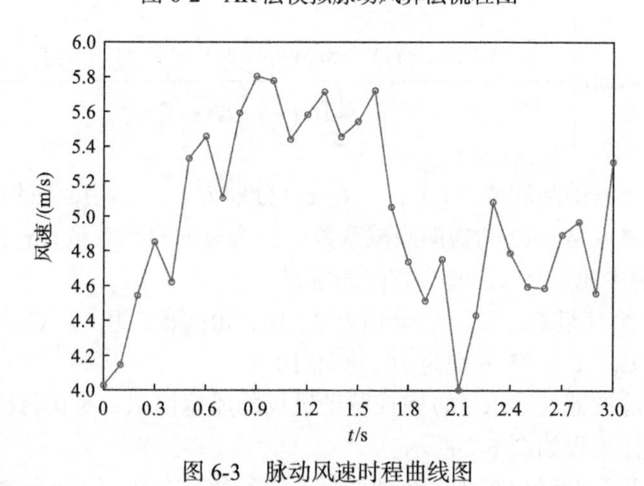

图 6-3　脉动风速时程曲线图

6.1.3　舞动轨迹控制

预设空间斜椭圆模拟覆冰导线舞动时空间平面内运动的轨迹，水平、竖向和扭转位移控制如下：

$$\left.\begin{aligned}x(t)&=b\cos\beta\cos(\omega t-\beta)-a\sin\beta\sin(\omega t-\beta)\\y(t)&=b\sin\beta\cos(\omega t-\beta)+a\cos\beta\sin(\omega t-\beta)\\\theta(t)&=A\sin(\omega_\theta t)\end{aligned}\right\}\tag{6-3}$$

式中，ω 为导线振动圆频率；β 为舞动轨迹的方向角，即长半轴与 y 轴夹角；θ 为导线扭转角；A 为扭转振幅；a、b 为分别为舞动轨迹的长、短半轴长度；ω_θ 为角速度。

相较于传统动网格技术，重叠网格技术容错率高、精度高且用时短，主要包含背景网格和部件网格，其中部件网格置于背景网格之上，根据优化算法随时与之发生最优嵌套。用户自定义函数(UDF)编写代码控制的部件网格的舞动轨迹如图 6-4 所示。

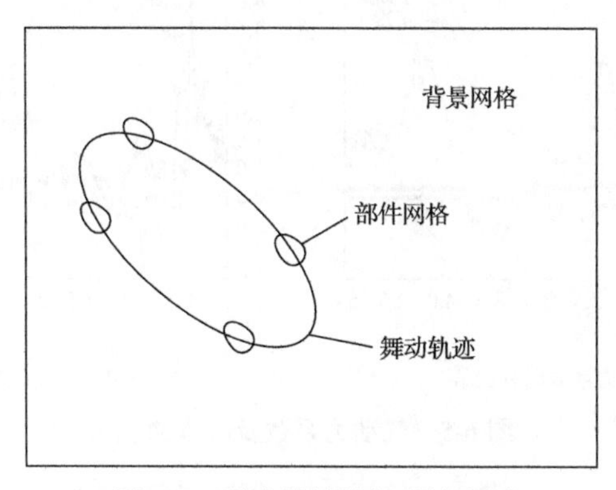

图 6-4　覆冰单导线舞动轨迹图

图 6-4 中的部件网格在运动过程中与背景网格实时嵌套。其中最右边的覆冰网格为初始位置，导线逆时针转动，从最下方的覆冰网格逆时针开始，四个位置分别对应 3.5s、4.0s、4.5s 和 5.0s。

根据式(6-3)，在 VS(Visual Studio)中进行编程控制导线舞动轨迹，设置档距为 396m，频率为 0.5Hz，导线进行方向角为 45°的逆时针舞动，椭圆长短半轴分别为 1m 和 0.45m，总时长 5s，共 2.5 个周期。

6.1.4　横向振动气动力系数

提取并绘制各工况下的气动力系数及时程曲线，如图 6-5 所示。

图 6-5(a)和图 6-5(b)分别为工况 1 至工况 3 气动力系数随风攻角(α)变化的对比图，可以看出设置风速入口为湍流度为 8%的脉动风时，总体变化趋势大致相同，气动阻力系数在 110°之前有所增大，之后稍有减小，同时在 15°风攻角时突降；气动升力系数在 100°之前减小，之后有所增大，同时在 15°时突增了 1.1 左右，气动特性变化明显。工况 3 在工况 2 的基础上设置了覆冰导线舞动轨迹，得到的动态气动力系数整体变化趋势不变，气动阻力系数整体增长 0.2～0.4。

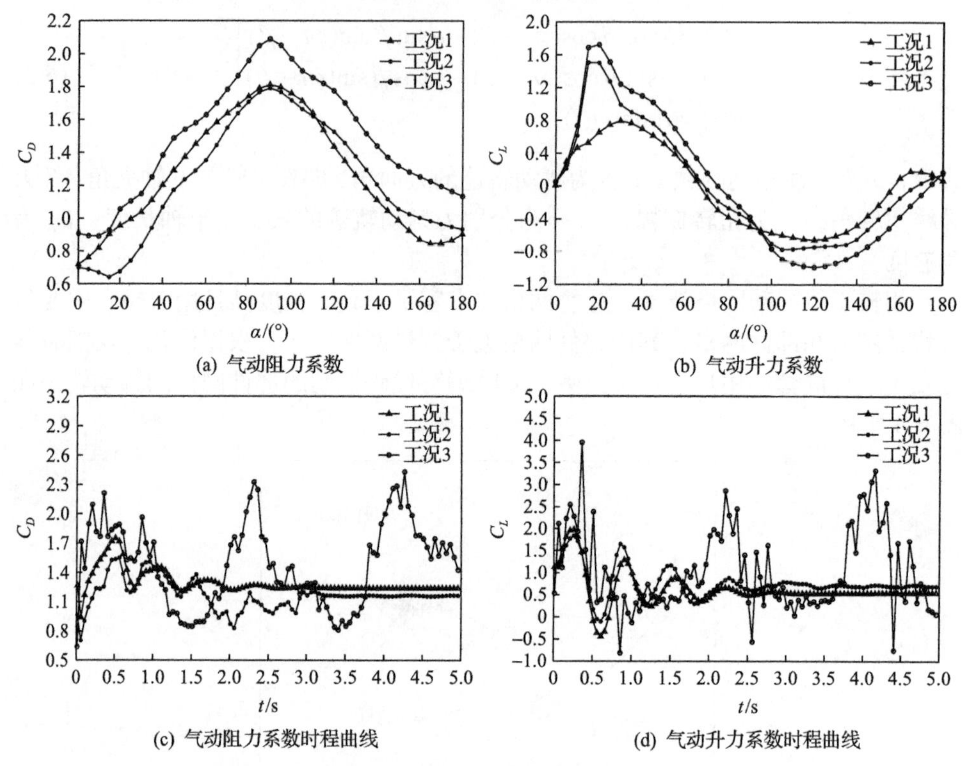

(a) 气动阻力系数

(b) 气动升力系数

(c) 气动阻力系数时程曲线

(d) 气动升力系数时程曲线

图 6-5 气动力系数及时程曲线

图 6-5(c)和图 6-5(d)分别为三种工况下气动阻力系数和气动升力系数随时间变化的曲线，工况 1 时气动阻力系数很快趋于稳定；工况 2 时气动阻力系数随着入口风速的变化有所起伏，与扭振频率 0.5Hz 时变化趋势相近，气动升力系数上下起伏，随着风速的稳定而逐渐趋于稳定；工况 3 时覆冰导线按照斜椭圆轨迹运动，气动力系数呈现出明显的 2s 周期的变化趋势。

6.1.5 横向振动压力和速度云图

这里以 45°风攻角时的覆冰导线为具体分析对象，图 6-6 为静、动态覆冰导线在一个周期内不同位置时的速度和压力云图，导线舞动轨迹为 2s，因此选取静态 3.5s、4.0s、4.5s 和 5.0s 时的云图进行数据分析。

以图 6-6(a)中静态值为参考值，图 6-6(c)和图 6-6(d)中导线的压力值为负，实际迎风速度增大，迎风面压力增加，负压极值点向覆冰一侧偏移；垂直方向振动速度值为正，负压增大，导线底部负压亦有所增大，其中 4.0s 时导线竖向振动速度较大，背风侧出现正压区。观察速度云图可知，背风侧气流紊乱现象明显，同时可看到尾流斜向下偏移。

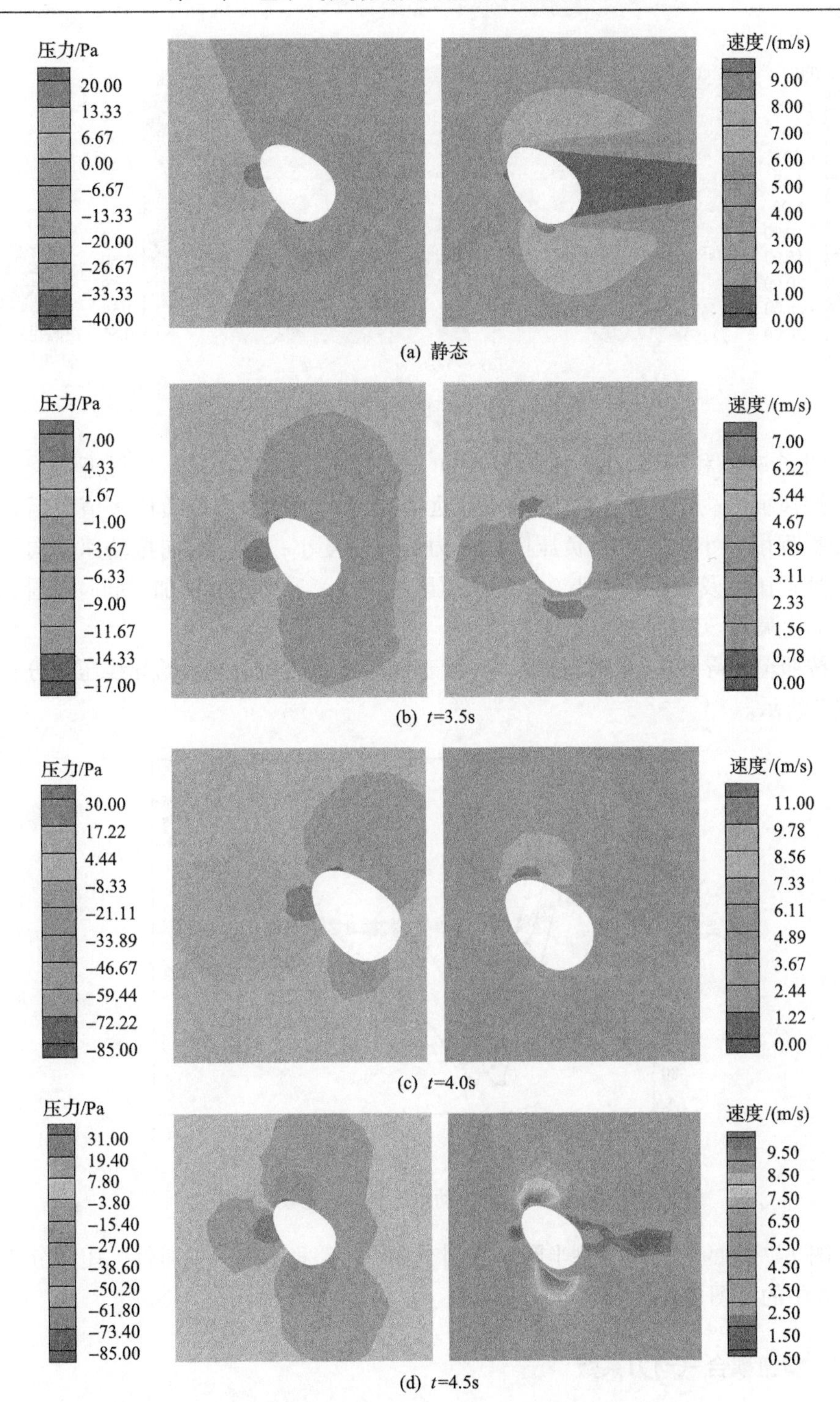

(a) 静态

(b) t=3.5s

(c) t=4.0s

(d) t=4.5s

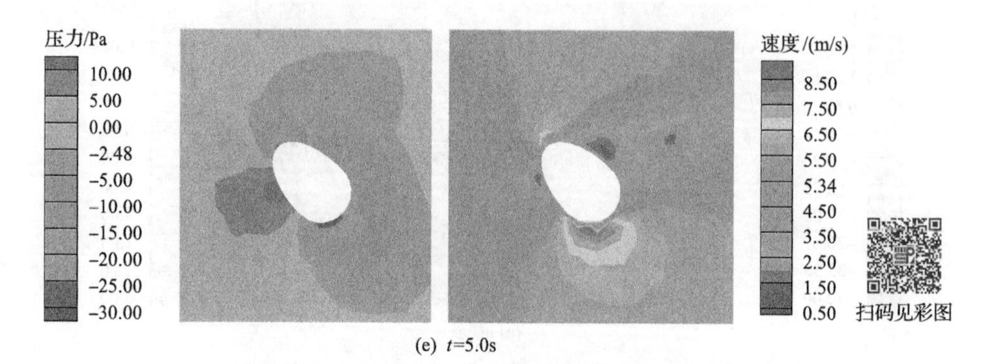

(e) t=5.0s

图 6-6　静、动态速度与压力云图

图 6-6(b)和图 6-6(e)中覆冰导线的水平振动速度值为正，实际迎风速度减小，迎风面压力减小，且负压极值点远离覆冰端，导线底部负压极值点后移，但偏移程度较小，背风面负压区的压力变化程度小；垂直方向振动速度向下，圆弧处负压值及范围均减小，顶部负压区域增大，升力略有增加，同时可看到尾流斜向上偏移。

按照覆冰导线边界创建曲线，并沿着该曲线取压力值绘制的导线压力分布如图 6-7 所示。

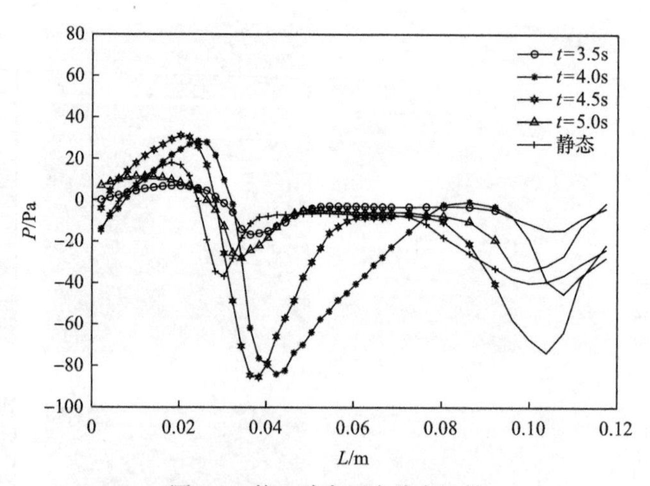

图 6-7　静、动态压力分布比较

图 6-7 中的起点为左侧半圆与椭圆交界点，路径方向为逆时针，压力分布与图 6-6 中的云图可一一对应。

6.1.6　横扭耦合气动力系数

覆冰导线舞动主要包括横向和扭转运动，工况 4 在工况 2 的基础上通过编程控制导线扭转，设定扭振频率为 0.5Hz，扭转幅度为±15°；工况 5 在横向运动基础上添加扭转运动，提取 45°风攻角时的气动力系数，并绘制气动力系数随时间变化的曲线，如图 6-8 所示。

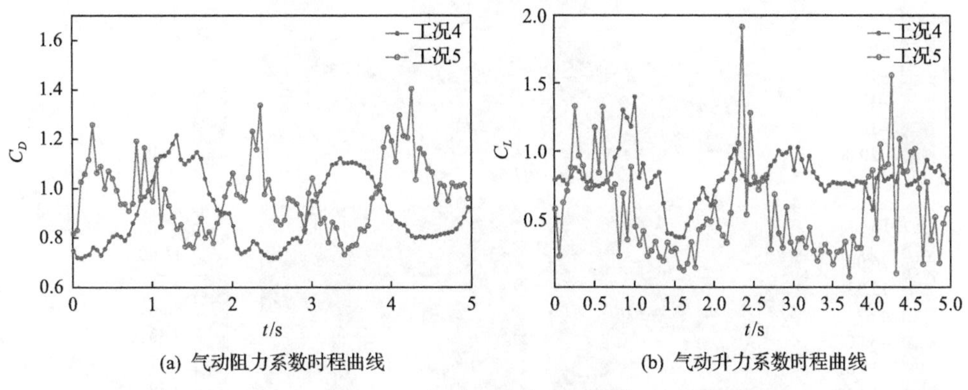

(a) 气动阻力系数时程曲线　(b) 气动升力系数时程曲线

图 6-8　气动力系数时程曲线

分析图 6-8(a)，导线扭转时气动阻力系数随之起伏变化，其变化频率为 0.4Hz，与扭振频率 0.5Hz 相近，气动阻力系数随风攻角的增大而增大，气动阻力系数均值相较工况 5 减小了 0.266；导线横扭耦合振动时，其变化频率为 0.58Hz，与横向运动频率 0.5Hz 相近，气动阻力系数均值相较工况 4 减小了 0.502。这是由于扭转时，风攻角在 45°→30°→45°变化时气动阻力系数起伏较低，维持在较小的数值，在 45°→60°变化时气动阻力系数陡增。比较工况 4 和工况 5 可知，横扭耦合振动相较导线扭振而言，气动阻力系数均值增加了 0.089。

分析图 6-8(b)，导线扭转时气动升力系数随之起伏变化，其变化频率为 0.4Hz，与扭振频率 0.5Hz 相近，气动升力系数均值相较工况 5 增加了 0.041；导线横扭耦合振动时，其变化频率为 0.58Hz，与横向运动频率 0.5Hz 相近，气动升力系数均值相较工况 5 减小了 0.428。比较工况 4 和工况 5，横扭耦合振动相较于导线扭振而言，气动升力系数平均值增加了 0.181。

6.1.7　横扭耦合压力和速度云图

比较覆冰导线在横扭耦合振动时，一个周期内不同位置不同风攻角时的压力和速度云图，分别选取 3.5s、4.0s、4.5s 和 5.0s 时的云图，如图 6-9 所示，其对应的风攻角分别为 60°、45°、30°和 15°。

图 6-9 为导线横扭耦合振动时的压力和速度云图，对比分析可知：在导线位置和风攻角的双重影响下，云图流场变化复杂，等值线紧密且层次多。

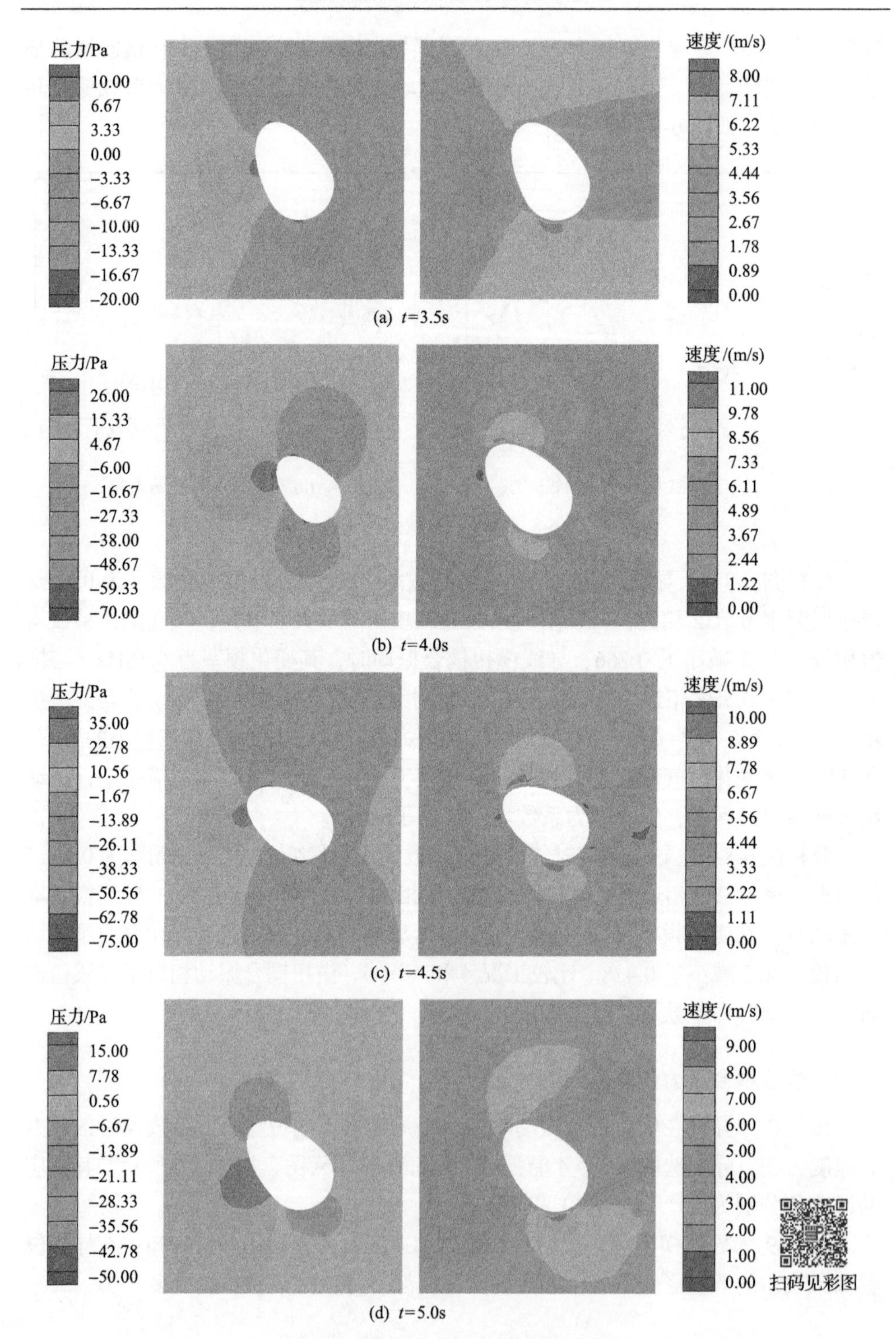

图 6-9　横扭耦合振动压力和速度云图

6.2　覆冰分裂导线静、动态气动力参数仿真对比分析

6.2.1　流域模型与网格划分

创建冰厚为 30mm 的新月形覆冰分裂导线模型，材料参数与单导线相同。脉动风平均风速为 10m/s；计算域长$-70D \leqslant x \leqslant 80D$，宽$-40D \leqslant x \leqslant 40D$，阻塞率为 1.25%；坐标原点位于分裂导线中心，子导线中心间距 450mm。

设置静态与横扭耦合振动两种工况对比分析静、动态气动力特性，考察一定间距下各自工况的尾流影响和横扭耦合振动时的尾流影响。覆冰分裂导线空间平面内舞动轨迹如图 6-10 所示。

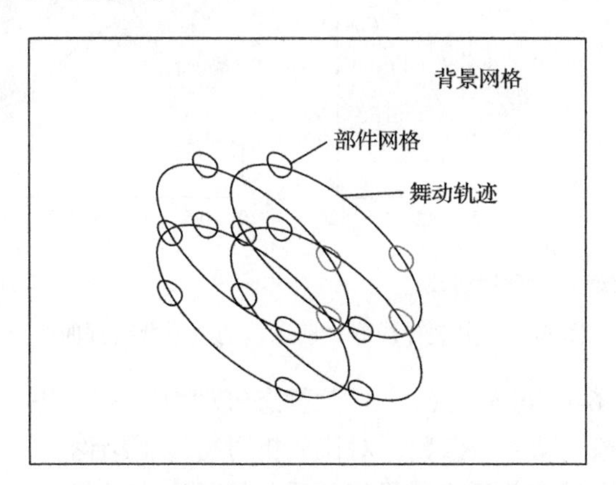

图 6-10　覆冰分裂导线空间平面内舞动轨迹

6.2.2　子导线气动力参数对比分析

在 Fluent 中完成分裂导线静、动态气动力仿真，提取冰厚 30mm、风速 10m/s 条件下的各个子导线气动力系数，绘制时程曲线，如图 6-11 所示。

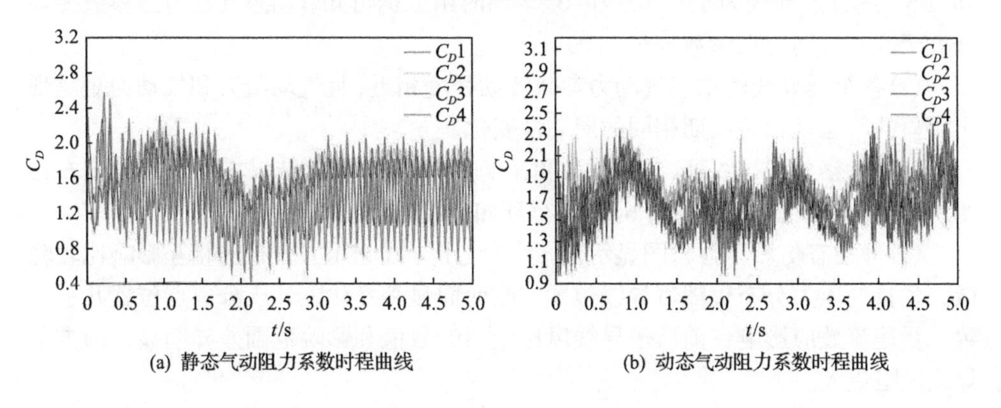

(a) 静态气动阻力系数时程曲线　(b) 动态气动阻力系数时程曲线

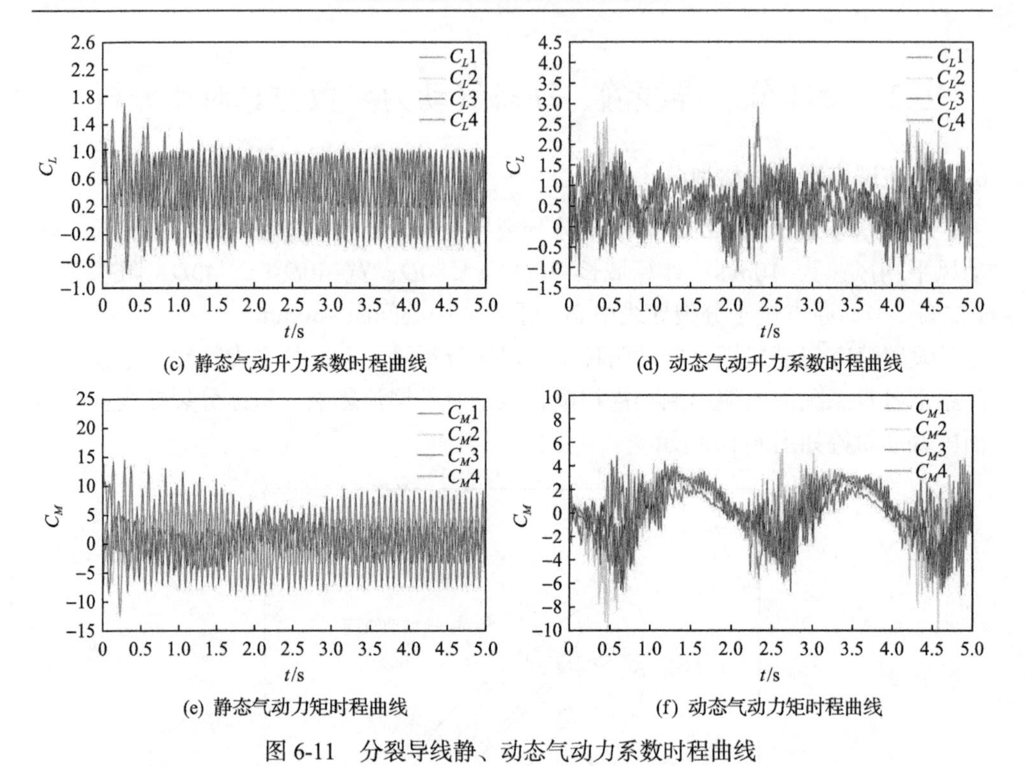

(c) 静态气动升力系数时程曲线

(d) 动态气动升力系数时程曲线

(e) 静态气动力矩时程曲线

(f) 动态气动力矩时程曲线

图 6-11　分裂导线静、动态气动力系数时程曲线

图 6-11(a)、图 6-11(c)和图 6-11(e)为静态气动力三参数,图 6-11(b)、图 6-11(d)和图 6-11(f)为动态气动力三参数，对比分析可得以下结论。

(1)尾流效应会导致前后方子导线所受的风压存在差异。从仿真结果看，前方子导线的静、动态气动力三参数要大于后方同等高度时的气动力三参数，但前者波动没有后者剧烈。其中静态时，前方子导线气动阻力系数、气动升力系数和气动力矩系数稳定值分别为 1.7、0.6 和–0.2，后方子导线为 1.2、0.2 和–0.1；动态时，前方子导线气动阻力系数、气动升力系数和气动力矩系数稳定值分别为 1.8、0.75 和–1.5，后方子导线为 1.7、0.5 和–0.8。同时由数据可知，动态气动力三参数要显著大于静态气动力三参数。

(2)各个子导线的动态气动力参数波动程度相近,且气动阻力和气动力矩呈现出明显的与运动轨迹周期相同的周期性变化。

分别考察分裂导线静、动态压力和速度分布云图,仿真结果如图 6-12 和图 6-13 所示。对比分析图 6-12 和图 6-13 可得到如下结论：

(1)静动态仿真压力云图显示,分裂导线子导线间压力分布的相互影响比较轻微，各自的压力分布仅随着导线位置的改变而显著变化，气压分离点位置几乎一致。受尾流效应影响，前后子导线风压云图的数值和影响范围差异明显，前方子导线风阻更大。

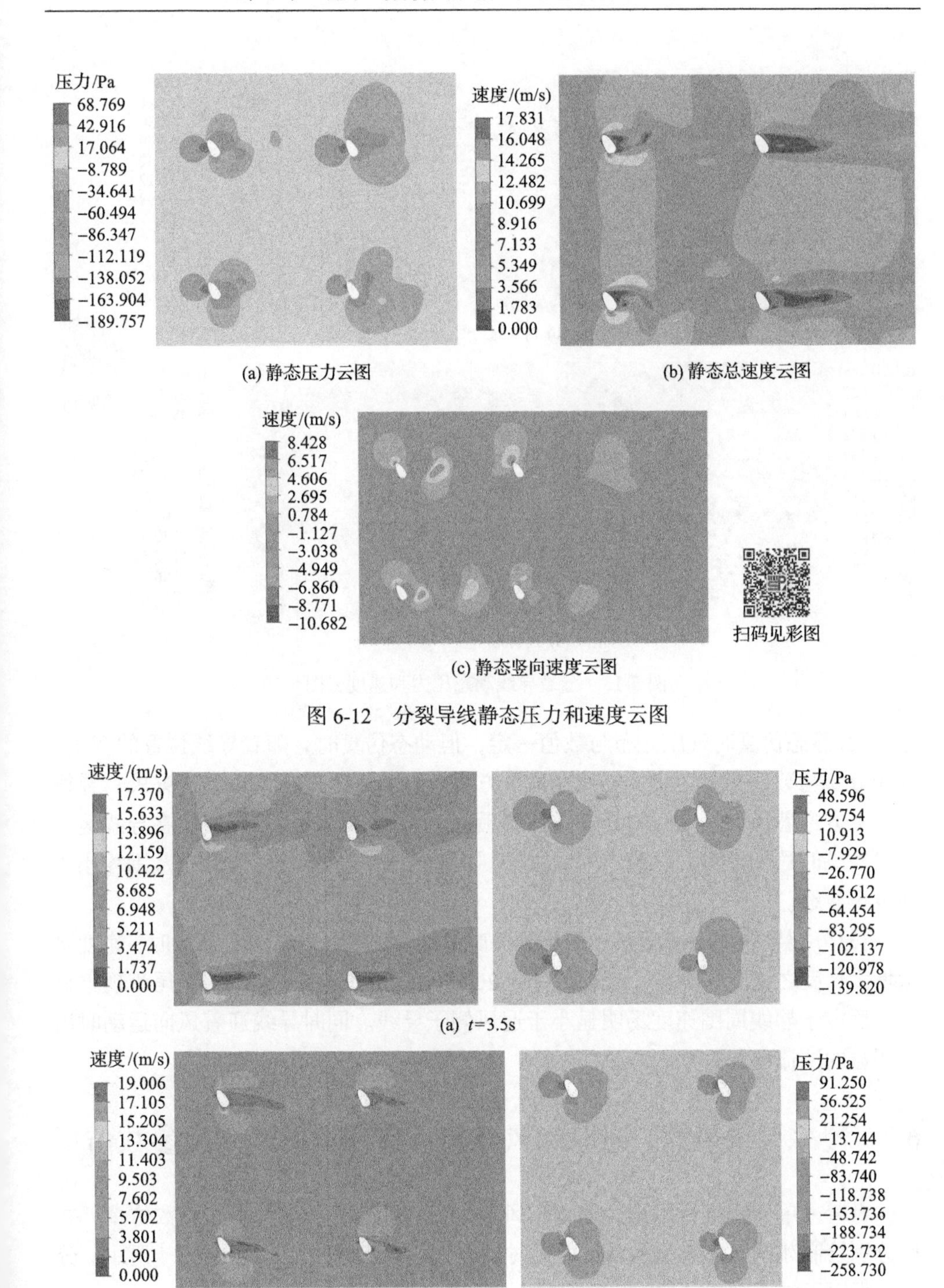

(a) 静态压力云图　(b) 静态总速度云图

(c) 静态竖向速度云图

图 6-12　分裂导线静态压力和速度云图

(a) t=3.5s

(b) t=4.0s

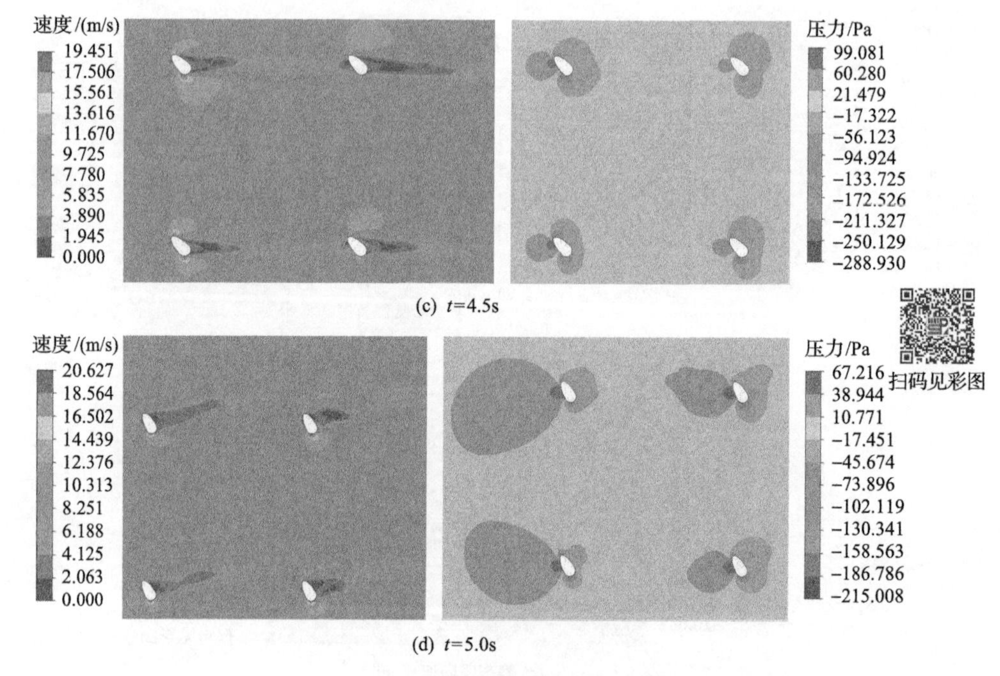

(c) t=4.5s

(d) t=5.0s

图 6-13　分裂导线动态压力和速度云图

(2) 静态仿真时气压分布与数值一定，但动态仿真时，随着导线位置的变化，气压分布与数值明显变化。导线在最下方时，阻力气压最小，为 48.596Pa；导线在最上方迎着风向运动时阻力气压达到最大，为 99.081Pa；阻力气压在导线运动至最左端时达到最大，在最右端时最小。同时，后方子导线气压分布范围均小于前方子导线。

(3) 分裂导线动态速度整体大于静态时的速度，导线自右向左运行时，速度略微增大，反之相反，动态风速最高可达 20.627m/s。但是动态运动时，尾流现象显著，后方子导线周围速度场明显小于迎风侧子导线。同时导线迎着风向运动时出现明显的湍流现象。

6.3　覆冰导线风速、冰厚和风攻角三参数动态气动力参数仿真

对覆冰单导线进行风速、冰厚和风攻角三参数下的动态气动力参数仿真，之后分别绘制冰厚、风速和风攻角变化时动态气动力参数曲线，如图 6-14 所示。分析可得以下结论。

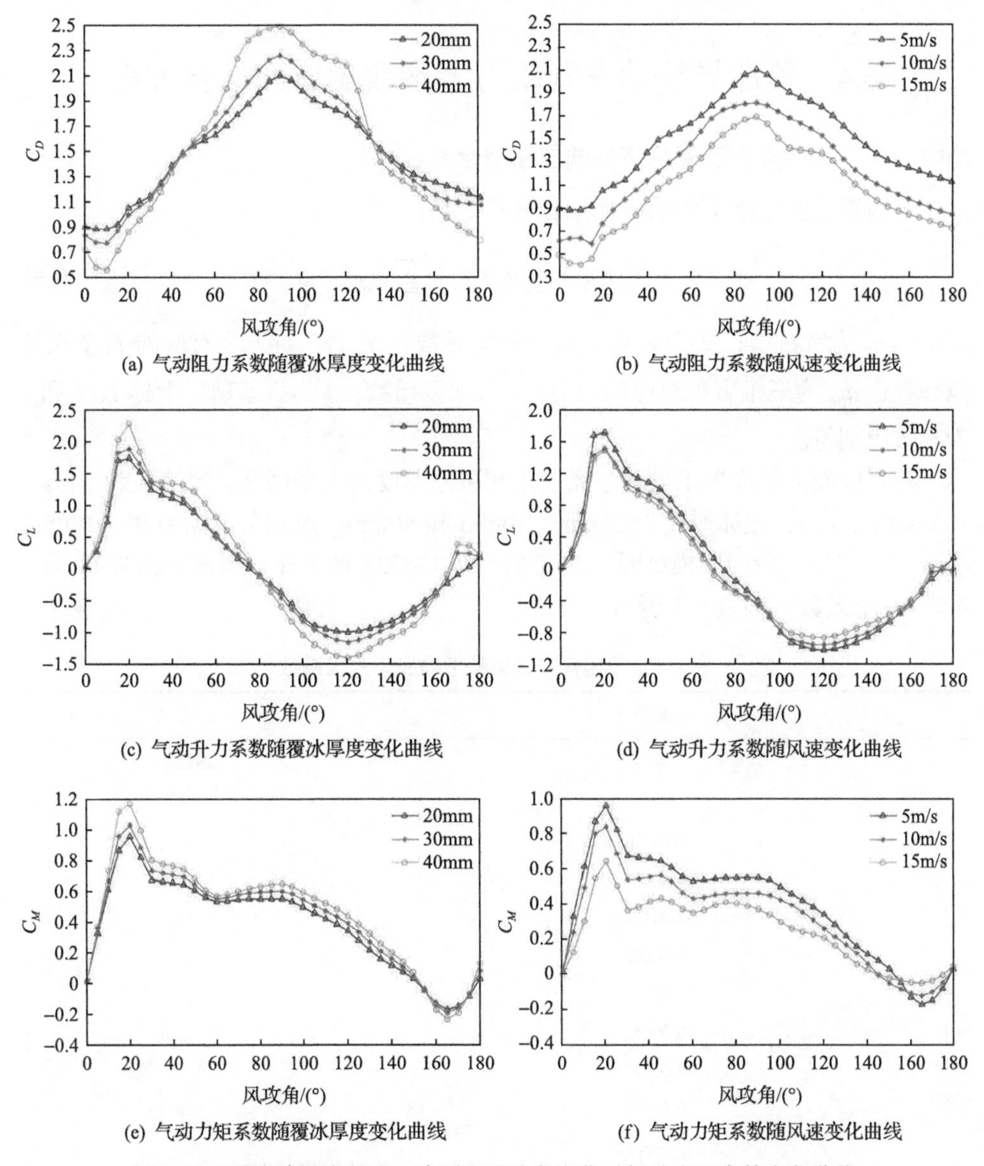

(a) 气动阻力系数随覆冰厚度变化曲线　(b) 气动阻力系数随风速变化曲线

(c) 气动升力系数随覆冰厚度变化曲线　(d) 气动升力系数随风速变化曲线

(e) 气动力矩系数随覆冰厚度变化曲线　(f) 气动力矩系数随风速变化曲线

图 6-14　覆冰单导线风速、冰厚和风攻角变化时气动力三参数变化曲线

(1)气动力三参数随着风速的增加有所减小，气动阻力系数下降得尤为明显，在水平方向上速度场变化远大于压力场变化，但迎面风压值是在增加的。

(2)气动力三参数随着覆冰厚度的增加均有所波动，90°时气动阻力系数增加得最为明显，在 50°和 130°左右时产生了变化拐点，气动升力系数在 75°和 170°左右时出现拐点，同时在 15°左右出现峰值。

6.4 覆冰导线动态气动力多参数响应面拟合方程

6.4.1 建立三因素交互影响下的响应面拟合方程

三因素交互影响下的响应面拟合方程如下：

$$y = a_0 + \sum a_i x_i + \sum a_{ij} x_i x_j + \sum a_{ijk} x_i x_j x_k + \varepsilon \tag{6-4}$$

式中，a_0 为常数项；a_i 为对应 x_i 次项的偏导数；a_{ij} 为二维方程对应的 i、j 次项偏导数；a_{ijk} 为三维方程对应的 i、j、k 次项偏导数；ε 为误差项；下标 i、j 和 k 为参数识别符。

该响应面方程设置了风速、风攻角和覆冰厚度共三个因素，风速值为 5m/s、10m/s 和 15m/s，覆冰厚度为 20mm、30mm 和 40mm，风攻角范围为 0°～180°，间隔 5°。采用三阶回归模型时，共有 3×3×37=333 种工况，拟合方程共 19 项，对应 19 个系数，如表 6-1 所示。

表 6-1　三因素交互影响下响应面方程系数

系数值	对应项
0	常数项
0	x
0.05071	y
0.46369	z
–0.00174	xy
0.04656	xz
0.00761	zy
–0.00452	xx
–0.00142	yy
–0.56866	zz
7.27958×10^{-5}	xxy
–0.001733	xxz
1.01213×10^{-5}	yyx
-4.33245×10^{-5}	yyz
–0.00467	zzx
–0.00237	zzy
0.00028	xxx
1.51289×10^{-5}	yyy
0.10909	zzz

气动力矩系数响应面如图 6-15 所示。

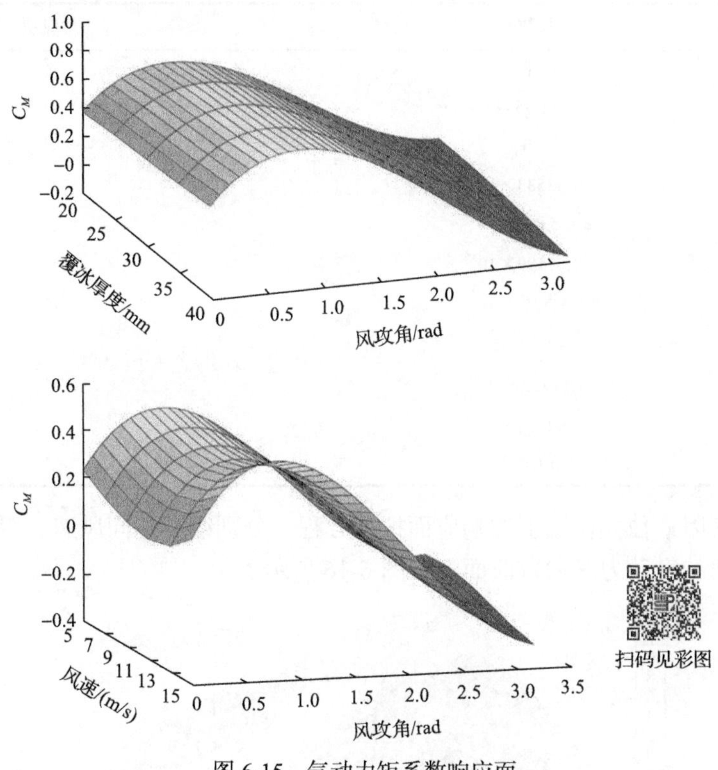

图 6-15　气动力矩系数响应面

6.4.2　建立三因素独立作用下的响应面拟合方程

三因素独立作用下的响应面拟合方程如下：

$$y = a_0 + \sum a_n x_m + \sum a_n x_m^2 + \sum a_n x_m^3 + \sum a_n x_m^4 + \sum a_n x_m^5 + \varepsilon \tag{6-5}$$

式中，下标 n 从 1 开始顺序增长至 15；下标 m 包含三参数的标识符 i、j 和 k。

三因素独立作用下的响应面拟合方程系数如表 6-2 所示。

表 6-2　三因素独立作用下的响应面拟合方程系数

系数值	对应项
0	常数项
0	x
0	y
7.31850	z
0	x^2

续表

系数值	对应项
0	y^2
−11.35449	z^2
0	x^3
-1.33583×10^{-5}	y^3
5.86426	z^3
-1.67699×10^{-5}	x^4
7.64425×10^{-7}	y^4
−1.28045	z^4
1.11929×10^{-6}	x^5
-1.02934×10^{-8}	y^5
0.10549	z^5

根据三因素独立作用下的响应面拟合方程，分别绘制不同风速、覆冰厚度下对应风攻角的气动力三参数曲面，如图 6-16 所示。

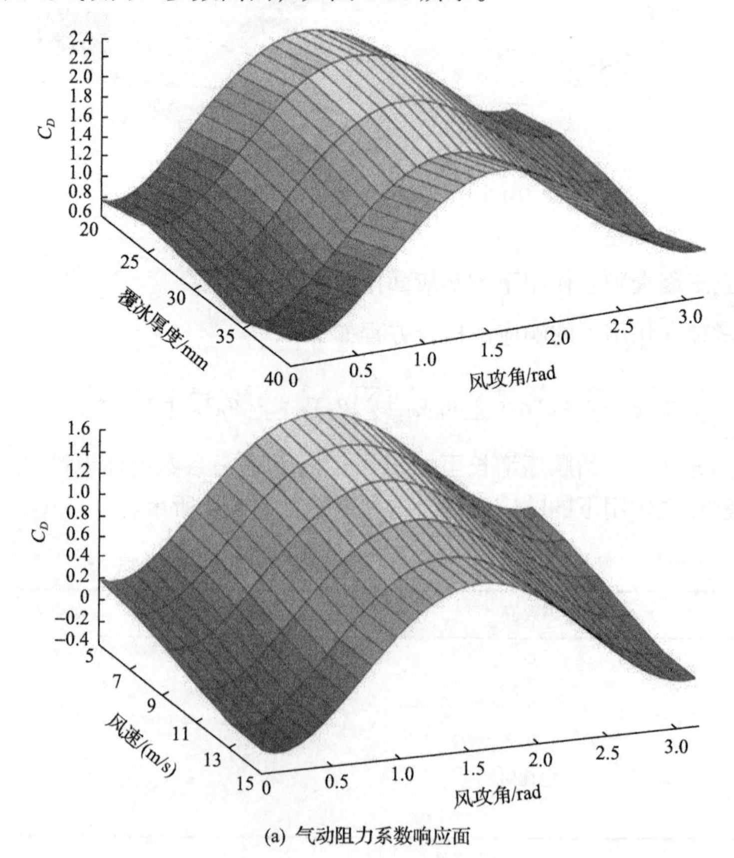

(a) 气动阻力系数响应面

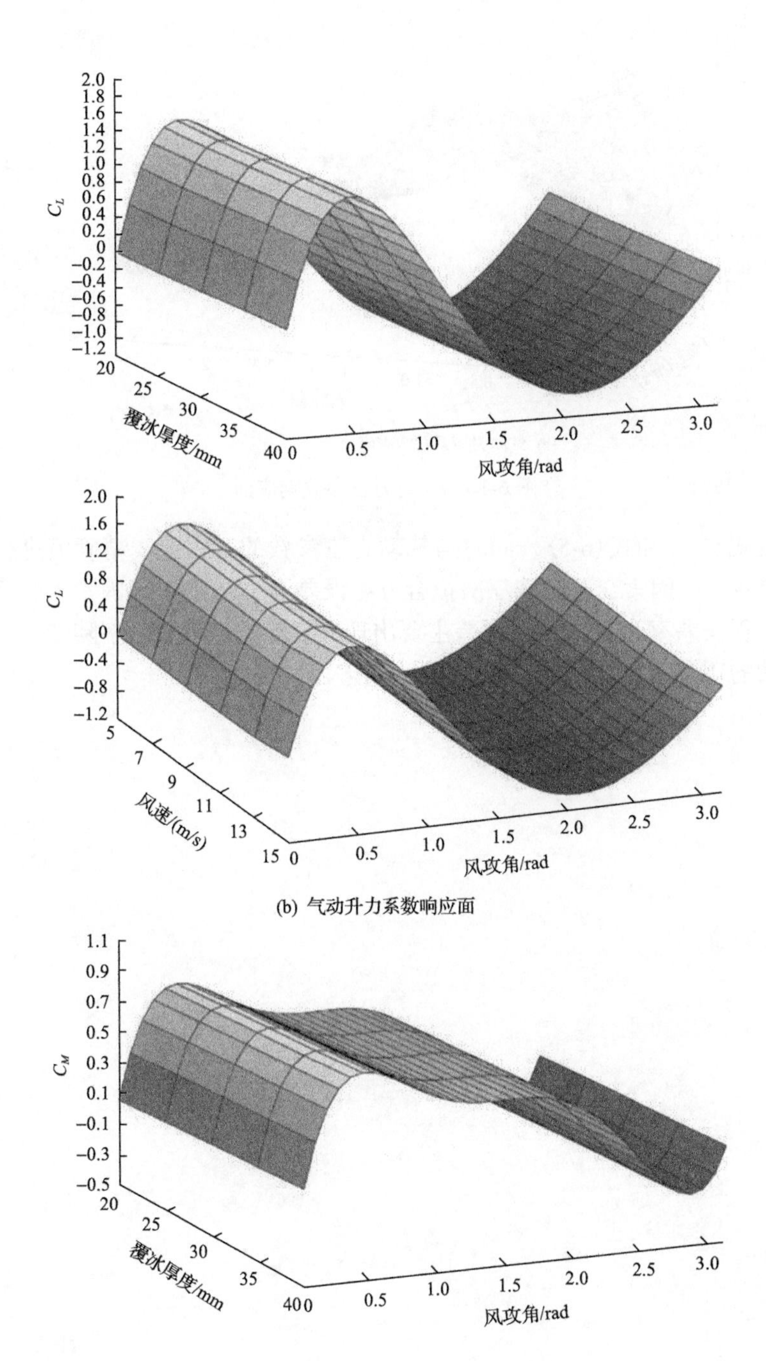

(b) 气动升力系数响应面

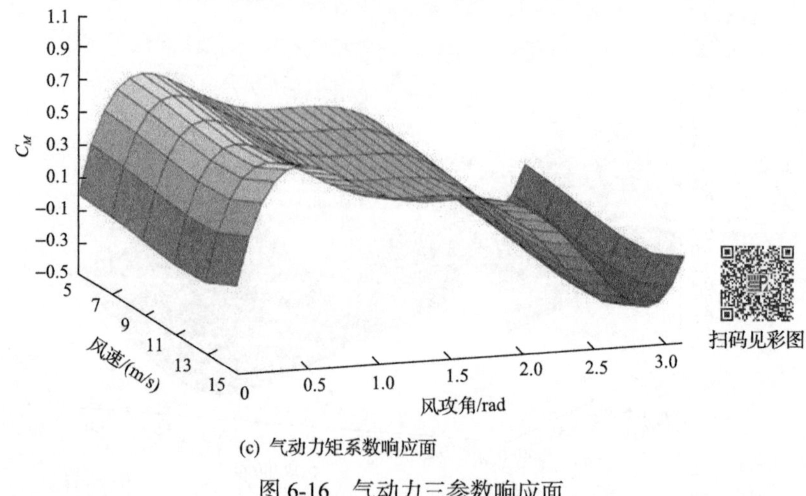

(c) 气动力矩系数响应面

图 6-16　气动力三参数响应面

比较式(6-4)和式(6-5)，同时与气动力三参数的时程曲线精确值进行对比并计算误差率，三因素交互影响三次拟合方程误差为 12.62%，三因素无交互影响五次拟合方程误差率为 9.76%，误差主要出现在气动力三参数斜率陡变处，即在易发生舞动的攻角区。

第7章　覆冰导线流固耦合横扭振动动力响应及轨迹重构

7.1　覆冰单、分裂导线流固耦合横扭振动动力响应数学模型的求解

采用三因素独立作用下五阶响应面拟合方程作为振动方程组的动态气动荷载的拟合方程，结合覆冰导线参数在MATLAB中编写基于四阶Runge-Kutta法的响应面荷载激励下的耦合横扭振动方程组求解代码，绘制在风速为5m/s，覆冰厚度20mm，风攻角为0°、30°、90°和120°时求解得到的导线跨中质点动态位移时程曲线，分别如图7-1～图7-4所示。

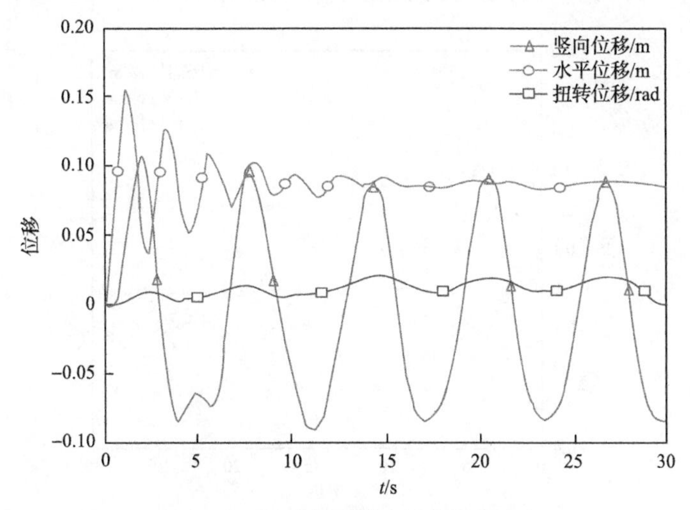

图7-1　0°风攻角时覆冰导线动态响应

在风攻角为0°时，覆冰截面上下对称，迎风面积达到最小，竖向位移、水平位移和扭转位移分别达到0.156m、0.0734m和0.007rad；导线整体运动趋势为顺风向偏移，但位移幅值随时间逐渐衰减；竖向位移和扭转位移在初始位置上下浮动，两者频率一致。

图7-2中导线在风攻角为30°时的竖向位移、水平位移和扭转位移分别达到了0.565m、0.266m和1.89°；此风攻角下气动升力显著，竖向位移大于水平位移，扭转角呈现较为剧烈的抖动，顺时针翻转趋势明显，30°风攻角是舞动现象

多发风攻角区域。

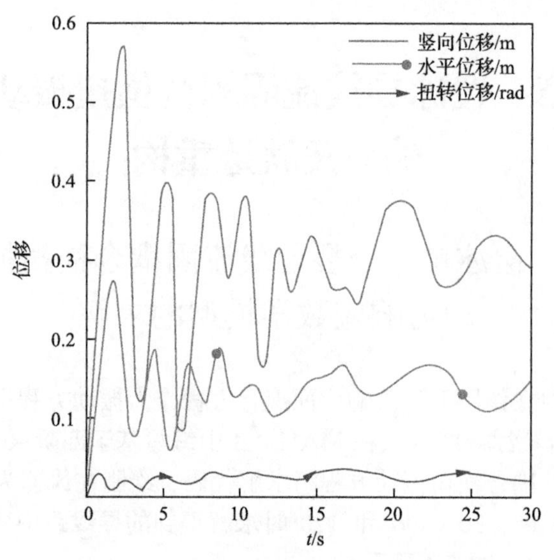

图 7-2　30°风攻角时覆冰导线动态响应

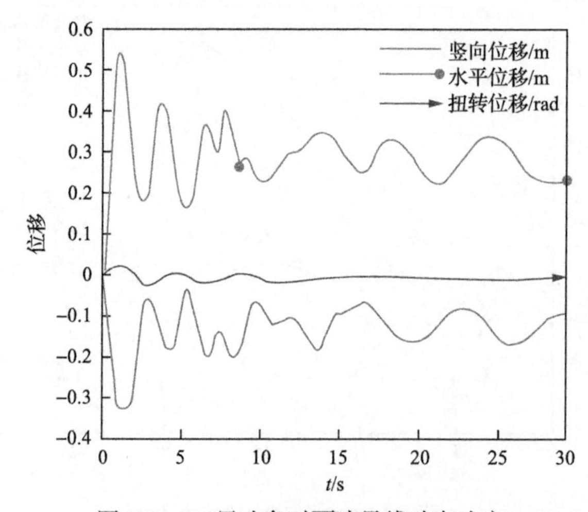

图 7-3　90°风攻角时覆冰导线动态响应

图 7-3 中导线在风攻角为 90°时的竖向位移、水平位移和扭转位移分别达到了–0.393m、0.569m 和 1.2°；此风攻角时气动升力为负，导线向下振动，竖向位移绝对值小于水平位移，导线顺风向振动。三自由度位移均呈现衰减趋势。

图 7-4 中导线在风攻角为 120°时的竖向位移、水平位移和扭转位移分别达到了–0.44m、0.475m 和 0.8°；此风攻角时气动升力为负，导线向下振动，竖向位移绝对值小于水平位移，导线顺风向振动。三自由度位移均呈现衰减趋势，且与 90°风攻角时的动态响应趋势相近。

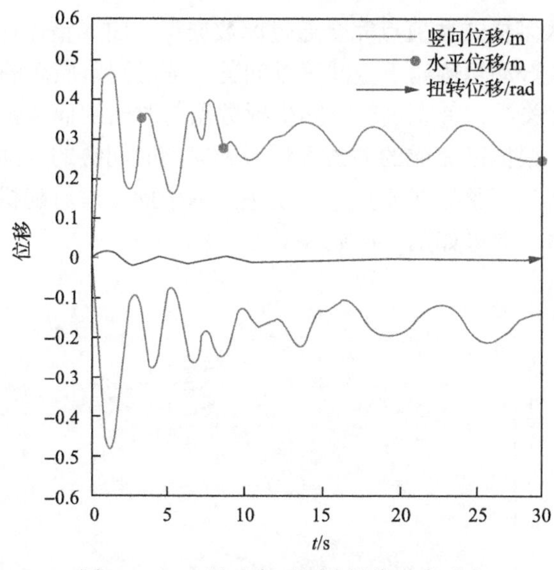

图 7-4　120°风攻角时覆冰导线动态响应

7.2　覆冰导线流固耦合横扭振动动力响应轨迹重构

覆冰导线在空间的振动轨迹难以使用简单函数进行精确的定量描述，通过在线监测装置可得到监测点处对应的位移响应值，数学语言描述如下：在离散的点 $x_i(i=0,1,2,\cdots,n)$ 上的函数值 $y_i=f(x_i)$。采用同一数据源，分别用分段线性插值、邻近插值、球面插值和三次多样式插值这四种插值方法进行曲线重建，拟合曲线如图 7-5 所示。

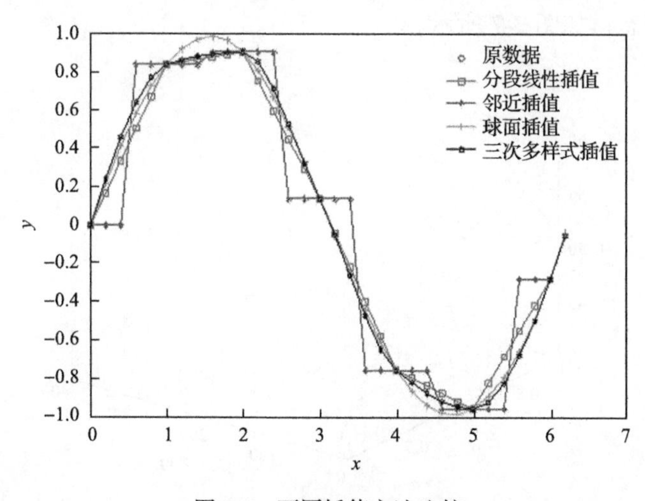

图 7-5　不同插值方法比较

图 7-5 中三次多样式插值点完全通过原数据点，曲线整体连续光滑，插值效果最优。覆冰导线舞动轨迹属于空间三维问题，考虑到单质点的空间坐标 x、y、z 的值都和时间有关系，首先进行空间坐标数据与时间的插值操作，继而将时间细分到所需精度，根据已完成的插值方程得到完整时间链的空间坐标数据，依次连接空间点即可得到完整导线质点运动轨迹。基于此方法对随机生成的一系列三维随机点进行插值，效果如图 7-6 所示。

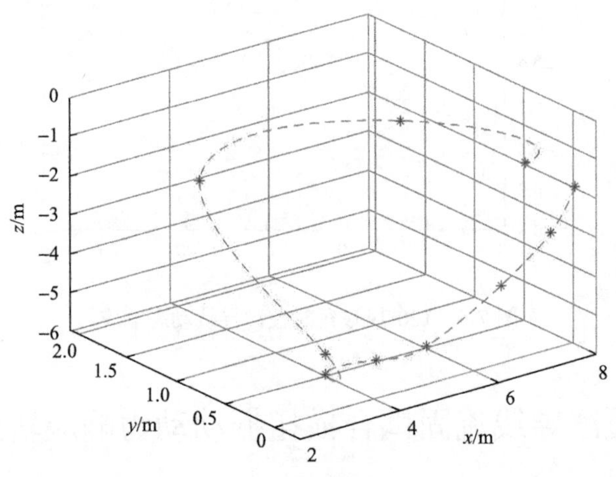

图 7-6　三维随机点的轨迹插值拟合图

图 7-6 中的星点为随机点，虚线为最优算法下生成的空间轨迹，对于随机生成的一系列不规则的空间坐标点，所用算法可以高效高质地完成插值拟合。借鉴上述方法，对于整档导线的空间轨迹拟合，可以将其看作多个时刻的整档导线的不同质点的动态联合，使用 MATLAB 编写插值拟合算法完成整档覆冰导线某一时刻的空间姿态，如图 7-7 所示。

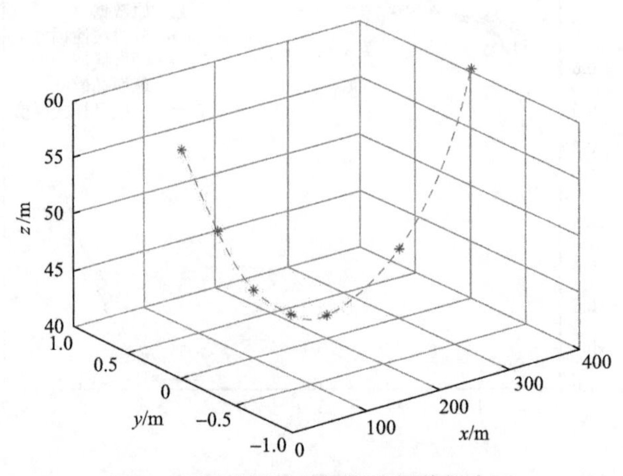

图 7-7　覆冰导线空间轨迹插值拟合图

图 7-7 中仅仅为某一时刻整档覆冰导线的空间姿态，而对于整档覆冰导线的动态时程空间轨迹的模拟，则需要使用 MATLAB 中的 movie 函数将不同时刻的导线空间姿态联合起来做成动画，首先需要在每一个 for 循环中生成每个时刻的帧画面，即使用三次多样式插值算法完成时间节点上的导线空间姿态插值拟合并绘图，继而使用 getframe 函数得到当前界面显示的帧画面并存于特定矩阵。需要注意的是，为了避免出现画面闪动等问题，应在循环中加入 axis 函数，使每次循环时坐标轴保持一致。最后，完成循环并得到存放所有图片的矩阵后，使用 movie 函数播放这些帧画面，形成动态影像。此外，还可调用 movie2avi 函数生成 avi 视频文件，或生成 GIF 动态图，其均可独立于 MATLAB 播放。

第 8 章　融冰体系结构分析及脱冰振动数学模型

8.1　融冰体系基本结构及脱冰振动分析模型

本节对融冰体系结构组成、融冰作业过程中各部分系统的运动方式及各节点连接方式进行分析，明确结构内部的关联情况，在此基础上提取出各部分系统在建立脱冰振动数学模型时的具体结构形态，同时对结构进行合理的简化，从而尽可能降低计算难度和繁杂度。

8.1.1　融冰体系基本结构组成

输电塔融冰体系主要由安装底座、悬臂组合机构及短接导线三部分组成。其中两相间的融冰体系安装图如图 8-1 所示。

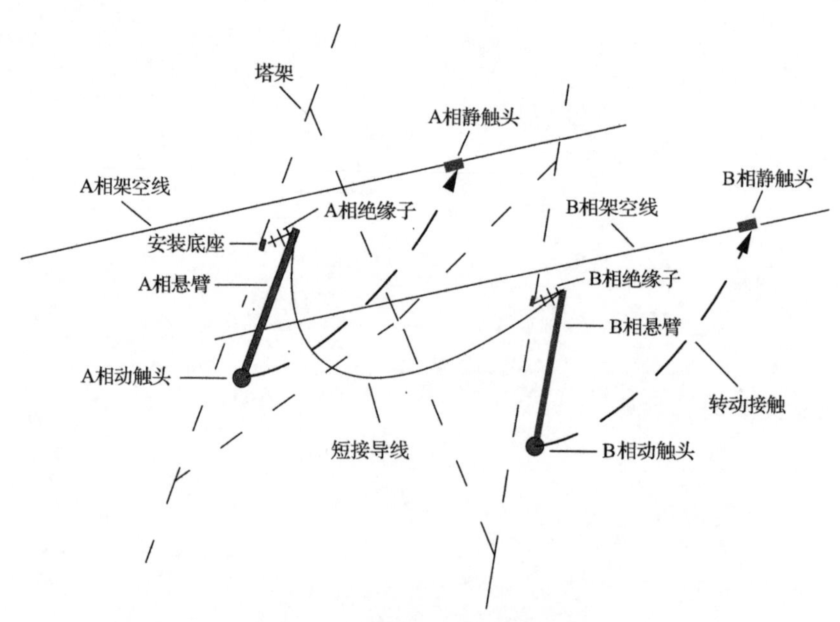

图 8-1　两相间融冰体系安装图

1) 安装底座

安装底座由连接件、固定件组成，主要作用是作为平台基础支撑融冰体系的安装，保证设备的稳定性。安装底座使用高强度螺栓固定在塔材上，悬臂组合机构的支柱绝缘子将固定在安装底座上。

2) 悬臂组合机构

悬臂组合机构由支柱绝缘子和悬臂两部分构成，支柱绝缘子下端安装于安装底座，上端与悬臂相连接，主要作用是在接通直流电源进行融冰时，保证融冰体系与输电塔之间的绝缘性；悬臂一端与支柱绝缘子相连，另一端为融冰体系的动触头。为减小非融冰作业时设备对输电塔和线路的影响，避免造成输电塔杆件折断的情况，需要在尽可能降低融冰体系整体重量的同时保证悬臂有足够的长度，因此悬臂为空心细长杆结构。动触头是由钳形铜板组成的接触夹，安装于悬臂端部，在悬臂的带动下绕轴进行旋转，融冰作业时将夹住安装于输电导线上的静触头。两触头之间通过夹紧弹簧的设置可调节接触压力，同时相同方向电流流过时将产生相互吸引的电动力，进一步增大接触压力，从而保证设备的可靠性。在开展融冰作业时，悬臂以支柱绝缘子上端为旋转中心，转过一定角度后与输电导线上的静触头相互咬合，实现动、静触头相互接触短接。

3) 短接导线

直流融冰需形成回路，因此需将输电导线短接。为实现线路短接，需将两悬臂末端用短接导线相连。在选择短接导线时，在满足融冰电流通过的同时，还需尽可能降低其重量，以保证融冰体系的整体稳定性，避免输电塔与安装底座连接的杆件承受过大重力而弯折损坏或需要进行二次加固。

8.1.2　融冰体系脱冰振动分析模型

建立融冰体系脱冰振动数学模型前，为在保证计算结果准确性的前提下兼顾普适性，尽可能地降低计算难度和繁杂度，需首先对融冰体系结构进行分析。融冰体系融冰作业状态下结构图如图 8-2 所示。

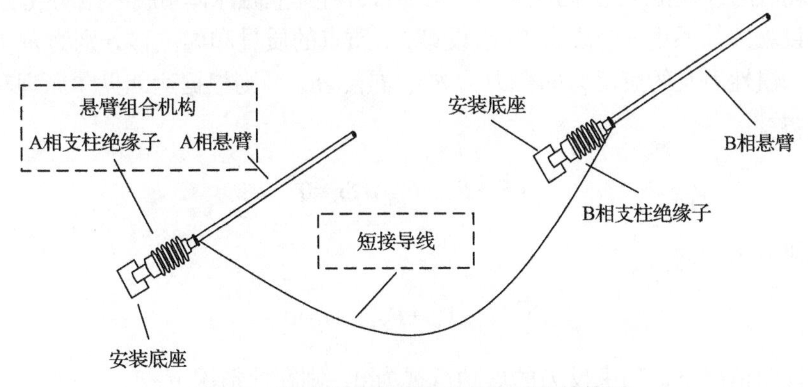

图 8-2　融冰体系融冰作业状态下的结构图

在融冰体系中，悬臂与支柱绝缘子采用螺栓和齿轮相互连接组成悬臂组合机构，当悬臂运行到水平伸直状态时制动装置将卡死，保证悬臂与支柱绝缘子连接端的稳定性；短接导线通过连接金具安装于悬臂根部，使其夹紧在悬臂上，这样既能保证导线与悬臂之间的导电性，又能限制导线的运动范围，使其在正常情况下能够稳定地固定于悬臂上。

根据融冰体系组成结构及材料属性，融冰作业时覆冰脱落将主要引起悬臂组合机构和线路之间的短接导线产生振动，进而导致悬臂组合机构失稳、动触头脱出、短接导线断线及绝缘破坏等危险情况发生。短接导线通过连接金具固定于悬臂根部，因此悬臂组合机构与短接导线之间的相互影响不大，故可分别对二者的脱冰振动情况进行分析。对于悬臂组合机构而言，支柱绝缘子垂直安装于塔上与地面平行，悬臂在进行融冰作业时为伸直状态，其一端固定于支柱绝缘子上，另一端为自由端。在进行融冰体系脱冰振动数学模型建立时，支柱绝缘子与悬臂在同一平面上，故悬臂组合机构被视为阶梯悬臂梁进行分析；而对于线路之间连接的短接导线而言，因两端夹紧固定于两个悬臂根部、刚度较小且挂点拉力值较低，故将其视为两端固定的柔性悬索结构进行处理。

8.2 基于拉格朗日方程的融冰体系脱冰振动数学模型构建方法

建立结构振动方程的方法主要分为虚功原理、达朗贝尔原理、动力学普遍方程及拉格朗日方程等。对比分析各方法，虚功原理仅考虑了结构的主动力；达朗贝尔原理将动力学问题等效为静力学问题，但求解时需进行模态分析，过程复杂；动力学普遍方程需烦琐地寻找虚位移间的关系；与以上方法相比，拉格朗日方程仅需考虑系统的动能和势能情况，恰与融冰体系发生脱冰振动时动能与势能之间相互转化并逐步耗散的过程相匹配，因此采用拉格朗日方程建立融冰体系脱冰振动数学方程。

假设融冰体系由 n 个质点组成，设第 i 个质点的质量和虚位移分别为 m_i 与 $\delta \boldsymbol{r}_i$，主动力、惯性力及约束反力的合力为 $\boldsymbol{F}_i$、$\boldsymbol{F}_{gi}$、$\boldsymbol{F}_{Ni}$，则根据达朗贝尔原理和虚位移原理得到

$$(\boldsymbol{F}_i+\boldsymbol{F}_{gi}+\boldsymbol{F}_{Ni})\cdot\delta\boldsymbol{r}_i=0 \tag{8-1}$$

取所有质点之和为

$$\sum(\boldsymbol{F}_i+\boldsymbol{F}_{gi}+\boldsymbol{F}_{Ni})\cdot\delta\boldsymbol{r}_i=0 \tag{8-2}$$

在理想情况下，约束反力的虚功可视为 0，则在此情况下有

$$\sum(\boldsymbol{F}_i+m_i\boldsymbol{r}_i)\cdot\delta\boldsymbol{r}_i=0 \tag{8-3}$$

式中，$m_i r_i$ 为惯性力。

设融冰体系为具有 k 个自由度完整约束的质点系，将其广义坐标定义为 $\boldsymbol{q}_1,\boldsymbol{q}_2,\cdots,\boldsymbol{q}_k$，则可将融冰体系中任一质点 m_i 的矢径 $\boldsymbol{r}_i$ 表述为

$$\boldsymbol{r}_i=(\boldsymbol{q}_1,\boldsymbol{q}_2,\cdots,\boldsymbol{q}_k;t) \tag{8-4}$$

质点 i 的虚位移为

$$\delta\boldsymbol{r}_i=\sum_{k=1}^{n}\frac{\partial\boldsymbol{r}_i}{\partial\boldsymbol{q}_k}\delta\boldsymbol{q}_k,\quad i=1,2,3,\cdots,n \tag{8-5}$$

将式(8-5)代入式(8-3)得到

$$\sum_{i=1}^{n}(\boldsymbol{F}_i-m_i\ddot{\boldsymbol{r}}_i)\cdot\sum_{k=1}^{n}\frac{\partial\boldsymbol{r}_i}{\partial\boldsymbol{q}_k}\delta\boldsymbol{q}_k=\sum_{k=1}^{n}\left[\sum_{i=1}^{n}(\boldsymbol{F}_i-m_i\ddot{\boldsymbol{r}}_i)\cdot\frac{\partial\boldsymbol{r}_i}{\partial\boldsymbol{q}_k}\right]\delta\boldsymbol{q}_k=0 \tag{8-6}$$

因广义坐标 q_k 独立，故可得

$$\sum_{i=1}^{n}(\boldsymbol{F}_i-m_i\ddot{\boldsymbol{r}}_i)\cdot\frac{\partial\boldsymbol{r}_i}{\partial q_k}=\boldsymbol{Q}_k-\boldsymbol{Q}_{\mathrm{g}k}=0,\qquad k=1,2,\cdots,n \tag{8-7}$$

式中，$\boldsymbol{Q}_k$ 为广义保守力；$\boldsymbol{Q}_{\mathrm{g}k}$ 为广义惯性力。

所以，经过移项调整得到

$$\boldsymbol{Q}_k=\sum_{i=1}^{n}m_i\ddot{\boldsymbol{r}}_i\cdot\frac{\partial\boldsymbol{r}_i}{\partial\boldsymbol{q}_k},\qquad k=1,2,\cdots,n \tag{8-8}$$

将式(8-8)进一步推导得

$$\begin{aligned}\boldsymbol{Q}_k&=\sum_{i=1}^{n}m_i\ddot{\boldsymbol{r}}_i\cdot\frac{\partial\boldsymbol{r}_i}{\partial q_k}\\&=\sum_{i=1}^{n}m_i\frac{\mathrm{d}}{\mathrm{d}t}\left(\dot{\boldsymbol{r}}_i\cdot\frac{\partial\boldsymbol{r}_i}{\partial\boldsymbol{q}_k}\right)-\sum_{i=1}^{n}m_i\dot{\boldsymbol{r}}_i\cdot\frac{\mathrm{d}}{\mathrm{d}t}\frac{\partial\boldsymbol{r}_i}{\partial\boldsymbol{q}_k}\\&=\sum_{i=1}^{n}m_i\frac{\mathrm{d}}{\mathrm{d}t}\left(\dot{\boldsymbol{r}}_i\cdot\frac{\partial\dot{\boldsymbol{r}}_i}{\partial\dot{\boldsymbol{q}}_k}\right)-\sum_{i=1}^{n}m_i\dot{\boldsymbol{r}}_i\cdot\frac{\partial\dot{\boldsymbol{r}}_i}{\partial\boldsymbol{q}_k}\\&=\frac{\mathrm{d}}{\mathrm{d}t}\sum_{i=1}^{n}\left(m_i\dot{\boldsymbol{r}}_i\cdot\frac{\partial\dot{\boldsymbol{r}}_i}{\partial\dot{\boldsymbol{q}}_k}\right)-\frac{\partial}{\partial q_k}\sum_{i=1}^{n}\frac{1}{2}(m_i\dot{\boldsymbol{r}}_i\cdot\dot{\boldsymbol{r}}_i)\\&=\frac{\mathrm{d}}{\mathrm{d}t}\frac{\partial}{\partial\dot{\boldsymbol{q}}_k}\sum_{i=1}^{n}\frac{1}{2}\left(m_iv_i^2\right)-\frac{\partial}{\partial q_k}\sum_{i=1}^{n}\frac{1}{2}\left(m_iv_i^2\right)\\&=\frac{\mathrm{d}}{\mathrm{d}t}\frac{\partial\boldsymbol{T}}{\partial\dot{\boldsymbol{q}}_k}-\frac{\partial\boldsymbol{T}}{\partial\boldsymbol{q}_k}\end{aligned} \tag{8-9}$$

式中，v_i为 i 方向上的速度分量。

式(8-9)即为可用于建立结构振动方程的第二类拉格朗日方程，其方程数与所需分析结构的自由度数目相等。融冰体系悬臂组合机构和短接导线脱冰振动时的主动力均为保守力，此时融冰体系的势能是广义坐标以及时间的函数，即 $\boldsymbol{V}=\boldsymbol{V}(\boldsymbol{q}_1,\boldsymbol{q}_2,\cdots,\boldsymbol{q}_k;t)$，则广义保守力可表示为

$$\boldsymbol{Q}_k=\sum_{i=1}^{n}\boldsymbol{F}_i\cdot\frac{\partial \boldsymbol{r}_i}{\partial \boldsymbol{q}_k}=-\sum_{i=1}^{n}\frac{\partial \boldsymbol{V}}{\partial \boldsymbol{r}_i}\cdot\frac{\partial \boldsymbol{r}_i}{\partial \boldsymbol{q}_k}=-\frac{\partial \boldsymbol{V}}{\partial \boldsymbol{q}_k} \tag{8-10}$$

将式(8-10)推导得到的广义保守力表达式代入拉格朗日方程中，得

$$\frac{\mathrm{d}}{\mathrm{d}t}\left(\frac{\partial \boldsymbol{T}}{\partial \dot{\boldsymbol{q}}_k}\right)-\frac{\partial \boldsymbol{T}}{\partial \boldsymbol{q}_k}+\frac{\partial \boldsymbol{V}}{\partial \boldsymbol{q}_k}=\frac{\mathrm{d}}{\mathrm{d}t}\left(\frac{\partial \boldsymbol{L}}{\partial \dot{\boldsymbol{q}}_k}\right)-\frac{\partial \boldsymbol{L}}{\partial \boldsymbol{q}_k} \tag{8-11}$$

式中，$\boldsymbol{L}$ 为拉格朗日函数，$\boldsymbol{L}=\boldsymbol{T}-\boldsymbol{V}$，$\boldsymbol{T}$ 为广义坐标下的动能，$\boldsymbol{V}$ 为广义坐标下的势能；$\boldsymbol{q}_k$ 为第 k 个广义坐标；$\dot{\boldsymbol{q}}_k$ 为第 k 个广义坐标对应的速度。

同理得广义耗散力 $\boldsymbol{Q}_\mathrm{r}$ 为式(8-12)：

$$\boldsymbol{Q}_\mathrm{r}=-\frac{\partial \boldsymbol{D}}{\partial \dot{\boldsymbol{q}}_k} \tag{8-12}$$

式中，D 为耗散函数。

将式(8-12)代入式(8-11)可得到考虑耗散力的第二类拉格朗日方程为式(8-13)：

$$\frac{\mathrm{d}}{\mathrm{d}t}\left(\frac{\partial \boldsymbol{L}}{\partial \dot{\boldsymbol{q}}_k}\right)-\frac{\partial \boldsymbol{L}}{\partial \boldsymbol{q}_k}+\frac{\partial \boldsymbol{D}}{\partial \dot{\boldsymbol{q}}_k}=0 \tag{8-13}$$

8.3　建立融冰体系短接导线脱冰振动数学模型

本节在对融冰体系结构进行分析的基础上，求取融冰体系短接导线脱冰时动能及势能的表达式，并在参数中引入脱冰率、覆冰厚度、挂点高差、距离和阻尼比等影响因素，采用 8.2 节中基于拉格朗日方程的融冰体系脱冰振动数学模型构建方法，建立融冰体系短接导线脱冰振动数学模型。

8.3.1　建立短接导线脱冰振动位移数学模型

在建立短接导线脱冰振动位移数学模型时，需要充分考虑脱冰率、覆冰厚度、挂点高差、挂点距离、阻尼比等因素的影响。采用能量分析法得到短接导线的动能和势能，并代入 8.2 节所推导的考虑耗散力的第二类拉格朗日方程，建立融冰

体系短接导线脱冰振动位移数学模型。计算坐标图如图 8-3 所示。

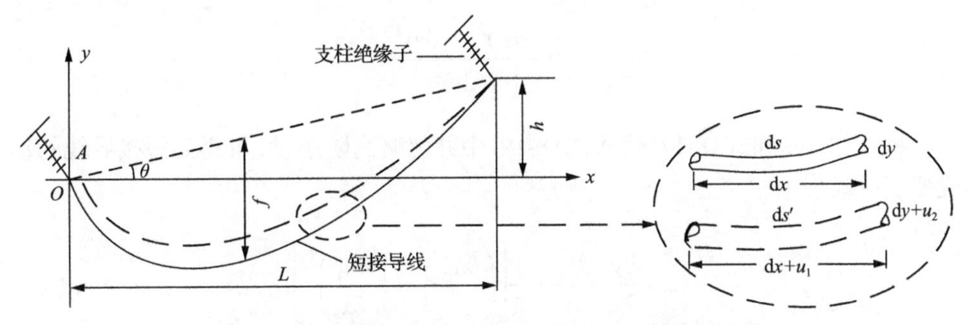

图 8-3　短接导线脱冰位移振动数学模型计算坐标图

覆冰脱落会导致短接导线竖向和水平向发生振动位移，其表达式可由短接导线脱冰振动时的振动模态以及各个方向上的广义位移相乘得到。设位移为 $u_i(x,t)$，短接导线各点位置均以左端点为坐标原点，则将短接导线上各点的位移由振动模态和广义位移表示为

$$u_i(x,t)=\varphi(x)\cdot q_i(t) \tag{8-14}$$

式中，$u_i(x,t)$ 为短接导线各点 i 方向上的实际位移；$\varphi(x)$ 为短接导线脱冰振动时的振动模态；$q_i(t)$ 为短接导线在 i 方向的广义位移，$i=1$ 代表竖向，$i=2$ 代表水平向。

利用假设模态法，视各阶振动模态均为正弦波且振动以单个或多个半波为主，设在各个方向上的振动均为正弦曲线。忽略在实际情况中对短接导线振动影响不显著的高阶振型，将其振动模态假设为一阶半波形式，则其表达式为

$$\varphi(x)=\sin(\pi x/L) \tag{8-15}$$

式中，x 为短接导线中各点的位置；L 为短接导线机构的长度。

取短接导线微元体进行分析，处在平衡状态下的微元体满足

$$(\mathrm{d}s)^2=(\mathrm{d}x)^2+(\mathrm{d}y)^2 \tag{8-16}$$

当其产生变形后，微元体长度表达式为

$$(\mathrm{d}s')^2=(\mathrm{d}x+\mathrm{d}u_2)^2+(\mathrm{d}y+\mathrm{d}u_1)^2 \tag{8-17}$$

设 $\mathrm{d}s'=\mathrm{d}s+\varDelta$，其中 $\varDelta$ 为高阶小量，因此有

$$\frac{(\mathrm{d}s')^2-(\mathrm{d}s)^2}{2(\mathrm{d}s)^2}=\frac{(2\mathrm{d}s+\varDelta)(\mathrm{d}s'-\mathrm{d}s)}{2(\mathrm{d}s)^2}\approx\frac{\mathrm{d}s'-\mathrm{d}s}{\mathrm{d}s}=\varepsilon \tag{8-18}$$

由式(8-18)得到短接导线振动时的动应变表达式为

$$\varepsilon=\frac{(\mathrm{d}s')^2-(\mathrm{d}s)^2}{2(\mathrm{d}s)^2} \tag{8-19}$$

将式(8-16)和式(8-17)代入式(8-19)中并忽略高阶小量，可得到短接导线的动应变表达式为

$$\varepsilon=\frac{\partial y}{\partial x}\cdot\frac{\partial u_1}{\partial x}+\frac{1}{2}\left[\left(\frac{\partial u_2}{\partial x}\right)^2+\left(\frac{\partial u_1}{\partial x}\right)^2\right] \tag{8-20}$$

式中，y 为初始状态时导线构型。

结合融冰体系短接导线的实际情况，设定 y 为斜抛物线函数，其表达式为

$$y=x\tan\theta-\frac{m_1'g(L-x)x}{2T\cos\theta} \tag{8-21}$$

式中，θ 为短接导线高差角；m_1' 为短接导线脱冰后单位长度质量；T 为短接导线水平张力。

将式(8-14)、式(8-15)及式(8-21)代入式(8-20)即为短接导线动应变采用广义坐标来描述的形式，其表达式为

$$\varepsilon=\left[\tan\theta-\frac{m_1'g(L-x)}{2T\cos\theta}\right]\frac{\pi}{L}\cos\left(\frac{\pi x}{L}\right)q_1+\frac{1}{2}\cdot\frac{\pi^2}{L^2}\cos^2\left(\frac{\pi x}{L}\right)(q_1^2+q_2^2) \tag{8-22}$$

短接导线脱冰振动时的总势能主要包括重力势能和形变引起的应变能。以脱冰后位置为零势能点，因振动时其位移变化较大但应变较小，故应变能可由拉伸应变能和初应力应变能表示。因此短接导线总势能表达式为

$$V_{导}=\int_0^L\left(\frac{1}{2}EA\varepsilon^2+T\varepsilon-m_1'gu_1\right)\mathrm{d}x \tag{8-23}$$

式中，E 为短接导线的弹性模量；A 为短接导线的截面积。

短接导线脱冰后单位长度质量的表达式为

$$m_1'=m_1-\alpha_1 m_1'' \tag{8-24}$$

式中，m_1 为短接导线脱冰前单位长度总质量，包括本体质量和覆冰质量；m_1'' 为短接导线单位长度覆冰质量；α_1 为短接导线脱冰率。

利用密度、厚度及线径可表征出短接导线单位长度覆冰质量，表达式为

$$m_1'' = \rho\pi b_1(D_1 + b_1) \tag{8-25}$$

式中，ρ 为覆冰密度；D_1 为短接导线线径；b_1 为短接导线覆冰厚度。

将式(8-22)、式(8-24)代入式(8-23)，可得短接导线的总势能为

$$\begin{aligned} V_{导} = &\int_0^L \frac{1}{2}EA\left\{\left[\tan\theta - \frac{m_1'g(L-x)}{2T\cos\theta}\right]\frac{\pi}{L}\cos\left(\frac{\pi x}{L}\right)q_1 + \frac{\pi^2}{2L^2}\cos^2\left(\frac{\pi x}{L}\right)(q_1^2+q_2^2)\right\}^2\mathrm{d}x \\ &+\int_0^L T\left\{\left[\tan\theta - \frac{m_1'g(L-x)}{2T\cos\theta}\right]\frac{\pi}{L}\cos\left(\frac{\pi x}{L}\right)q_1 + \frac{\pi^2}{2L^2}\cos^2\left(\frac{\pi x}{L}\right)(q_1^2+q_2^2)\right\}\mathrm{d}x \\ &-\int_0^L m_1'g\sin\left(\frac{\pi x}{L}\right)q_1\mathrm{d}x \end{aligned} \tag{8-26}$$

考虑短接导线竖向、水平方向上的位移和脱冰后单位长度质量，其微元体的动能表达式为

$$\mathrm{d}T_{导} = \sum_{i=1}^{2}\frac{1}{2}m_1'\dot{u}_i^2 \tag{8-27}$$

式中，$\dot{u}_i$ 为短接导线中 x 位置 t 时刻时竖向速度和水平速度。

将式(8-14)、式(8-25)代入式(8-27)，简化求解并对挂点距离积分，可得短接导线动能表达式(8-28)：

$$T_{导} = \int_0^L \mathrm{d}T_{导} = \int_0^L \frac{1}{2}m_1'\sin^2\left(\frac{\pi x}{L}\right)\mathrm{d}x\left(\dot{q}_1^2 + \dot{q}_2^2\right) \tag{8-28}$$

式中，$\dot{q}_1$ 为短接导线 t 时刻竖向广义速度；$\dot{q}_2$ 为短接导线 t 时刻水平方向广义速度。

阻尼将会影响短接导线脱冰振动时的位移和水平应力衰减情况，因此在建立模型时，引入耗散函数以反映阻尼对短接导线脱冰振动的影响，表达式为

$$D = \frac{1}{2}\int_0^L\left[\sum_{i=1}^{2}2m_1'\omega_i\xi_i\sin^2\left(\frac{\pi x}{L}\right)\dot{q}_i^2\right]\mathrm{d}x \tag{8-29}$$

式中，ω_i 为短接导线 i 方向上的自振频率，$i=1$ 代表竖向，$i=2$ 代表水平方向；ξ_i 为短接导线阻尼比。

将融冰体系脱冰时短接导线的总势能公式[式(8-26)]、微元体动能公式[式(8-27)]和耗散函数[式(8-29)]及第二类拉格朗日方程[式(8-13)]进行联立，即为

融冰体系短接导线脱冰振动数学模型：

$$
\begin{cases}
V_{导}=\int_0^L \frac{1}{2}EA\left\{\left[\tan\theta-\frac{m_1'g(L-x)}{2T\cos\theta}\right]\frac{\pi}{L}\cos\left(\frac{\pi x}{L}\right)q_1+\frac{\pi^2}{2L^2}\cos^2\left(\frac{\pi x}{L}\right)(q_1^2+q_2^2)\right\}^2\mathrm{d}x \\
\quad +\int_0^L T\left\{\left[\tan\theta-\frac{m_1'g(L-x)}{2T\cos\theta}\right]\frac{\pi}{L}\cos\left(\frac{\pi x}{L}\right)q_1+\frac{\pi^2}{2L^2}\cos^2\left(\frac{\pi x}{L}\right)(q_1^2+q_2^2)\right\}\mathrm{d}x \\
\quad +\int_0^L m_1'g\sin\left(\frac{\pi x}{L}\right)q_1 dx \\
T_{导}=\int_0^L \mathrm{d}T_{导}=\int_0^L \frac{1}{2}m_1'\sin^2\left(\frac{\pi x}{L}\right)\mathrm{d}x\left(\dot{q}_1^2+\dot{q}_2^2\right) \\
D=\frac{1}{2}\int_0^L\left[\sum_{i=1}^{2}2m_1'\omega_i\xi_i\sin^2\left(\frac{\pi x}{L}\right)\dot{q}_i^2\right]\mathrm{d}x \\
\frac{\mathrm{d}}{\mathrm{d}t}\left(\frac{\partial L}{\partial\dot{q}_k}\right)-\frac{\partial L}{\partial q_k}+\frac{\partial D}{\partial\dot{q}_k}=0
\end{cases}
\tag{8-30}
$$

为方便分析计算和求解验证，对其进行代入及整理，融冰体系短接导线脱冰振动位移数学模型可整理表示为

$$
\begin{cases}
a_1\ddot{q}_1+a_2\dot{q}_1+a_3q_1+a_4q_1^2+a_5q_1^3+a_6q_1q_2^2+a_7q_2^2+a_8=0 \\
b_1\ddot{q}_2+b_2\dot{q}_2+b_3q_2+b_4q_2^3+b_5q_1q_2+b_6q_1^2q_2=0
\end{cases}
\tag{8-31}
$$

式(8-31)中各项系数表达式和参数可通过积分获得。与采用达朗贝尔原理和动力学普遍方程来建立脱冰振动数学模型相比，拉格朗日方程在分析和推导过程中均采用的是标量形式，只需对结构整体进行动能、势能和能量耗散分析，从而避免大量的复杂计算。

各项系数中包含脱冰率、覆冰厚度、挂点高差、挂点距离、阻尼比以及水平张力等参数，可通过调整以上参数对短接导线脱冰振动位移情况进行快速分析和判断。对数学模型组成进行分析，其是由脱冰率、覆冰厚度、挂点高差等多因素组成的二阶微分方程，故短接导线脱冰振动不仅仅与自身位移情况有关，还与非自身位移的非一次项有关，证明自由度与广义位移间具有非线性耦合效应，各参数及各向位移对脱冰振动过程中短接导线位移时程曲线的变化情况有决定性影响，因此需对其影响进行进一步的探讨。

8.3.2 建立短接导线脱冰振动应力数学模型

在建立的融冰体系短接导线脱冰振动位移数学模型基础上，可进一步分析其应力变化情况。根据胡克定律，短接导线脱冰振动过程中的水平应力变化量表达式为

$$\Delta\sigma = \frac{1}{L}\int_0^L E\varepsilon \mathrm{d}x \tag{8-32}$$

将式(8-21)、式(8-22)代入式(8-32)中，在短接导线脱冰振动初始水平应力的基础上，可进一步得到脱冰振动过程中水平应力数学模型表达式：

$$\sigma = \sigma_0 + \left(-\frac{Em_1'g}{\pi T\cos\theta}q_1 + \frac{E\pi^2}{4L^2}q_1^2 + \frac{E\pi^2}{4L^2}q_2^2\right) \tag{8-33}$$

式中，σ_0 为短接导线脱冰振动前的初始水平应力。

将利用短接导线脱冰振动位移数学模型所得到的对应位置的广义位移代入式(8-33)中，即可进一步求得短接导线在脱冰振动时的水平应力时程曲线。

8.4 建立悬臂组合机构脱冰振动数学模型

采用能量分析法得到悬臂组合机构脱冰时的动能和势能，并在参数中引入脱冰率、覆冰厚度、材料属性、阻尼比等影响因素，代入拉格朗日方程建立悬臂组合机构脱冰振动数学模型。

8.4.1 建立悬臂组合机构脱冰振动位移数学模型

悬臂组合机构包含支柱绝缘子和悬臂两部分，在对融冰体系悬臂组合机构脱冰振动位移情况进行分析时，要充分考虑支柱绝缘子与悬臂之间的耦合关系，以减小数学模型的误差。悬臂组合机构数学模型计算坐标图如图 8-4 所示。

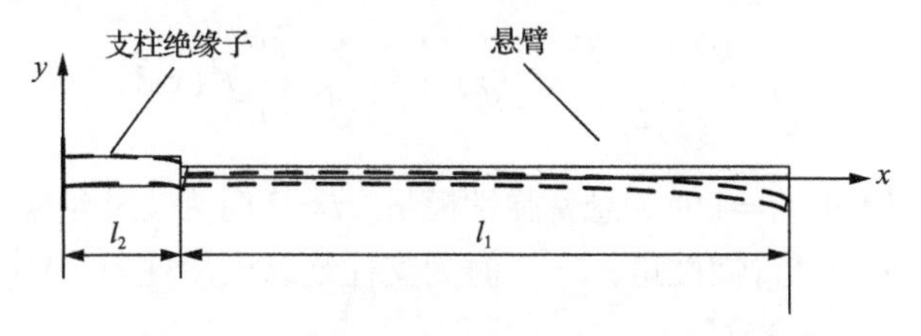

图 8-4　悬臂组合机构数学模型计算坐标图

在建立悬臂组合机构脱冰振动数学模型时，根据悬臂组合机构的结构形态和节点连接方式，将其整体视为阶梯悬臂梁。在进行模态假设时，因支柱绝缘子和

悬臂通过连接件紧固，可视为刚接关系，在产生变形时，悬臂组合机构为连续体，且支柱绝缘子长度远小于悬臂长度，为在计算精度允许的范围内更便于计算，将结构整体设为同一模态函数，可大大降低数学模型建立的烦琐度，计算时通过调整积分上下限和参数，分别求取支柱绝缘子和悬臂的动能及势能进行叠加，即为系统的总动能和总势能。

采用假设模态法，设悬臂组合机构各点竖直方向上的位移为 $v(x,t)$，以支柱绝缘子与输电塔之间的固定点为原点，则将悬臂组合机构竖直方向位移由振动模态和广义位移表达为

$$v(x,t)=\varphi(x)\cdot p(t) \tag{8-34}$$

式中，$v(x,t)$ 为悬臂组合机构各点竖直方向上的实际位移；$\varphi(x)$ 为悬臂组合机构各点脱冰振动时的振动模态；$p(t)$ 为悬臂组合机构在竖直方向上的广义位移。

假设的模态需满足悬臂组合机构各部分的位移边界条件，设脱冰振动的模态表达式为式(8-35)，因高阶振型对其影响较小，故可忽略高阶影响：

$$\varphi(x)=1-\cos\frac{\alpha\pi x}{2(l_1+l_2)} \tag{8-35}$$

式中，x 为悬臂组合机构中各点的位置；l_1 为悬臂长度；l_2 为支柱绝缘子长度；α 为模态阶数。

该结构为欧拉梁结构，取微元体进行分析，根据材料力学基本理论，在悬臂受垂直向下的力发生弯曲时，其单位体积的应变能为

$$\gamma=\frac{\sigma^2}{2E}+\frac{\tau^2}{2G} \tag{8-36}$$

式中，τ 为切应力；G 为剪切模量。

取微元体体积为 $\mathrm{d}A$ 与 $\mathrm{d}x$ 的乘积（A 为受剪截面面积），则可对长度进行积分得到其应变能表达式为

$$V_{弹}=\frac{1}{2E_iI_i}\int_0^l M^2(x)\mathrm{d}x+\frac{k}{2GA}\int_0^l Q^2(x)\mathrm{d}x \tag{8-37}$$

式中，E_i 为弹性模量，$i=1$ 时为悬臂弹性模量，$i=2$ 时为支柱绝缘子弹性模量；I_i 为惯性矩，$i=1$ 时为悬臂惯性矩，$i=2$ 时为支柱绝缘子惯性矩；$M(x)$ 为弯矩方程；k 为定义系数，$k=\frac{A}{I^2}\int_A\frac{S^*}{b^2}\mathrm{d}A$（$S^*$ 为静距，b 为悬臂组合机构覆冰厚度），当截面为环形时取 2，当截面为圆形时取 $\frac{10}{9}$；l 为微元体覆冰段长度；$Q(x)$ 为剪切力方程。

弯矩方程为

$$M(x)=E_iI_i\frac{\partial^2 v}{\partial x^2} \tag{8-38}$$

对弯矩方程再次进行求导即可得到剪切力方程：

$$Q(x)=E_iI_i\frac{\partial^3 v}{\partial x^3} \tag{8-39}$$

将式(8-38)、式(8-39)代入式(8-37)中，得到悬臂组合机构应变能表达式为

$$V_{弹}=\frac{E_iI_i}{2}\int_0^l\left(\frac{\partial^2 v}{\partial x^2}\right)^2\mathrm{d}x+\frac{E_i^2I_i^2k}{2GA}\int_0^l\left(\frac{\partial^3 v}{\partial x^3}\right)^2\mathrm{d}x \tag{8-40}$$

悬臂势能由应变能和重力势能组成。根据结构实际情况，悬臂长度远大于截面直径，因此在进行应变能计算时可只考虑弯曲应变能，忽略剪切变形的影响。故悬臂总势能表达式为

$$V_{弹}=\frac{E_1I_1}{2}\int_{l_2}^{l_1+l_2}\left[\frac{\pi^2\cos\dfrac{\pi x}{2(l_1+l_2)}}{4(l_1+l_2)^2}p\right]^2\mathrm{d}x+\int_{l_2}^{l_1+l_2}m_2'g\left[1-\cos\frac{\pi x}{2(l_1+l_2)}\right]p\mathrm{d}x \tag{8-41}$$

式中，m_2' 为悬臂脱冰后单位长度质量。

利用脱冰率、单位长度覆冰质量等参数可得悬臂脱冰后单位长度质量表达式：

$$m_2'=m_2-\alpha_1'm_2'' \tag{8-42}$$

式中，m_2 为悬臂脱冰前单位长度总质量，包括悬臂质量和覆冰质量；m_2'' 为悬臂单位长度覆冰质量；α_1' 为悬臂脱冰率。

利用密度、厚度及悬臂管径可表征出悬臂单位长度覆冰质量：

$$m_2''=\rho\pi b_2(D_2+b_2) \tag{8-43}$$

式中，ρ 为覆冰密度；D_2 为悬臂外管径；b_2 为悬臂覆冰厚度。

考虑悬臂位移情况和脱冰后单位长度质量，对悬臂长度积分，得到悬臂动能表达式：

$$T_{悬}=\int_{l_2}^{l_1+l_2}\mathrm{d}T_{悬}=\int_{l_2}^{l_1+l_2}\frac{1}{2}m_2'\left[1-\cos\frac{\pi x}{2(l_1+l_2)}\right]^2\dot{p}^2\mathrm{d}x \tag{8-44}$$

式中，$\dot{p}$ 为悬臂组合机构 t 时刻竖直方向的广义速度。

采用同样的方法对支柱绝缘子动能和势能进行求取。支柱绝缘子不是细长结构，因此在进行应变能计算时考虑剪切变形影响和弯曲影响，故其总势能表达式为

$$V_{绝}=\frac{E_2I_2}{2}\int_0^{l_2}\left[\frac{\pi^2\cos\dfrac{\pi x}{2(l_1+l_2)}}{4(l_1+l_2)^2}p\right]^2\mathrm{d}x+\frac{E_2^2I_2^2k}{2GA}\int_0^{l_2}\left[-\frac{\pi^3\sin\dfrac{\pi x}{2(l_1+l_2)}}{8(l_1+l_2)^3}p\right]^2\mathrm{d}x+\int_0^{l_2}\frac{1}{2}m_3'\left[1-\cos\frac{\pi}{2(l_1+l_2)}x\right]^2\dot{p}^2\mathrm{d}x \tag{8-45}$$

式中，m_3' 为支柱绝缘子脱冰后单位长度质量。

绝缘子动能求取方式与悬臂相同，其动能表达式为

$$T_{绝}=\int_0^{l_2}\mathrm{d}T_{绝}=\int_0^{l_2}\frac{1}{2}m_3'\left[1-\cos\frac{\pi}{2(l_1+l_2)}x\right]^2\dot{p}^2\mathrm{d}x \tag{8-46}$$

结合悬臂组合机构各部分能量的推导，得到悬臂组合机构的总势能表达式为

$$\begin{aligned}V_{组}=&\frac{E_1I_1}{2}\int_{l_2}^{l_1+l_2}\left[\frac{\pi^2\cos\dfrac{\pi x}{2(l_1+l_2)}}{4(l_1+l_2)^2}p\right]^2\mathrm{d}x+\int_{l_2}^{l_1+l_2}m_2'g\left[1-\cos\frac{\pi x}{2(l_1+l_2)}\right]p\mathrm{d}x\\&+\frac{E_2I_2}{2}\int_0^{l_2}\left[\frac{\pi^2\cos\dfrac{\pi x}{2(l_1+l_2)}}{4(l_1+l_2)^2}p\right]^2\mathrm{d}x+\frac{E_2^2I_2^2k}{2GA}\int_0^{l_2}\left[-\frac{\pi^3\sin\dfrac{\pi x}{2(l_1+l_2)}}{8(l_1+l_2)^3}p\right]^2\mathrm{d}x\\&+\int_0^{l_2}m_3'g\left[1-\cos\frac{\pi x}{2(l_1+l_2)}\right]p\mathrm{d}x\end{aligned} \tag{8-47}$$

悬臂组合机构的总动能表达式为

$$T_{组}=\int_{l_2}^{l_1+l_2}\frac{1}{2}m_2'\left[1-\cos\frac{\pi x}{2(l_1+l_2)}\right]^2\dot{p}^2\mathrm{d}x+\int_0^{l_2}\frac{1}{2}m_3'\left[1-\cos\frac{\pi x}{2(l_1+l_2)}\right]^2\dot{p}^2\mathrm{d}x \tag{8-48}$$

悬臂组合机构耗散函数 D 为

$$\begin{aligned}D=&\frac{1}{2}\int_{l_2}^{l_1+l_2}\left\{2m_2'\omega_3\xi'\left[1-\cos\frac{\pi x}{2(l_1+l_2)}\right]^2\dot{p}^2\right\}\mathrm{d}x\\&+\frac{1}{2}\int_0^{l_2}\left\{2m_3'\omega_3\xi'\left[1-\cos\frac{\pi x}{2(l_1+l_2)}\right]^2\dot{p}^2\right\}\mathrm{d}x\end{aligned} \tag{8-49}$$

式中，ω_3 为悬臂组合机构自振角频率；ξ' 为悬臂组合机构阻尼比。

经分析推导得到融冰体系悬臂组合机构的总势能表达式[式(8-47)]、总动能表达式[式(8-48)]和耗散函数表达[式(8-49)]，将上述各式代入第二类拉格朗日方程[式(8-13)]中，即可得到融冰体系悬臂组合机构脱冰振动位移数学模型，将其简化整理为

$$c_1\ddot{p}+c_2\dot{p}+c_3p+c_4=0 \tag{8-50}$$

式(8-50)为二阶微分方程，各项系数具体表达式和参数可积分获得，式中包含悬臂组合机构覆冰厚度、脱冰率、阻尼比以及各部分的长度、材料属性等参数，以上参数的改变将会导致悬臂组合机构脱冰振动位移情况发生变化，可利用 MATLAB 软件编程求解数学模型，在确定模拟时间和步长并代入不同覆冰厚度、脱冰率、材料属性等工况条件后，可得到悬臂组合机构脱冰振动时位移随时间的变化情况。

8.4.2　建立悬臂组合机构脱冰振动应力数学模型

在对悬臂组合机构脱冰振动位移情况分析的基础上，可建立其脱冰振动时的应力数学模型。材料力学中梁的平面弯曲正应力计算式为

$$\sigma=Er\frac{\partial^2 v}{\partial x^2} \tag{8-51}$$

式中，r 为悬臂组合机构计算点与中性轴的距离。

将式(8-34)、式(8-35)代入式(8-51)中，可进一步得到悬臂组合机构脱冰振动过程中应力数学模型的表达式：

$$\sigma_1=\frac{Er\pi^2 p\cos\dfrac{\pi x}{2(l_1+l_2)}}{4(l_1+l_2)^2} \tag{8-52}$$

将利用悬臂组合机构脱冰振动位移数学模型所得到的端点广义位移和所求应力点的水平坐标代入式(8-52)中，即可进一步求得悬臂组合机构在脱冰振动时的应力时程曲线。

第 9 章 融冰体系脱冰振动数学模型求解及比较

9.1 融冰体系脱冰振动数学模型计算求解

综合考虑求解精度和计算烦琐程度，在 MATLAB 软件中编写改进欧拉法求解融冰体系脱冰振动数学模型程序，给定工况参数及初始条件，计算得出融冰体系脱冰振动时各点随时间变化的广义位移，从而实现对融冰体系脱冰振动数学模型的求解。将模型求解得出的广义位移代入 8.3 节及 8.4 节中实际位移、应力表达式，进一步得到融冰体系短接导线和悬臂组合机构脱冰振动时的实际位移、应力时程曲线。

9.1.1 改进欧拉法求解融冰体系脱冰振动数学模型

本节对融冰体系短接导线和悬臂组合机构脱冰振动数学模型进行分析，数学模型是由脱冰工况因素(以脱冰率、覆冰厚度表征)、挂点高差及距离、材料属性等因素组成的二阶微分方程，尤其是短接导线各自由度广义位移之间还具有非线性耦合效应，因解耦过程中部分分母为零，故不能通过解析法对其直接求解得到具体结果。为在保证求解精度满足要求的前提下尽可能地简化求解步骤，利用改进欧拉法对融冰体系脱冰振动位移数学模型进行求解。

在利用改进欧拉法对融冰体系脱冰振动位移数学模型求解前，需先将其进行降阶处理，降阶为一阶微分方程组，得到式(8-31)、式(8-50)降阶后的方程组为

$$\begin{cases} x_1 = \dot{q}_1, \quad x_2 = q_1, \quad x_3 = \dot{q}_2, \quad x_4 = q_2, \quad x_5 = \dot{p}, \quad x_6 = p \\ \dot{x}_1 = -\left(\dfrac{a_2 x_1 + a_3 x_2 + a_4 x_2^2 + a_5 x_2^3 + a_6 x_2 x_4^2 + a_7 x_4^2 + a_8}{a_1}\right) \\ \dot{x}_3 = -\left(\dfrac{b_2 x_3 + b_3 x_4 + b_4 x_4^3 + b_5 x_2 x_4 + b_6 x_2^2 x_4}{b_1}\right) \\ \dot{x}_5 = -\left(\dfrac{c_2 {x_5}^2 + c_3 x_6 + c_4}{c_1}\right) \end{cases} \tag{9-1}$$

随后采用改进欧拉法对其进行求解，对区间 $[a,b]$ 进行 N 等分，设定步长 $h=(b-a)/N$，则积分形式为

$$\begin{cases} y(x+h) = y(x) + \int_{x}^{x+h} f\big(t, y(t)\big)\mathrm{d}t \\ y(x) = y_0 \end{cases} \tag{9-2}$$

式中，y_0为初值。

为提高精度，采取梯形公式来计算式(9-2)右端的积分，则有

$$y(x+h) = y(x) + \frac{h}{2}\Big[f\big(x, y(x)\big) + f\big(x+h, y(x+h)\big)\Big] + R(f) \tag{9-3}$$

式中，$R(f)$为差值余项。

在式(9-3)右端取$x = x_n$及$y(x_n) = y_n$，舍去余项，则得

$$y_{n+1} = y_n + \frac{h}{2}\big[f(x_n, y_n) + f(x_{n+1}, y_{n+1})\big], \qquad n = 0,1,\cdots,N-1 \tag{9-4}$$

经过反复计算和趋近，将y_{n+1}作为$y(x_{n+1})$的近似值。计算流程图如图9-1所示。

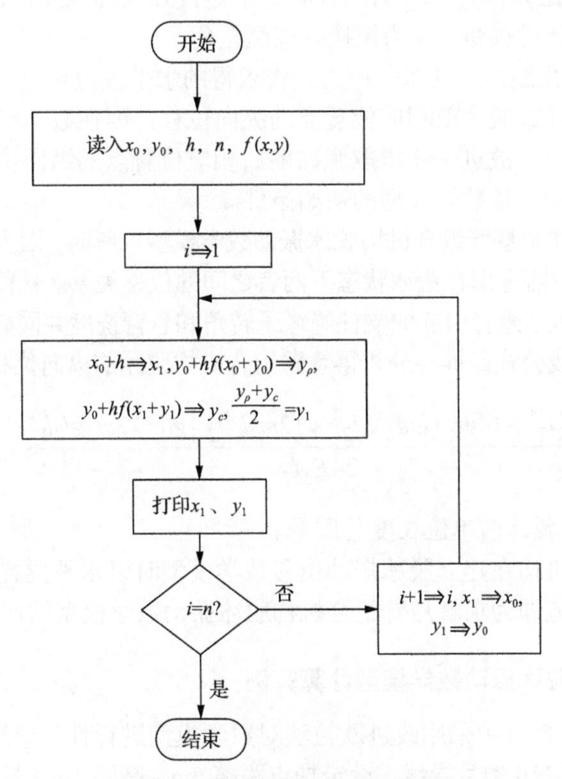

图9-1　改进欧拉法计算流程图

在对不同工况进行求解时，利用MATLAB软件将数学模型和算法进行编程，代入脱冰率、覆冰厚度、挂点高差、材料属性等工况条件并给定初始条件，即可

得到结构脱冰振动时各点随时间变化的广义位移。

9.1.2　融冰体系脱冰振动数学模型求解初始条件分析

融冰体系脱冰振动数学模型建立时所取的变形能、重力势能等均以无冰状态为基准，因此在进行脱冰振动分析时，可将其等效为融冰体系各部分结构在覆冰下产生了一定的初位移，脱冰时在此基础上结构做自由振动且此时结构的初速度为零。故在进行计算求解时，首先要确定短接导线和悬臂组合机构在脱冰前的位置情况，以此作为求解的初始条件。

在进行融冰体系短接导线脱冰振动数学模型求解时，可由状态方程：

$$\sigma_{0n}-\frac{E\gamma_n^2 l^2\cos^3\phi}{24\sigma_{0n}^2}=\sigma_{0m}-\frac{E\gamma_m^2 l^2\cos^3\phi}{24\sigma_{0m}^2}-\alpha E\cos\phi(T_n-T_m) \tag{9-5}$$

式中，σ_{0n}、σ_{0m}为两种状态下短接导线的水平应力；l为档距；γ_n、γ_m为两种状态下短接导线的比载；T_n、T_m为两种状态下短接导线的温度；α、E为短接导线温度膨胀系数和弹性模量；ϕ为短接导线高差角。

由式(9-5)求出脱冰前的水平应力，将求得的水平应力转化为张力代入悬链线方程，即为短接导线脱冰前相应位置点的纵向位移。因在数学模型建立时以脱冰后位置为零势能点，故进一步求取脱冰前后相应位置点的纵向位移差，即为求解短接导线脱冰振动位移数学模型的初始条件。

在进行融冰体系悬臂组合机构脱冰振动数学模型求解时，因支柱绝缘子与悬臂之间视为刚接，故需考虑在覆冰状态下两者之间的位移关系。悬臂组合机构的位移由支柱绝缘子挠度、悬臂引起的支柱绝缘子转角和悬臂挠度共同叠加组成，由材料力学悬臂梁挠曲线公式经推导分析得悬臂组合机构脱冰前纵向位移表达式为

$$y=\frac{\left[3m_2' l_2^3+(4m_2'+8m_2)l_1 l_2^2+12m_2 l_1^2 l_2\right]gl_1+12m_2 g l_2 l_1^3}{24E_2I_2}+\frac{m_2 g l_1^4}{8E_1I_1} \tag{9-6}$$

式中，m_2'为悬臂脱冰前单位长度总质量。

因悬臂组合机构在建立脱冰振动位移数学模型时以水平位置为势能零点，故脱冰前纵向位移值即为求解悬臂组合机构脱冰振动数学模型的初始条件。

9.1.3　融冰体系脱冰振动数学模型计算算例

在 MATLAB 软件中采用改进欧拉法对数学模型进行计算求解。短接导线材料属性参数参考 JL-210 型号导线，设定挂点距离 5m、高差 1m；悬臂组合机构中支柱绝缘子长为 0.3m，悬臂为外径 60mm、内径 30mm、长 4m 的铝制长管。分别得到融冰体系在 10mm、20mm、30mm 和 40mm 覆冰厚度下完全脱冰时短接导线中点竖向位移和水平应力时程曲线，如图 9-2 所示，悬臂端部竖向位移和根部上

表面正应力时程曲线如图 9-3 所示。

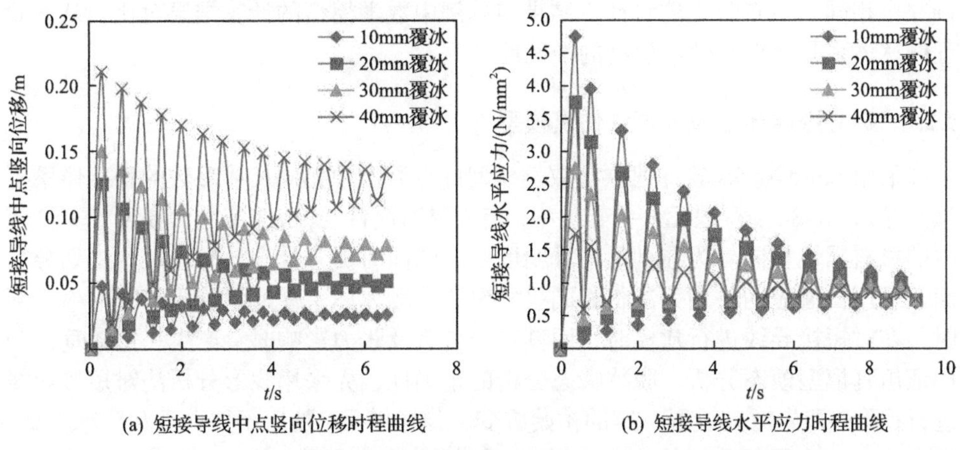

(a) 短接导线中点竖向位移时程曲线　　(b) 短接导线水平应力时程曲线

图 9-2　不同覆冰厚度下短接导线脱冰振动时程曲线(数学模型计算)

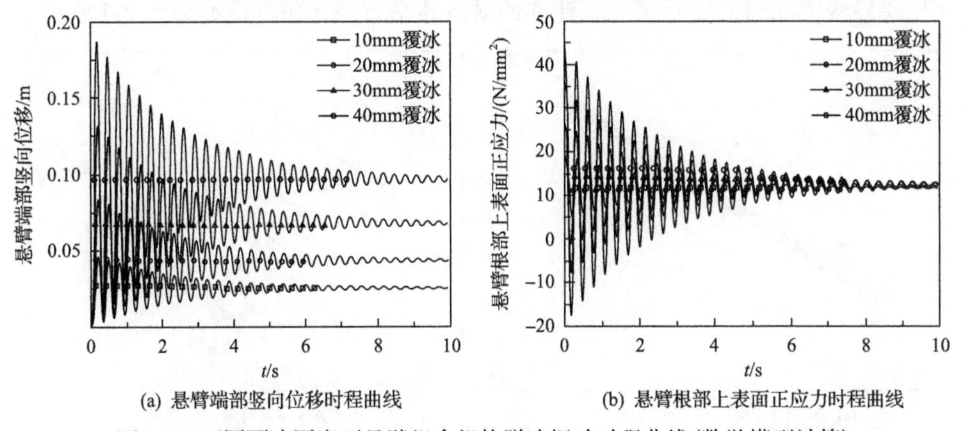

(a) 悬臂端部竖向位移时程曲线　　(b) 悬臂根部上表面正应力时程曲线

图 9-3　不同覆冰厚度下悬臂组合机构脱冰振动时程曲线(数学模型计算)

根据数学模型计算结果，融冰体系在 10mm、20mm、30mm 和 40mm 覆冰厚度下完全脱冰时，短接导线中点竖向位移最大值分别为 0.041m、0.129m、0.152m 和 0.215m，水平应力最大变化幅值为 4.517N/mm^2、3.294N/mm^2、2.049N/mm^2 和 0.876N/mm^2；悬臂端部竖向位移最大值分别为 0.047m、0.084m、0.132m 和 0.188m，悬臂根部上表面正应力最大变化幅值分别为 14.852N/mm^2、27.685N/mm^2、43.399N/mm^2 和 61.915N/mm^2。

9.2　融冰体系脱冰振动数学模型比较分析

为验证数学模型的准确性，利用 SolidWorks 软件建立融冰体系仿真模型并导入 ANSYS 有限元软件中进行计算，仿真模型的边界条件、结构尺寸、属性参数和计算时施加的工况条件均与不同覆冰厚度下融冰体系脱冰振动数学模型计算算例完全相同，将有限元仿真计算结果与算例中数学模型的计算结果对比，从而验证融冰体系脱冰振动数学模型的准确性。

9.2.1　建立融冰体系脱冰振动仿真模型

采用 SolidWorks 软件建立与数学模型计算算例中相同尺寸参数的融冰体系模型并导入 ANSYS 有限元分析软件中，定义材料属性与 9.1.3 节数学模型计算算例中的材料属性相同。为在满足计算精度要求的同时提升计算效率，在网格划分方面，采用自适应网格划分法将相同尺寸参数的融冰体系模型划分为若干网格。同时，在对短接导线进行建模时，因其在受自重及张力影响时会产生一定弧垂，为保证仿真模型模态分析、脱冰瞬态分析的正确性，先采用找形分析法对短接导线进行找形，即先对其设置一定的初始应变和弹性模量，随后添加自重和覆冰荷载，经 ANSYS 有限元分析软件迭代调整，使其满足导线覆冰后的初始状态，从而真实反映导线覆冰时的实际情况。建立的融冰体系有限元仿真模型如图 9-4 所示。

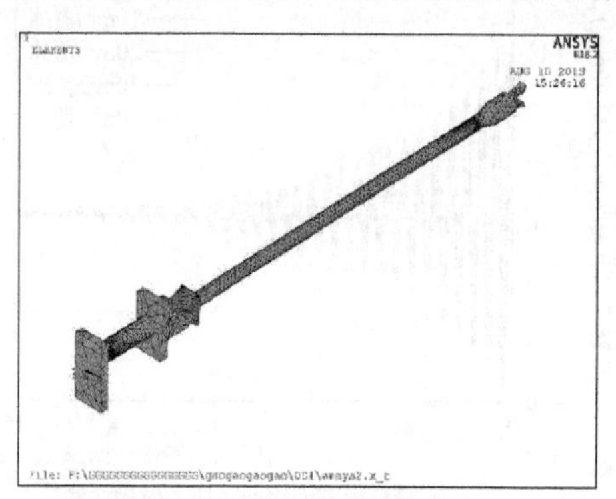

(a) 悬臂组合机构有限元仿真模型

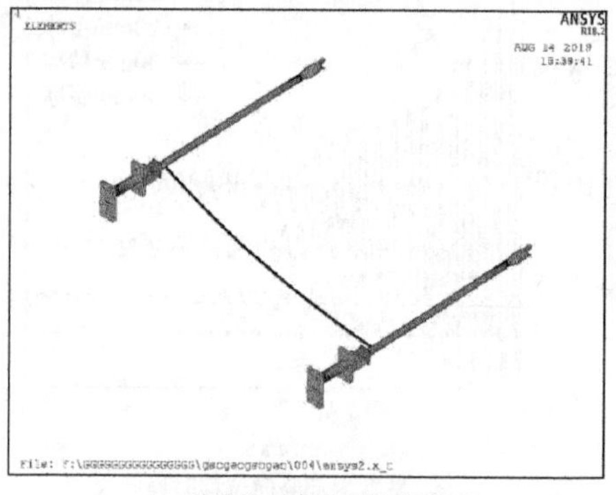

(b) 融冰体系有限元仿真模型

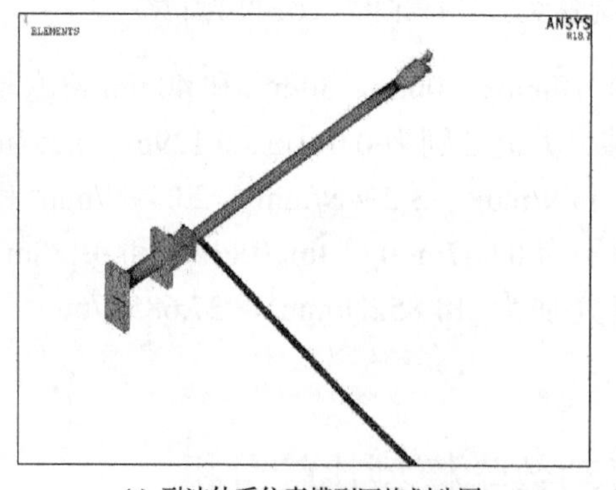

(c) 融冰体系仿真模型网格划分图

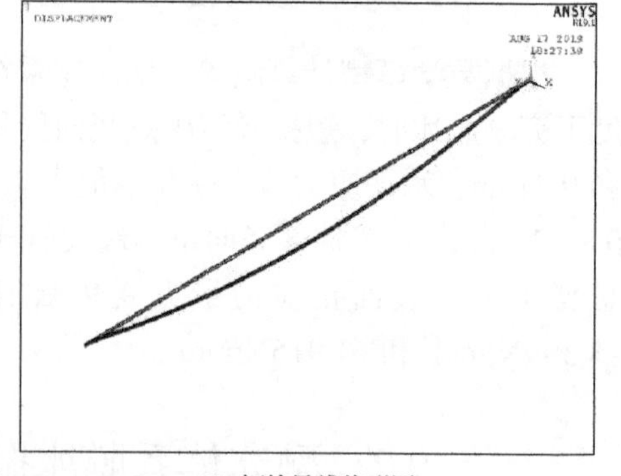

(d) 短接导线找形图

图 9-4　融冰体系有限元仿真模型

为保证短接导线找形的准确性，给定相同的基本参数，分别利用 9.1.2 节数学模型初始条件计算中的弧垂计算方法和 ANSYS 有限元分析软件找形分析法计算导线弧垂。在 JL-210 型号短接导线档距 5m、挂点高差 1m、挂点张力 160N 时，找形分析法所得弧垂为 10.83cm，理论公式计算弧垂为 11.27cm，相对误差为 3.90%，因此仿真分析找形后导线形态与数学模型求解时的导线形态基本相同。

9.2.2　确定融冰体系脱冰振动仿真计算参数

在仿真计算前需确定融冰体系的阻尼，采用 ANSYS 中的瑞利阻尼模型等效表示融冰体系在脱冰振动时的阻尼作用，表达式为

$$\begin{cases} \alpha = \dfrac{2\times\omega_1\times\omega_2\times\xi}{\omega_1+\omega_2} \\ \beta = \dfrac{2\times\xi}{\omega_1+\omega_2} \\ \zeta = \alpha \boldsymbol{M} + \beta \boldsymbol{K} \end{cases} \tag{9-7}$$

式中，ω_1、ω_2 为融冰体系在 Z 方向上第一、二阶自振角频率；ξ 为融冰体系阻尼比。

利用 ANSYS 有限元仿真软件对融冰体系进行模态分析。在进行分析时充分考虑脱冰工况下融冰体系形态变化对自振频率的影响，故在进行模态分析前开启大变形和应力刚化，预先进行预应力分析。进行仿真分析后，可得到融冰体系第 n 阶自振频率，如表 9-1 所示，前两阶振型图如图 9-5 所示。根据计算所得的自振频率，利用式(9-7)得出融冰体系脱冰振动仿真分析时所需的瑞利阻尼系数。

表 9-1　融冰体系前 8 阶自振频率　（单位：Hz）

振型阶数	自振频率	振型阶数	自振频率
1	2.3357	5	7.5999
2	3.8130	6	10.2945
3	5.8345	7	12.6155
4	7.9342	8	15.6070

为便于仿真计算，采用节点荷载法模拟融冰体系各部分的覆冰情况，覆冰厚度与 9.1.3 节取值相同，通过去除节点荷载以模拟结构脱冰，各节点荷载计算表达式为

$$F = \rho \pi b(D+b)gL/n \tag{9-8}$$

式中，ρ 为覆冰密度；D 为短接导线或悬臂组合机构外径；b 为短接导线或悬臂组合机构覆冰厚度；L 为短接导线或悬臂组合机构长度；n 为划分的节点个数。

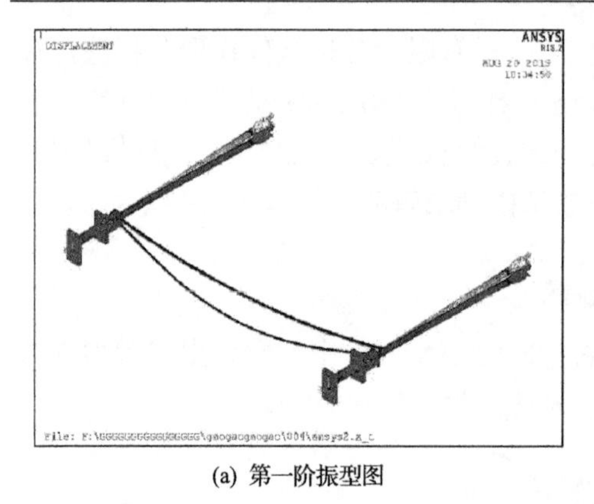

(a) 第一阶振型图

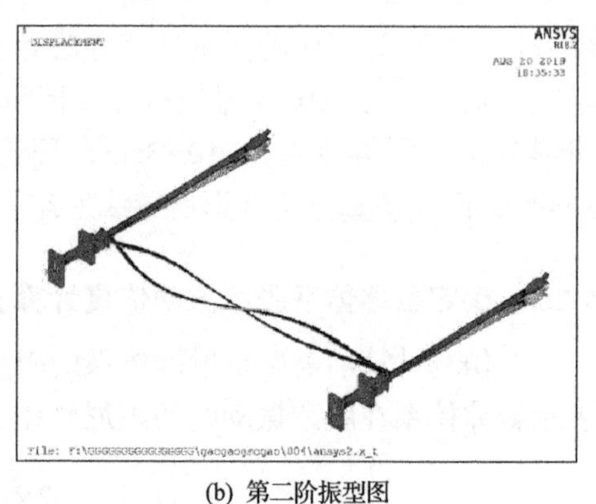

(b) 第二阶振型图

图 9-5　融冰体系前两阶振型图

9.2.3　融冰体系脱冰振动仿真分析

将模态分析求解得到的瑞利阻尼系数及模拟脱冰的节点荷载力添加到ANSYS 软件模型中，打开瞬态响应开关进行瞬态响应求解，获取覆冰脱落后的结构瞬态响应。求解结束后，提取融冰体系任意节点时程数据并绘制相应的位移时程曲线，仿真分析流程如图 9-6 所示。

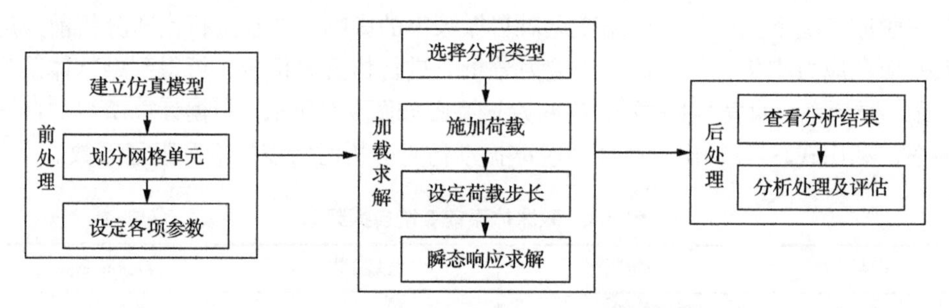

图 9-6　融冰体系脱冰振动仿真分析流程图

在 ANSYS 仿真软件中对仿真模型进行求解，各属性参数及脱冰工况均与 9.1.3 节中数学模型求解时所设定的参数条件完全相同，分别求取融冰体系在 10mm、20mm、30mm 和 40mm 覆冰厚度下完全脱冰时短接导线中点竖向位移和水平应力时程曲线(图 9-7)以及悬臂端部竖向位移和根部上表面正应力时程曲线(图 9-8)。

提取与数学模型计算算例同工况条件下的融冰体系脱冰振动有限元仿真分析结果，在 10mm、20mm、30mm 和 40mm 四种覆冰厚度下完全脱冰时，短接导线中点竖向位移分别为 0.039m、0.082m、0.138m、0.203m，水平应力最大变化幅值分别为 0.844N/mm^2、2.002N/mm^2、3.189N/mm^2 和 4.341N/mm^2；悬臂端部竖向位移最大值分别为 0.046m、0.079m、0.125m 和 0.178m，悬臂根部上表面正应力最大变化幅值分别为 14.346N/mm^2、26.458N/mm^2、41.394N/mm^2 和 59.306N/mm^2。

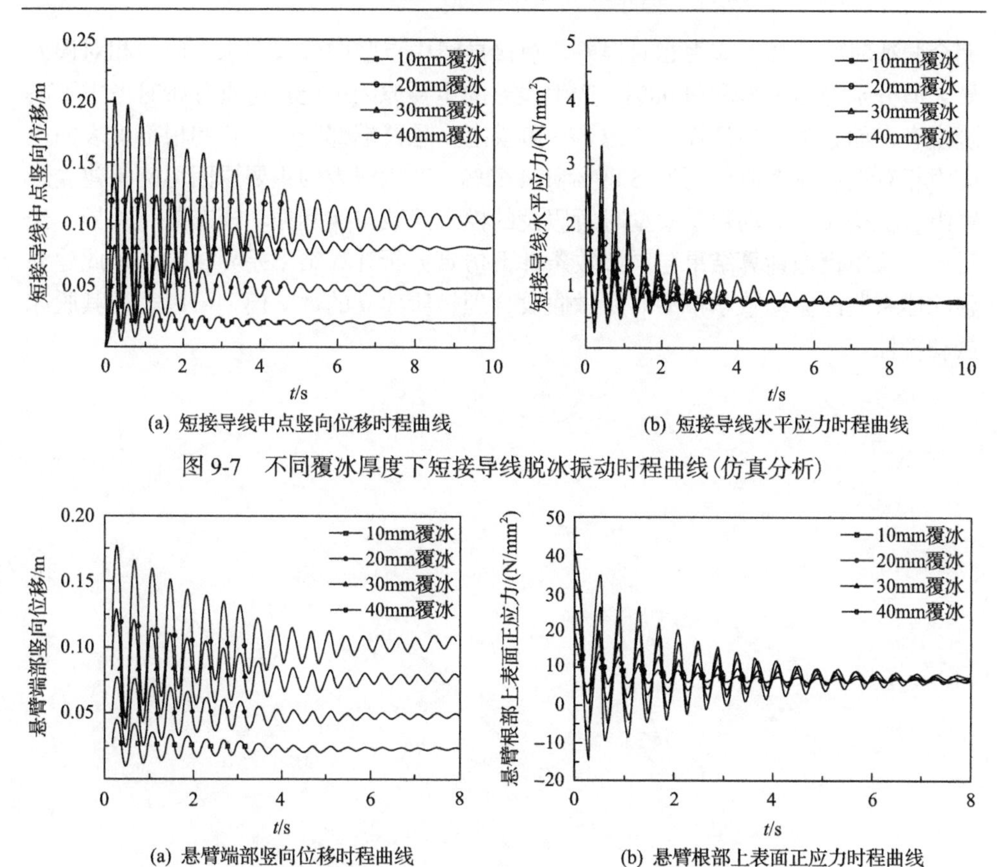

(a) 短接导线中点竖向位移时程曲线　(b) 短接导线水平应力时程曲线

图 9-7　不同覆冰厚度下短接导线脱冰振动时程曲线(仿真分析)

(a) 悬臂端部竖向位移时程曲线　(b) 悬臂根部上表面正应力时程曲线

图 9-8　不同覆冰厚度下悬臂组合机构脱冰振动时程曲线(仿真分析)

9.2.4　融冰体系脱冰振动数学模型计算与仿真分析结果对比

将利用 MATLAB 软件编程求解数学模型的计算算例结果与相同脱冰工况及参数条件的 ANSYS 有限元分析得到的结果进行比对，得到各覆冰厚度下数学模型计算的融冰体系脱冰振动位移、应力相对误差，如表 9-2 所示。

表 9-2　融冰体系脱冰振动数学模型计算的相对误差

覆冰厚度/mm	短接导线中点竖向位移相对误差/%	短接导线水平应力相对误差/%	悬臂端部竖向位移相对误差/%	悬臂根部上表面正应力相对误差/%
10	3.83	3.76	3.53	3.41
20	4.82	2.48	5.89	4.43
30	3.49	3.41	5.13	4.62
40	5.81	4.08	5.24	4.21

统计分析利用数学模型计算与有限元法分析所得到的各覆冰厚度下融冰体系

完全脱冰时的位移、应力相对误差，短接导线中点竖向位移和水平应力相对误差最大值分别为 5.81%和 4.08%，产生误差的主要原因可能是仿真分析时考虑了高阶模态，而数学模型计算仅考虑了一阶模态；悬臂端部竖向位移和根部上表面正应力相对误差最大值分别为 5.89%和 4.62%，产生误差的主要原因可能是建立悬臂组合机构脱冰振动数学模型时所假设的模态函数与实际振动模态略有差异。经对比，数学模型计算结果与同参数条件下仿真分析计算结果差异较小，因此建立融冰体系脱冰振动数学模型时所做假设合理，所建立的数学模型可以表征其脱冰振动特性。

第二篇　输电导线覆冰增长、脱冰振动特性仿真

第10章　多冰棱覆冰导线气动力特性仿真

10.1　建立多冰棱覆冰输电导线仿真模型

为得到多冰棱覆冰输电导线仿真模型，对覆冰导线冰棱纵向增长速率和径向增长速率进行分析，假定在一定时间和降雨量充足的前提下得到冰棱纵向和径向增长量。利用 ANSYS Fluent ICEM 模块将该增长量构建成三维仿真模型，并对三维冰棱覆冰导线模型进行网格划分及边界条件设定。

10.1.1　建立覆冰导线仿真模型

冰棱纵向和径向增长速率可由式(10-1)和式(10-2)表示：

$$\begin{aligned}&\left[h_{\mathrm{t}}+4\varepsilon\sigma_{\mathrm{R}}(T_{\mathrm{a}}+273.15)^{3}\right](T_{\mathrm{s}}-T_{\mathrm{a}})+\chi\left[e(T_{\mathrm{s}})-e(T_{\mathrm{a}})\right]\\&=\frac{28M_{2}c_{\mathrm{w}}}{d_{\mathrm{w}}^{2}}\left[\left(\frac{\mathrm{d}L}{\mathrm{d}t}\right)^{0.588}-\left(\frac{\mathrm{d}D}{\mathrm{d}t}\right)^{0.588}\right]+\frac{2\rho_{\mathrm{i}}\sigma(d_{\mathrm{w}}-\sigma)}{d_{\mathrm{w}}^{2}}\frac{\mathrm{d}L}{\mathrm{d}t}\end{aligned}\tag{10-1}$$

$$\frac{\mathrm{d}D}{\mathrm{d}t}=\frac{\left[h_{\mathrm{w}}+4\varepsilon\sigma_{\mathrm{R}}(T_{\mathrm{a}}+273.15)^{3}+\alpha_{1}\alpha_{2}vwc_{\mathrm{w}}/\pi\right](T_{\mathrm{s}}-T_{\mathrm{a}})+\chi\left[e(T_{\mathrm{s}})-e(T_{\mathrm{a}})\right]}{\frac{1}{2}L_{\mathrm{f}}\rho_{\mathrm{a}}(1-\lambda)}\tag{10-2}$$

由式(10-1)和式(10-2)可知，在一定时间内、降雨量相对充足的条件下，冰棱的纵向增长速度是快于径向增长速度的，通过分析可得到一定时间内冰棱纵向和径向的增长量。由于降雨量充足，相同时间内每个冰棱的增长量是相同的。最后得到的三维多冰棱覆冰导线模型直径为 50mm，导线长 125mm，相邻冰棱间距为 25mm，冰棱长为 60mm，图 10-1 为三维多冰棱覆冰导线模型尺寸。

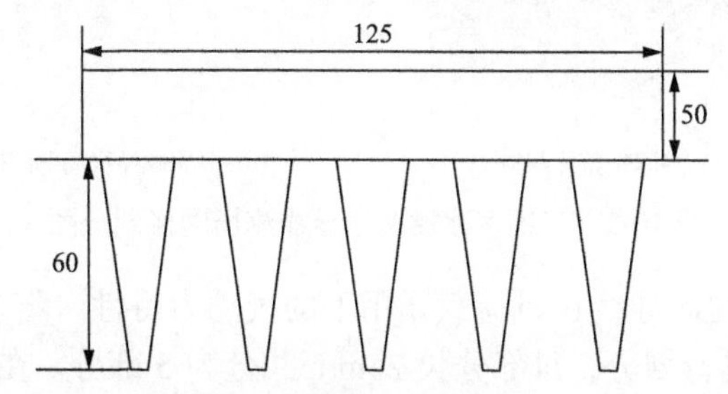

图 10-1　三维多冰棱覆冰导线模型尺寸(单位：mm)

在构建三维多冰棱覆冰导线几何计算模型时，设定计算流域长为 4m、高为 4m、宽为 0.125m。冰棱覆冰导线中心点位于三维流域中心，其坐标为(2,2,0)，距离左侧边界 2m，距离右侧边界 2m，距离上下流场壁面均为 2m。将 x 轴正方向设置为水平风速来流方向，将 x 轴正方向逆时针旋转 90°即为 y 轴正方向，z 轴为导线长度方向，即导线展向方向，图 10-2 为三维冰棱计算流域正视尺寸和坐标。

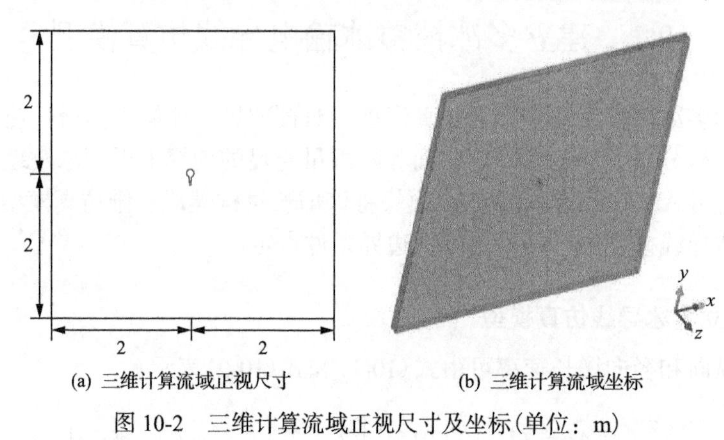

(a) 三维计算流域正视尺寸　(b) 三维计算流域坐标

图 10-2　三维计算流域正视尺寸及坐标(单位：m)

10.1.2　网格划分及边界条件设定

对 10.1.1 节中的模型进行结构化网格划分，计算流域网格总数为 1526846 个。对多冰棱覆冰导线进行外 O 形网格划分，为保证模拟精确度对边界层网格进行局部加密，边界层相邻网格距离不大于 1mm，图 10-3 为三维多冰棱覆冰导线流场网格划分图。

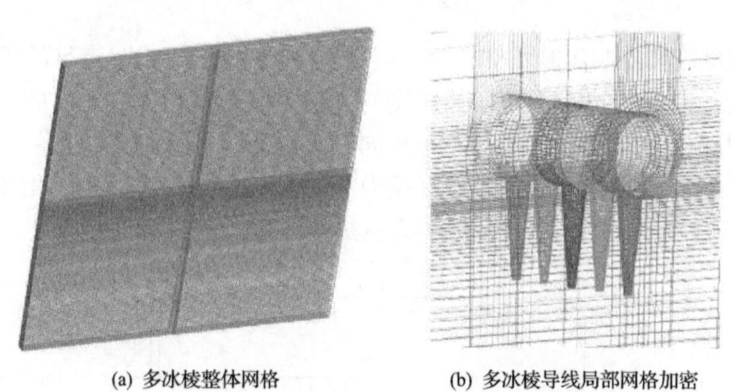

(a) 多冰棱整体网格　(b) 多冰棱导线局部网格加密

图 10-3　三维多冰棱覆冰导线流场网格划分图

为研究多冰棱覆冰导线在风荷载作用下的气动力特性，将多冰棱覆冰导线沿 z 轴正方向等长度进行划分，每部分长 25mm 共分为 5 部分。在 ANSYS Fluent 中选取中间节段监视其气动力参数，图 10-4 为三维多冰棱覆冰导线节段划分图。

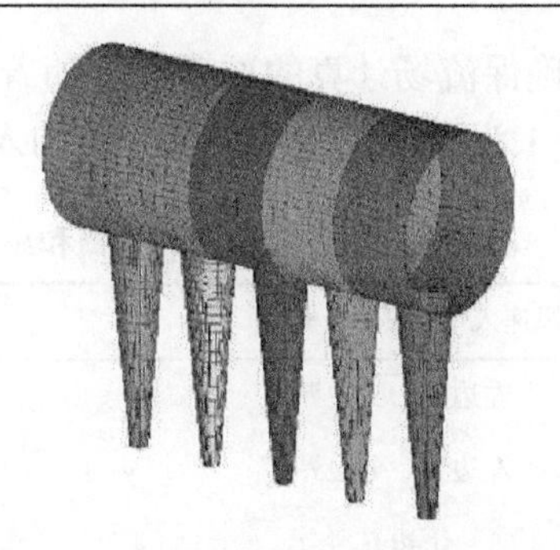

图 10-4　三维多冰棱覆冰导线节段划分

为充分研究多冰棱覆冰导线在风荷载作用下的气动力，在对三维多冰棱覆冰导线模型进行边界条件设置时，考虑实际情况和理论需求选择风攻角的范围是 0°～180°，图 10-5 为计算流域边界条件设置图。

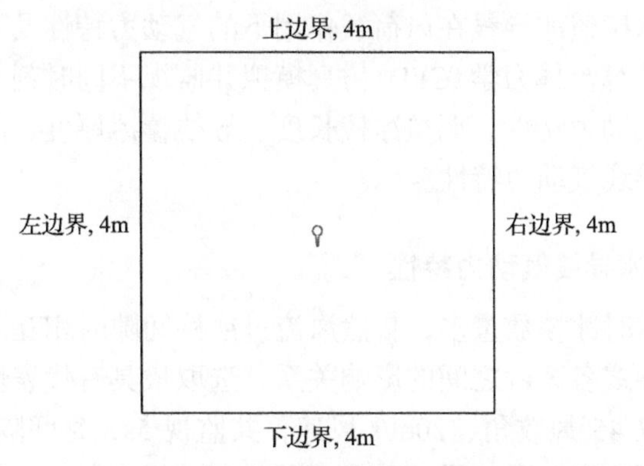

图 10-5　计算流域边界条件图

计算流域风攻角范围为 0°～180°，设定 x 轴方向顺时针旋转 45°处为 0°风攻角，风攻角以逆时针方向每隔 10°进行一次调整，图 10-6 为计算流域风攻角图。

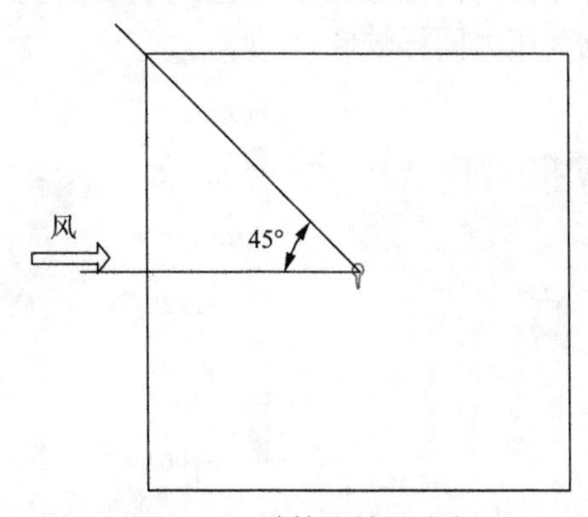

图 10-6　计算流域风攻角

为了合理调整风攻角确保流场计算的准确性，随着风攻角的改变及时调整风速入口和压力出口，表 10-1 为不同风攻角下风荷载的入口和出口设置。

表 10-1 不同风攻角下风荷载的入口和出口设置

风攻角/(°)	风速入口 (velocity-inlet)	压力出口 (pressure-oulet)
$0 \leqslant \alpha \leqslant 45$	左边界、上边界	右边界、下边界
$45 < \alpha < 135$	左边界、下边界	右边界、上边界
α=135	下边界	上边界
$135 < \alpha < 180$	右边界、下边界	左边界、上边界

10.2 不同影响因素下多冰棱覆冰导线气动力特性

为了得到多冰棱覆冰导线在风荷载作用下的气动力特性及不同影响因素下的变化特性，通过计算流体力学(CFD)仿真模拟并监视不同时刻、角度、风速下多冰棱覆冰导线的气动力特性，调整冰棱长度、导线覆冰厚度、冰棱间距等因素来分析多冰棱覆冰导线气动力特性。

10.2.1 多冰棱覆冰导线气动力特性

输电导线覆冰时冰棱数量多，自然风流过冰棱间隙时相互之间存在影响，为研究多冰棱覆冰导线各冰棱之间的影响关系，选取最具有代表性的导线中端处冰棱进行监视。选取 45°风攻角、20m/s 风速，共监视 5s，每间隔 1s 展示覆冰导线压力和中心处截面速度云图，图 10-7 为不同时刻多冰棱覆冰导线表面压力云图。

由图 10-7 可知，多冰棱覆冰导线迎风侧压力分布呈周期性变化，变化周期为 1.25s，最大压力分布随时间变化，其覆盖面积先增大然后减小再增大再减小，周而复始。背风侧压力分布分为两部分：冰棱上压力始终为负值即低压，覆冰导线上由于受冰棱间隙影响其压力同样较低。

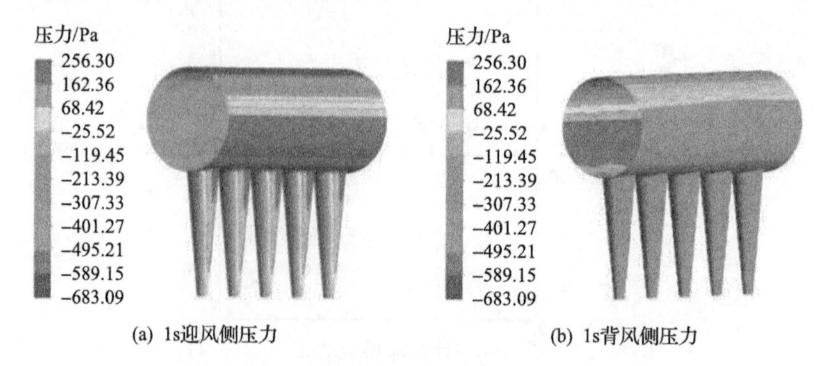

(a) 1s迎风侧压力　　(b) 1s背风侧压力

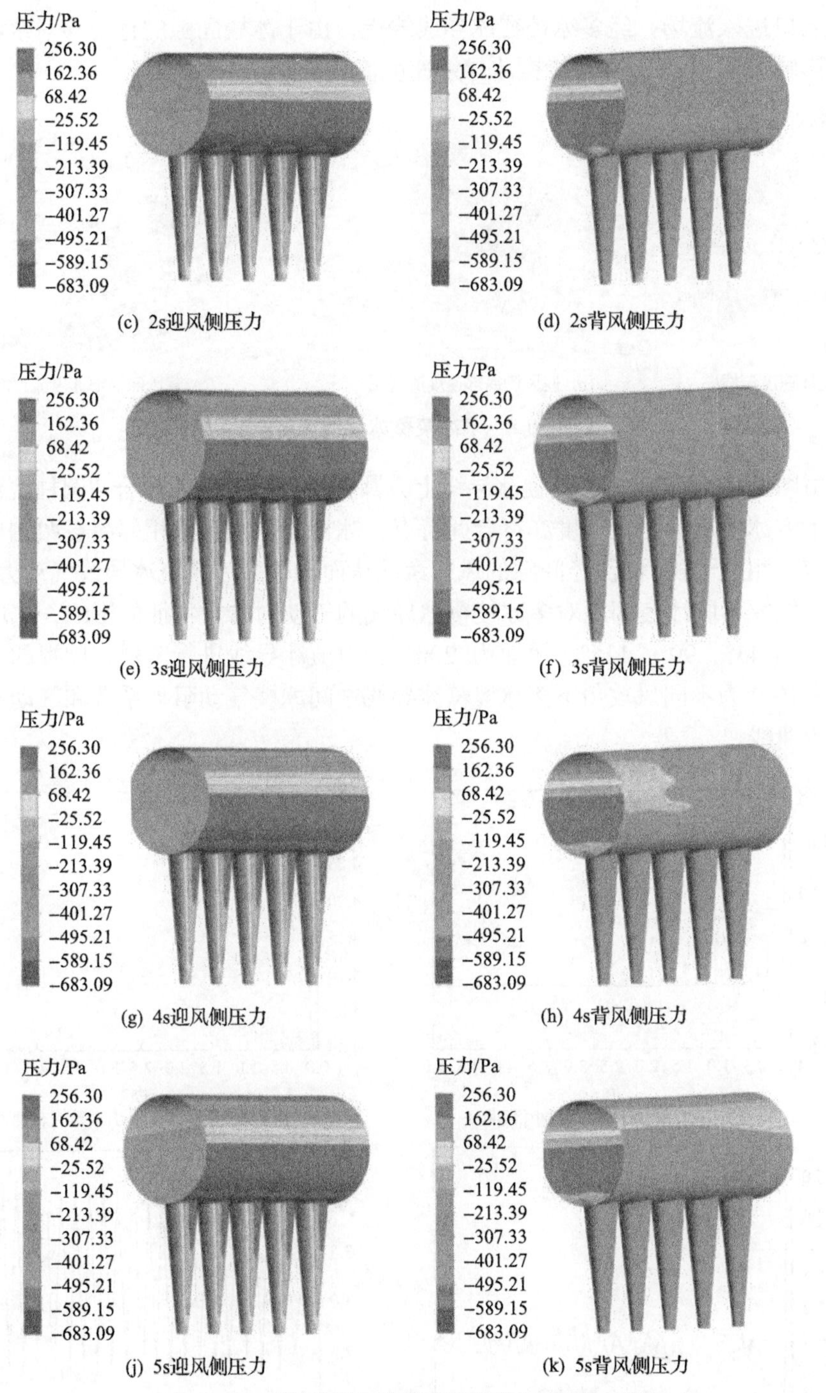

(c) 2s迎风侧压力　(d) 2s背风侧压力

(e) 3s迎风侧压力　(f) 3s背风侧压力

(g) 4s迎风侧压力　(h) 4s背风侧压力

(j) 5s迎风侧压力　(k) 5s背风侧压力

图 10-7　不同时刻多冰棱覆冰导线表面压力云图

与单冰棱覆冰导线相比，多冰棱覆冰导线还会受到冰棱间隙的影响，风场从风速入口进入流场，经多冰棱覆冰导线绕流，由于冰棱间隙的存在会对绕流风场产生影响，图 10-8 为多冰棱覆冰导线速度流线。

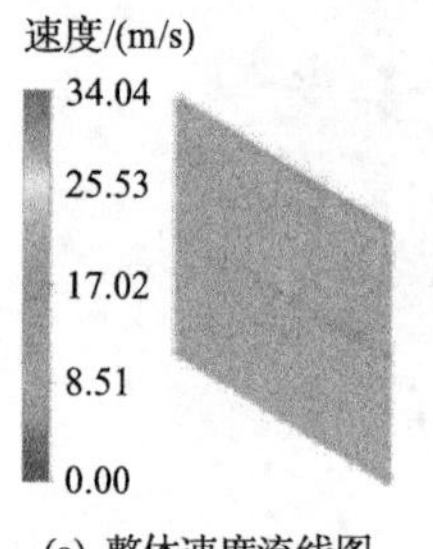

(a) 整体速度流线图

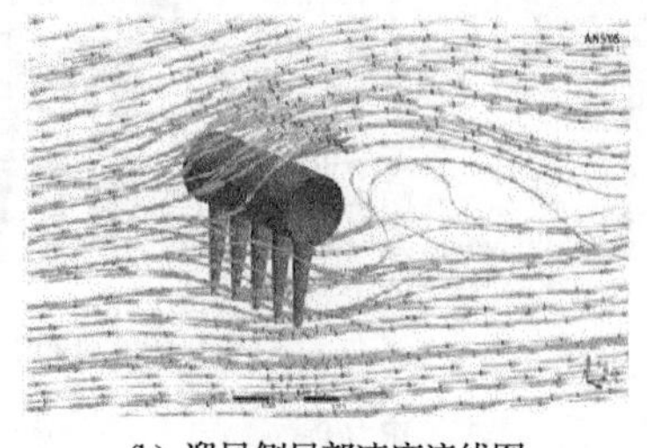

(b) 迎风侧局部速度流线图

(c) 背风侧局部速度流线图

图 10-8　多冰棱覆冰导线速度流线

由图 10-8 可知，多冰棱覆冰导线上方圆柱部分速度依然符合“圆柱绕流”特点，下方冰棱从下至上速度亦符合此特点，冰棱间隙小导致相邻冰棱两侧局部速度加速时相互干扰，使流经间隙的风速紊乱从而影响多冰棱覆冰导线气动力特性。

为探究不同冰棱间距对多冰棱覆冰导线的气动力参数特征的影响，选取风攻角为 0°、45°、90°、135°、风速为 20m/s，对覆冰导线进行监视，监视的时间为 5s，图 10-9 为不同风攻角下多冰棱覆冰导线中间冰棱气动阻力系数和气动升力系数时程曲线。

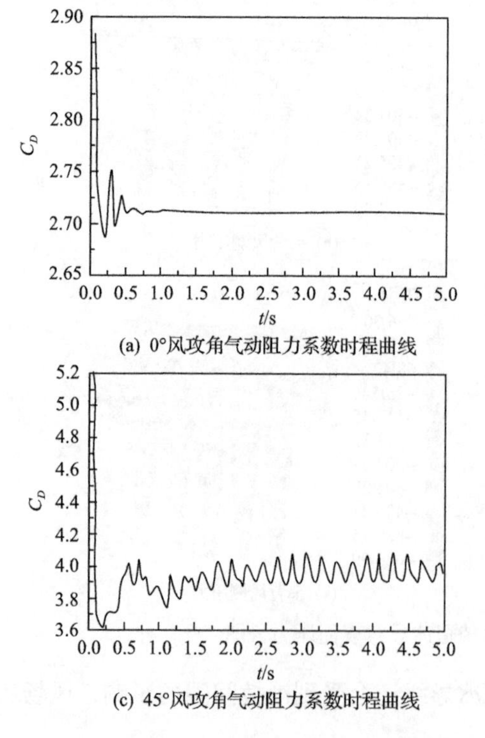

(a) 0°风攻角气动阻力系数时程曲线

(c) 45°风攻角气动阻力系数时程曲线

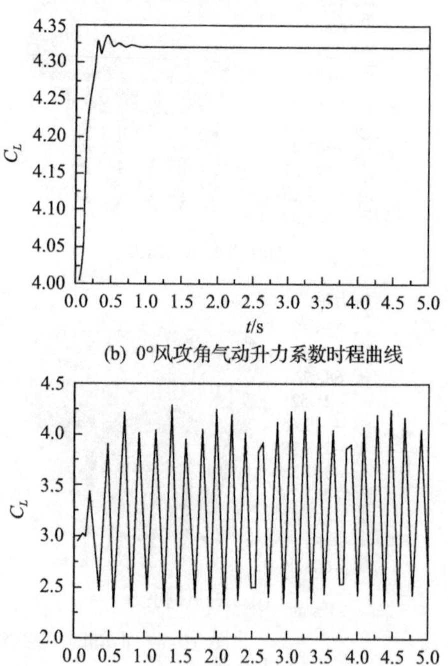

(b) 0°风攻角气动升力系数时程曲线

(d) 45°风攻角气动升力系数时程曲线

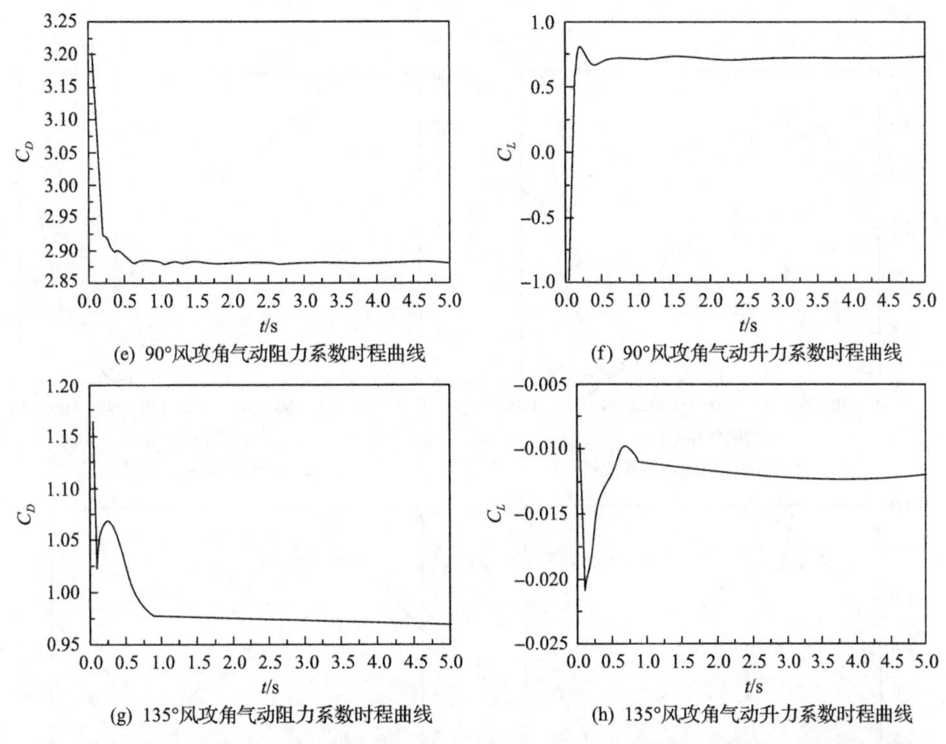

(e) 90°风攻角气动阻力系数时程曲线　(f) 90°风攻角气动升力系数时程曲线

(g) 135°风攻角气动阻力系数时程曲线　(h) 135°风攻角气动升力系数时程曲线

图 10-9　典型风攻角下多冰棱覆冰导线中间冰棱气动阻力系数和气动升力系数时程曲线

由图 10-9 可知，由于冰棱间隙的存在，覆冰导线气动力参数均不同程度受到影响。其平均气动阻力系数依次为 2.71、3.94、2.88、0.97，平均气动升力系数为 4.326、3.2、0.75、−0.0125。

图 10-9 中分析了部分风攻角下多冰棱覆冰导线的气动升力系数和气动阻力系数时程曲线变化特性，对于冰棱间隙对其气动力产生的影响需进一步探索。为得到全风攻角不同风速下的多冰棱覆冰导线气动力参数，取风速分别为 10m/s、15m/s、20m/s、25m/s，图 10-10 为全风攻角不同风速下多冰棱覆冰导线气动阻力系数和气动升力系数。

由图 10-10 可知，风速变化对气动阻力系数影响小，变化幅度小于 0.1，平均气动阻力系数分别在 45°、135°风攻角时取得最大值和最小值。随着风速增大，对应风攻角气动升力系数也增大，整体趋势表现为先减小后增大，并在 90°～180°范围内呈对称趋势。

10.2.2　冰棱长度变化下多冰棱覆冰导线气动力特性

为研究冰棱长度对覆冰导线气动力特性的影响，保持其他特征不变，只改变冰棱长度。同时，多冰棱覆冰导线冰棱长度分别取 60mm、80mm、100mm。监视

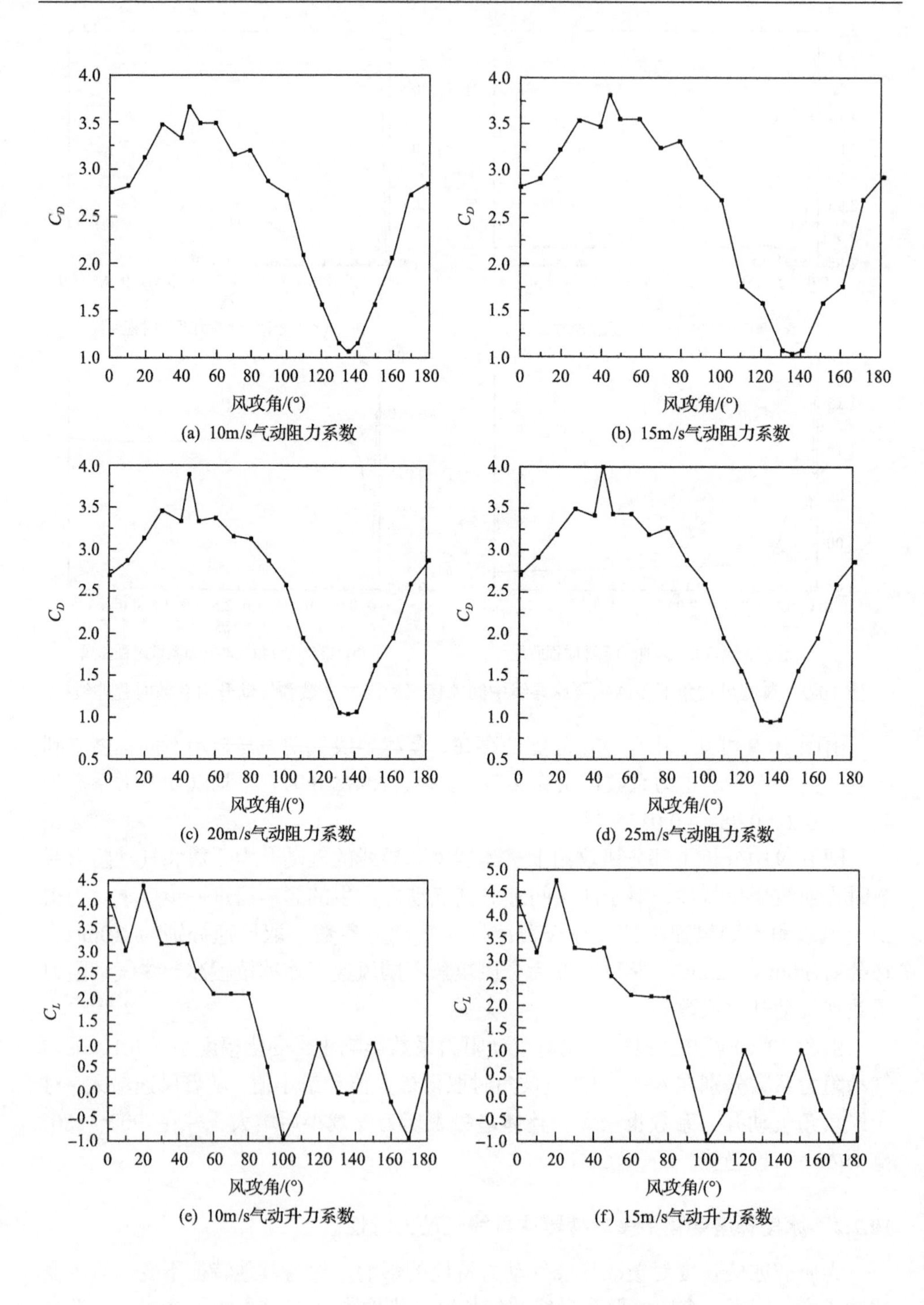

(a) 10m/s气动阻力系数　(b) 15m/s气动阻力系数

(c) 20m/s气动阻力系数　(d) 25m/s气动阻力系数

(e) 10m/s气动升力系数　(f) 15m/s气动升力系数

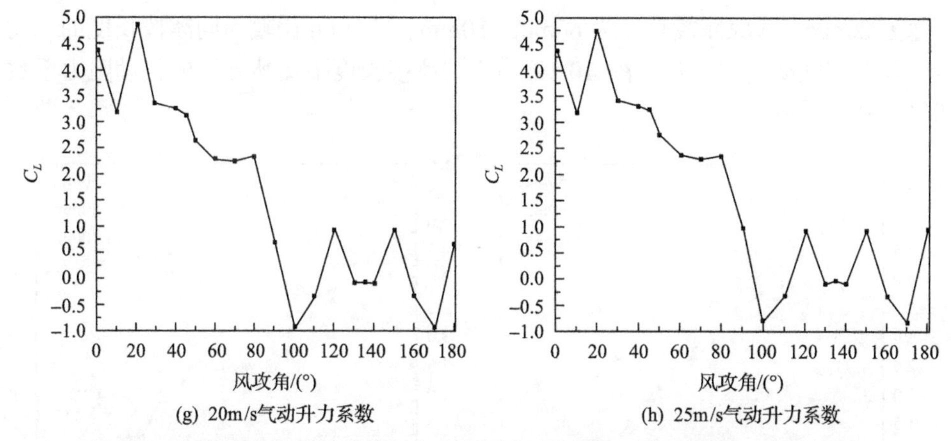

(g) 20m/s气动升力系数　(h) 25m/s气动升力系数

图 10-10　全风攻角不同风速下多冰棱覆冰导线气动阻力系数和气动升力系数

45°风攻角、20m/s 风速时不同冰棱长度迎风侧压力及全风攻角下气动阻力系数和气动升力系数，图 10-11 为不同冰棱长度覆冰导线迎风侧压力分布。

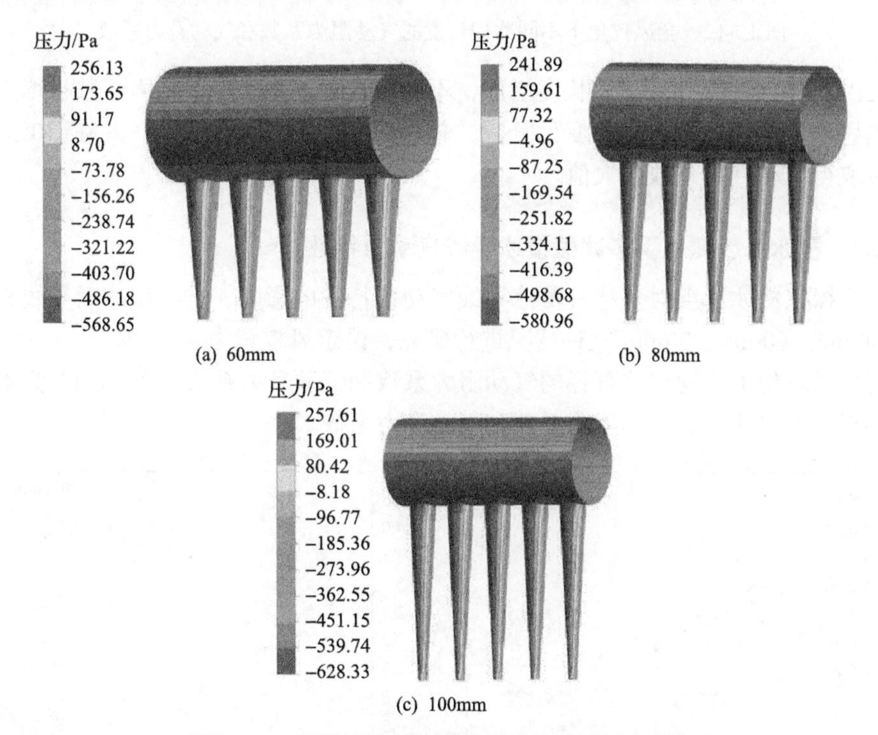

(a) 60mm　(b) 80mm

(c) 100mm

图 10-11　不同冰棱长度覆冰导线迎风侧压力分布

由图 10-11 可知，冰棱长度增加没有改变导线表面高压分布位置，冰棱长度增加使迎风侧最大风压向下逐渐延伸。

为探究冰棱长度变化对多冰棱覆冰导线气动力参数的影响，设定风攻角为 45°、风速为 20m/s，选取冰棱长度为 60mm、80mm、100mm 比较不同冰棱长度的气动阻力系数和气动升力系数，图 10-12 为不同冰棱长度下覆冰导线的气动阻力系数和气动升力系数。

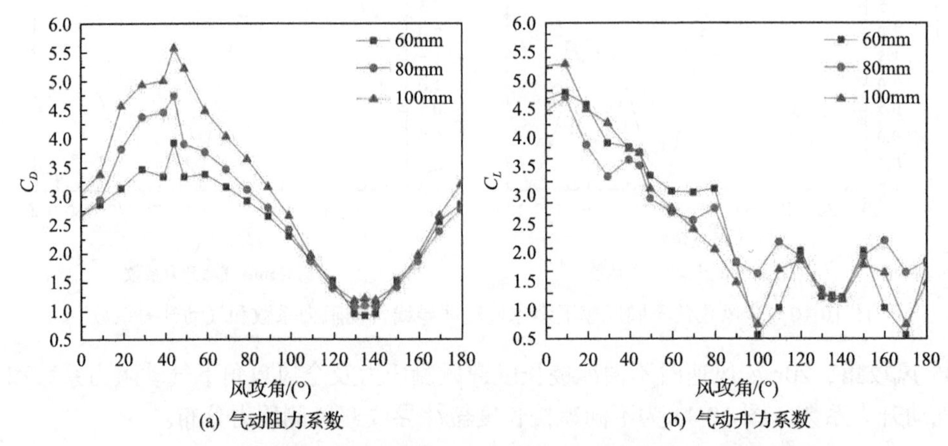

图 10-12　全风攻角下不同冰棱长度的气动阻力系数和气动升力系数

由图 10-12 可知，冰棱长度增加，不同风攻角下平均气动阻力系数也增大；不同风攻角下气动升力系数变化复杂，总体趋势为先减小后增大，并在 10°风攻角时取得气动升力系数最大值。

10.2.3　覆冰厚度变化下多冰棱覆冰导线气动力特性

为探究覆冰厚度对多冰棱覆冰导线气动力特性的影响，选取覆冰后导线直径为 50mm、60mm、70mm 三种情况进行研究，设定风攻角为 45°、风速为 20m/s，分析全风攻角下不同覆冰直径的气动阻力系数和气动升力系数，图 10-13 为不同覆冰直径下覆冰导线气动阻力系数和气动升力系数。

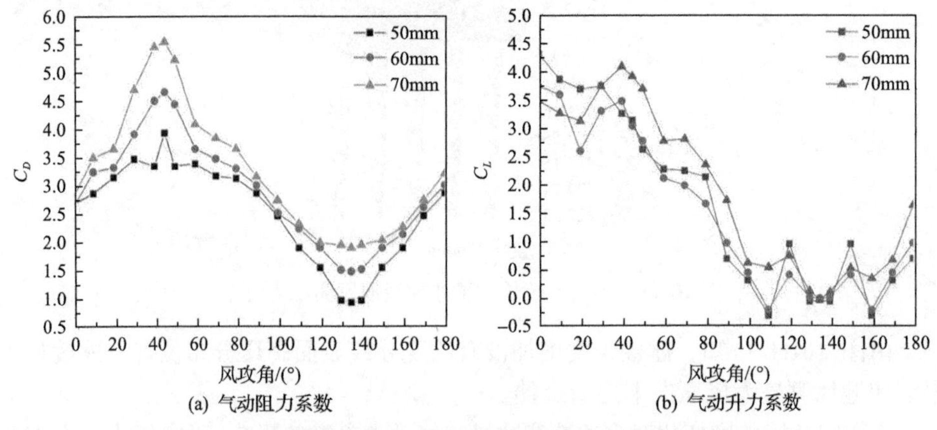

图 10-13　不同覆冰直径下覆冰导线气动阻力系数和气动升力系数

由图 10-13，导线覆冰厚度越大，平均气动阻力系数越大，且在任意风攻角下均满足。不同风攻角下气动升力系数变化复杂，在 0°～20°范围内，覆冰厚度与气动升力系数成反比。

10.2.4　冰棱间距变化下多冰棱覆冰导线气动力特性

冰棱间距是影响覆冰导线气动力参数的重要因素之一，为分析冰棱间距对气动力参数的影响，选取相邻冰棱间距为 25mm、30mm、35mm 三种情况进行研究。设定风攻角为 45°、风速为 20m/s，分析全风攻角不同冰棱间距气动阻力系数和气动升力系数，图 10-14 为不同冰棱间距压力云图。

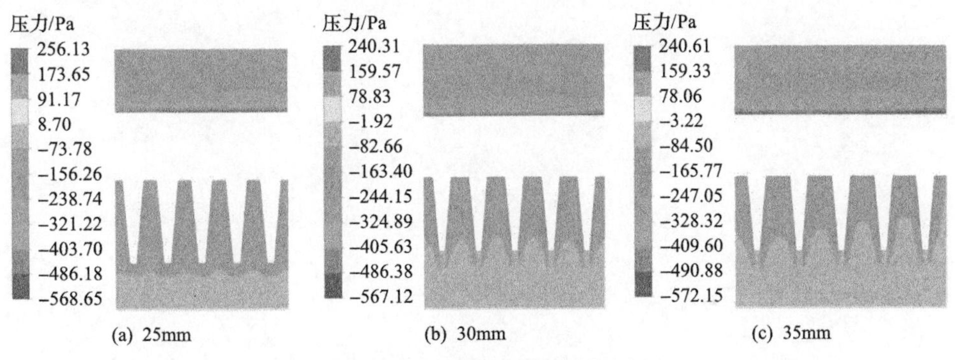

图 10-14　不同冰棱间距压力云图

由图 10-14 可知，冰棱间距较小时，冰棱间距压力分布较为均匀并且都是低压，随着冰棱间距的增大，间距内压力由上及下其值逐渐由负转正。

由图 10-14 可知，冰棱间距不同时冰棱内的压力大小及分布不一样，通过对不同冰棱间距的覆冰导线的气动力参数监视可以看到其具体的影响，图 10-15 为全风攻角下不同冰棱间距的气动阻力系数和气动升力系数。

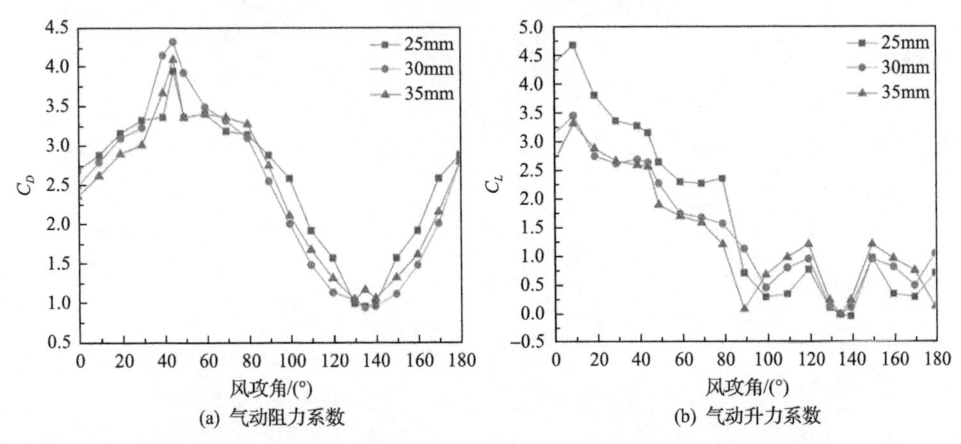

图 10-15　全风攻角下不同冰棱间距的气动阻力系数和气动升力系数

由图 10-15 可知，全风攻角下平均气动阻力系数受冰棱间距的影响分为三部分：在 0°～30°风攻角范围内，气动阻力系数与冰棱间距成反比；在 30°～70°风攻角范围内，冰棱间距为 30mm 时气动阻力系数最大；在 90°～180°风攻角范围内，冰棱间距为 25mm 时气动阻力系数最大，间距为 30mm 时最小。气动升力系数受冰棱间距影响明显，在 0°～90°风攻角范围内，冰棱间距越大气动升力系数越小；在 90°～180°风攻角范围内，冰棱间距越大气动升力系数越大。

第 11 章　多分裂冰棱覆冰导线气动力特性仿真

11.1　建立多分裂冰棱覆冰输电导线仿真模型

为了得到多分裂冰棱覆冰输电导线模型，对覆冰导线冰棱纵向增长速率和径向增长速率进行分析，假定在一定时间和降雨量充足的前提下得到冰棱纵向和径向增长量。利用 ANSYS Fluent ICEM 模块将该增长量构建成冰棱三维仿真模型，同时对三维冰棱覆冰导线模型进行网格划分及边界条件设定。

11.1.1　建立覆冰导线仿真模型

第 10 章中对覆冰导线冰棱的增长速率和一定时间内的增长量进行了分析，构建的三维二分裂冰棱覆冰子导线模型与第 10 章中所建仿真模型是一样的。导线覆冰后直径为 50mm，导线长为 125mm，冰棱长为 60mm，相邻冰棱间距为 25mm，图 10-1 为三维二分裂冰棱覆冰子导线尺寸。

为研究二分裂冰棱覆冰导线气动力特性，选取水平布线方式来分析迎风子导线尾流对背风子导线的影响，图 11-1 为二分裂冰棱覆冰导线子导线相对位置。

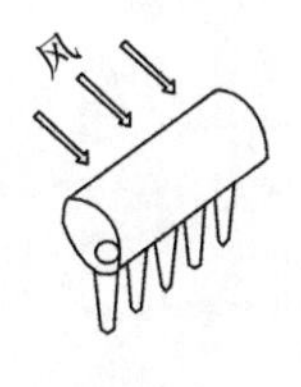

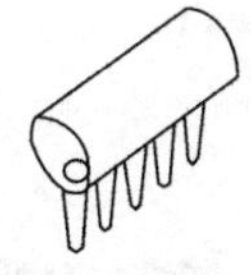

图 11-1　二分裂冰棱覆冰导线子导线相对位置

研究二分裂等截面覆冰导线尾流效应气动力特性时，建立二维流场进行数值模拟是合理的，但冰棱覆冰导线顺线路方向截面是变化的，二维流场不能表征变截面覆冰导线流场特性。需要构建三维二分裂冰棱覆冰导线计算模型，模型长为 4.4m、高为 4m，宽为 0.125m。迎风子导线中心点三维坐标为(2,2,0.0625)，距离左侧边界 2m，距离右侧边界 2.4m，距离上下流场壁面均为 2m；推导得背风子导线三维坐标为(2.4,2,0.0625)，距离左侧边界 2.4m，距离右侧边界 2m，子导线间距为 0.4m。将 x 轴正方向设置为水平风速来流方向，将 x 轴正方向逆时针旋转 90° 即为 y 轴正方向，z 轴为导线长度方向即导线展向方向，图 11-2 为三维冰棱计算流域正视尺寸和坐标。

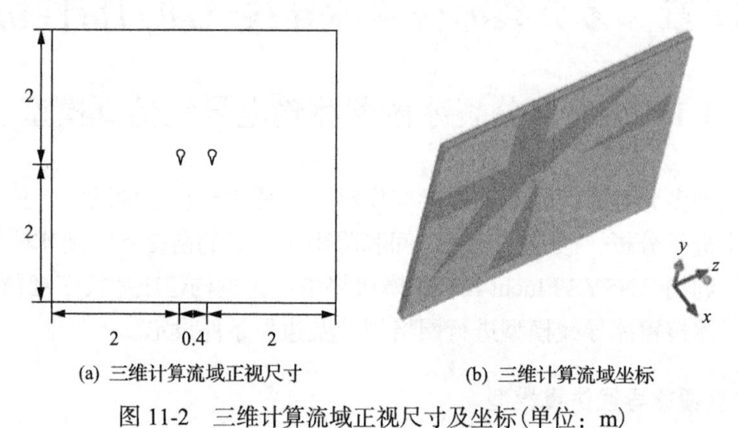

(a) 三维计算流域正视尺寸　　(b) 三维计算流域坐标

图 11-2　三维计算流域正视尺寸及坐标(单位：m)

11.1.2　网格划分及边界条件设定

对 11.1.1 节中的仿真模型进行结构化网格划分，计算流场网格单元总数为 1929439 个。覆冰导线利用外 O 形网格划分，为确保模拟精确度局部加密边界层网格，边界层相邻网格距离不大于 1mm，图 11-3 为三维二分裂冰棱覆冰导线流场网格划分。

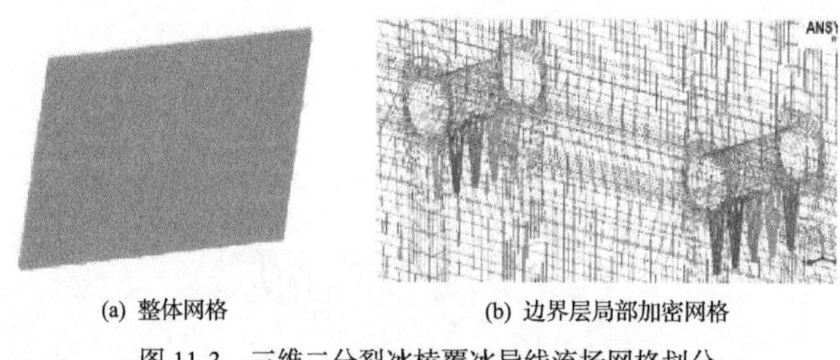

(a) 整体网格　　(b) 边界层局部加密网格

图 11-3　三维二分裂冰棱覆冰导线流场网格划分

为研究二分裂覆冰导线迎风子导线在风场作用下对背风覆冰子导线气动力的影响，将二分裂导线两个子导线沿 z 轴正方向等长度进行划分，两子导线模型分别被分为 5 部分，每部分长为 25mm。在 ANSYS Fluent 中选取各子导线中间冰棱节段进行监视，图 11-4 为三维冰棱覆冰子导线节段划分。

为准确获取导线冰棱覆冰振动特性，考虑实际情况和理论需求选择选取风攻角范围为 0°～180°，图 11-5 为计算流域边界条件设置。

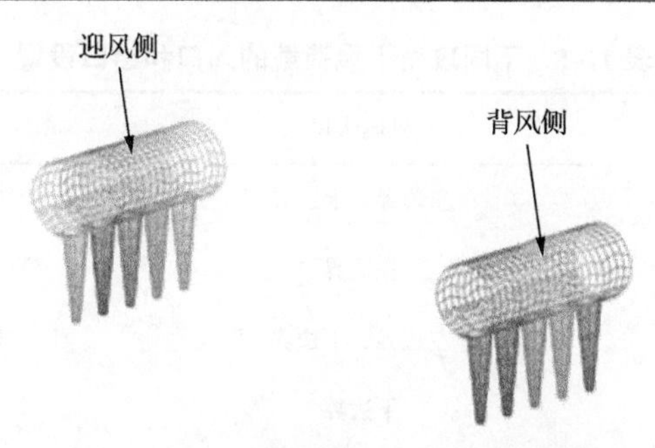

图 11-4　三维冰棱覆冰子导线节段划分

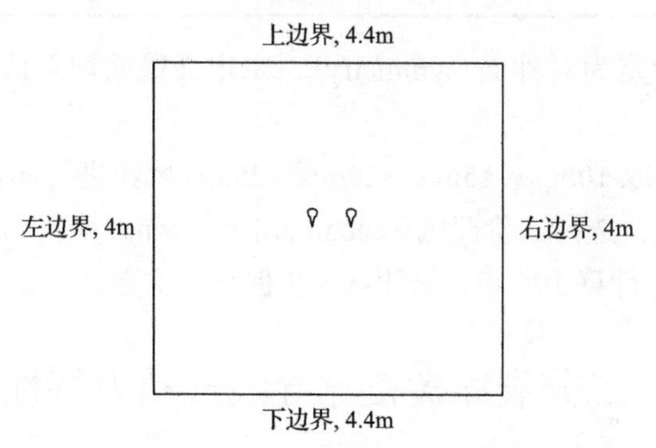

图 11-5　计算流域边界条件设置

计算流域风攻角范围为 0°～180°，设定 x 轴正方向顺时针旋转 45°处为 0°风攻角，风攻角以逆时针方向每隔 10°进行一次调整，图 11-6 为计算流域风攻角。

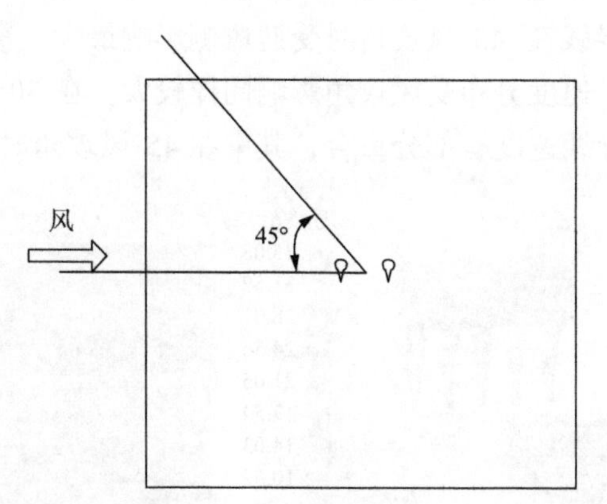

图 11-6　计算流域风攻角

为了合理调整风攻角确保流场计算的准确性，随着风攻角的改变及时调整风速入口和压力出口，表 11-1 为不同攻角下风荷载的入口和出口设置。

表 11-1 不同攻角下风荷载的入口和出口设置

风攻角/(°)	风速入口	压力出口
$0<\alpha<45$	左边界、上边界	右边界、下边界
$\alpha=45$	左边界	右边界
$45<\alpha<135$	左边界、下边界	右边界、上边界
α=135	下边界	上边界
$135<\alpha<180$	右边界、下边界	左边界、上边界

左右壁面均设定为对称面(symmetry)，未定义壁面均默认为无滑移固面(no slip wall)。

相同风攻角下取 10m/s、15m/s、20m/s、25m/s 风速进行模拟计算，为使数值模拟计算更加精确，选择二阶迎风(second order upwind)格式和 SIMPLEC 算法，时间步长为 0.05s，计算 100 步，每计算 5 步保存一次数据，总共保存数据 20 次。

11.2 二分裂冰棱覆冰导线气动力特性研究

保持与 10.3 节相同的参数设置，默认分裂间距为 400mm，每间隔 30°展示一次二分裂冰棱覆冰导线压力和覆冰导线中心截面速度云图，图 11-7 为不同风攻角下二分裂冰棱覆冰导线表面压力和中心截面速度云图。

由图 11-7 可知，随着风攻角逐渐增大，迎风子导线上压力分布位置和面积均发生改变，背风子导线在 45°风攻角时受迎风侧影响最大，覆冰表面和冰棱上的压力均都明显减小。速度分布受风攻角影响同样较大，在 30°～60°风攻角时，迎风子导线和背风子导线速度有部分重合，其中在 45°风攻角时完全重合。

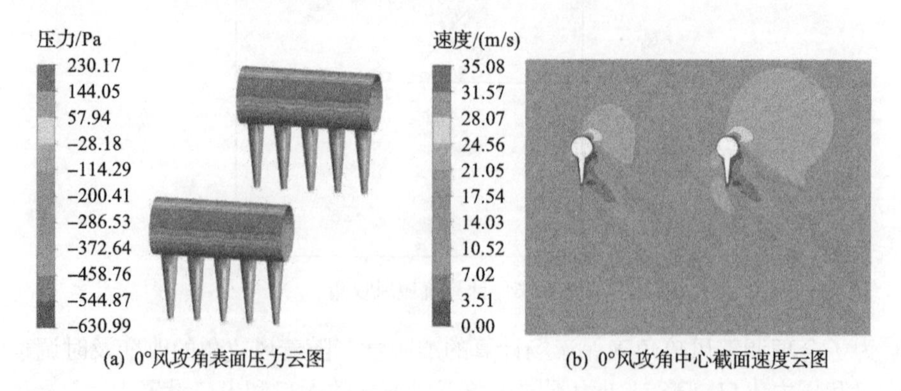

(a) 0°风攻角表面压力云图　　(b) 0°风攻角中心截面速度云图

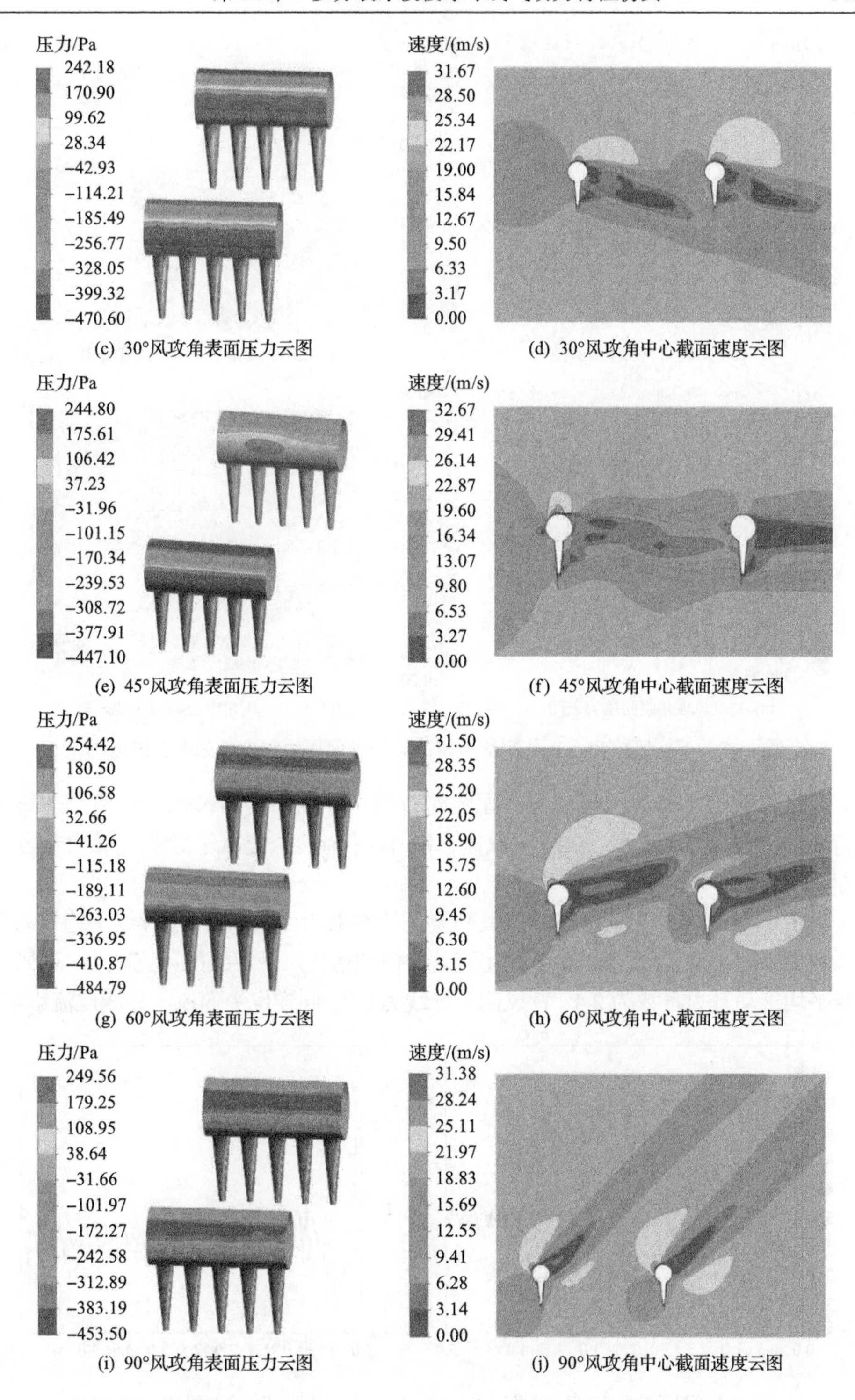

(c) 30°风攻角表面压力云图　(d) 30°风攻角中心截面速度云图

(e) 45°风攻角表面压力云图　(f) 45°风攻角中心截面速度云图

(g) 60°风攻角表面压力云图　(h) 60°风攻角中心截面速度云图

(i) 90°风攻角表面压力云图　(j) 90°风攻角中心截面速度云图

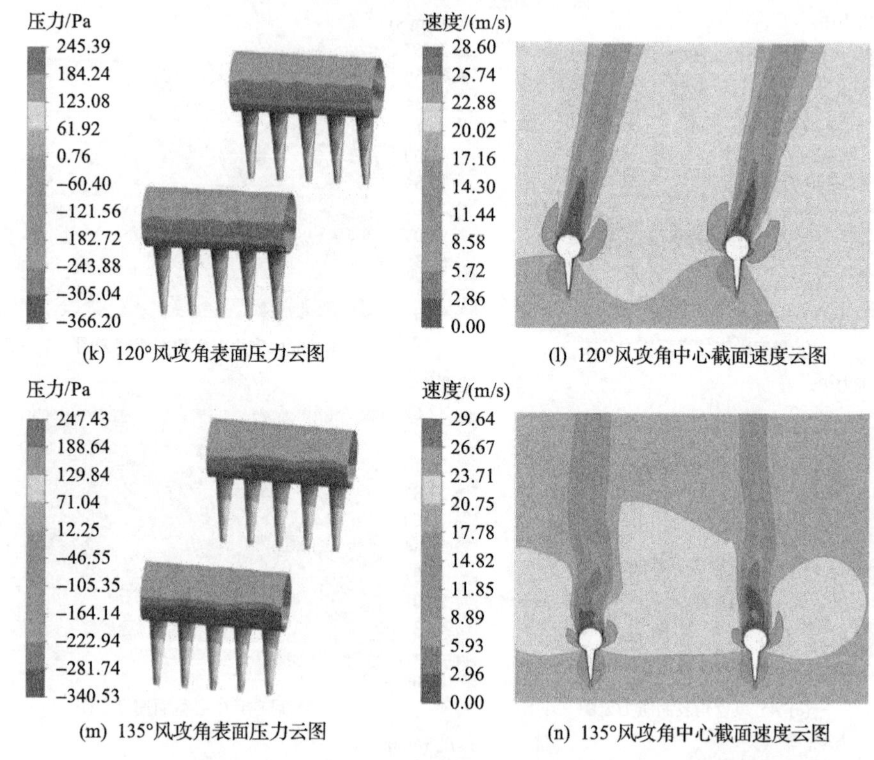

(k) 120°风攻角表面压力云图　　(l) 120°风攻角中心截面速度云图

(m) 135°风攻角表面压力云图　　(n) 135°风攻角中心截面速度云图

图 11-7　不同风攻角下二分裂冰棱覆冰导线表面压力和中心截面速度云图

为了在数值上分析迎风子导线尾流对背风子导线产生的影响，对两个子导线进行监视，取 45°风攻角、20m/s 风速，图 11-8 为两个覆冰子导线气动力参数时程曲线。

由图 11-8 可知，迎风子导线平均气动阻力系数为 3.8，背风子导线平均气动阻力系数为 1.6，这是因为迎风子导线尾流效应使到达背风子导线的风速减小；迎风子导线平均气动升力系数为 2.4，背风侧子导线为 0.9，同样也受迎风子导线尾流影响。

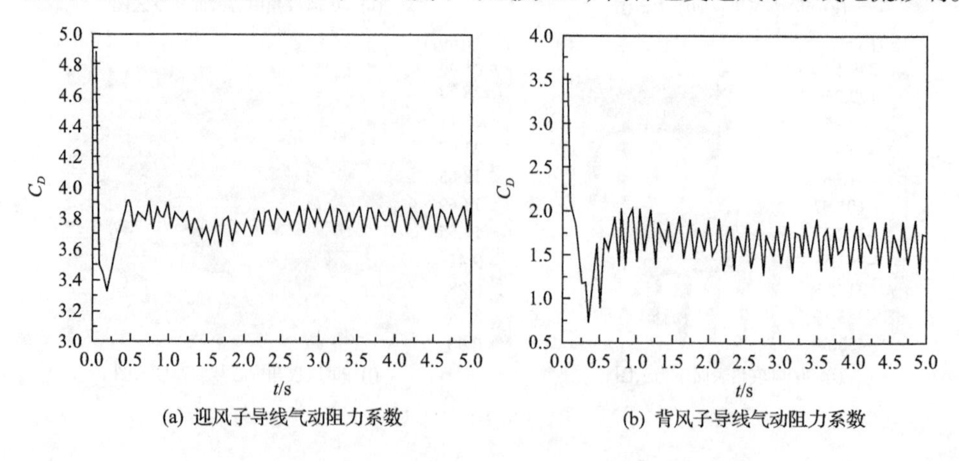

(a) 迎风子导线气动阻力系数　　(b) 背风子导线气动阻力系数

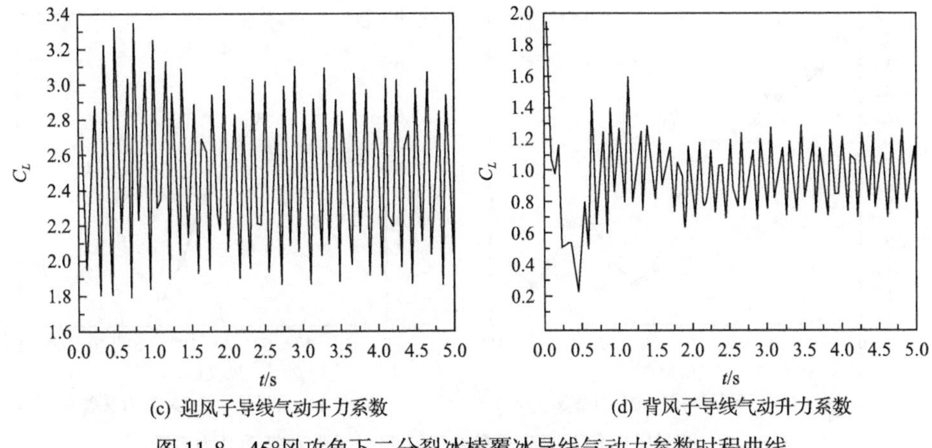

(c) 迎风子导线气动升力系数　　(d) 背风子导线气动升力系数

图 11-8　45°风攻角下二分裂冰棱覆冰导线气动力参数时程曲线

11.2.1　风攻角变化下二分裂冰棱覆冰导线气动力特性

选取风攻角范围为 0°～180°，每隔 10°进行一次计算，设定风速为 20m/s，分析全风攻角下二分裂冰棱覆冰导线各子导线气动阻力系数和气动升力系数，图 11-9 为全风攻角下覆冰子导线气动阻力系数和气动升力系数。

由图 11-9 可知，迎风子导线平均气动阻力系数总体趋势为先增大后减小再增大，其中在 45°风攻角时取得最大值，在 130°和 140°风攻角时取得最小值。背风子导线气动阻力系数在 30°～60°风攻角范围内受迎风子导线影响最为明显，在该攻角范围内气动阻力系数急剧减小。

迎风子导线平均气动升力系数随风攻角的变化可分为五部分，第一部分在 0°～10°风攻角范围内单调递增，第二部分在 10°～110°风攻角范围内总体表现为减小，第三部分在 110°～135°范围内随着风攻角的增大而增大，第四部分在 135°～160°范围内随着风攻角的增大而减小，第五部分在 160°～180°范围内气动升力系数再次增大。

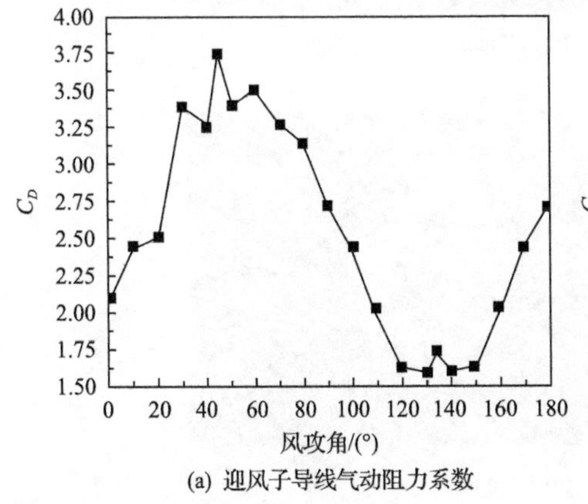

(a) 迎风子导线气动阻力系数

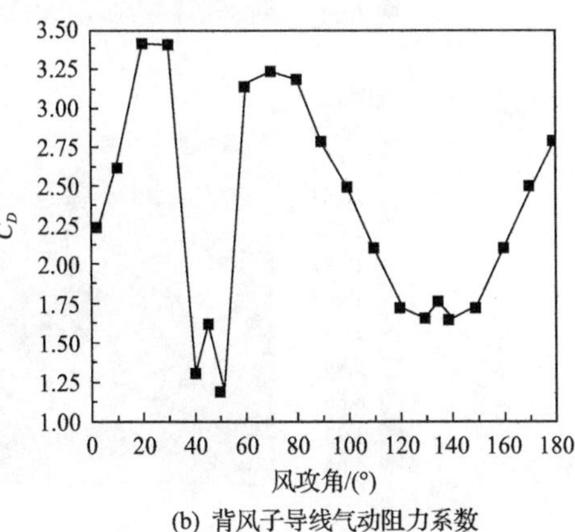

(b) 背风子导线气动阻力系数

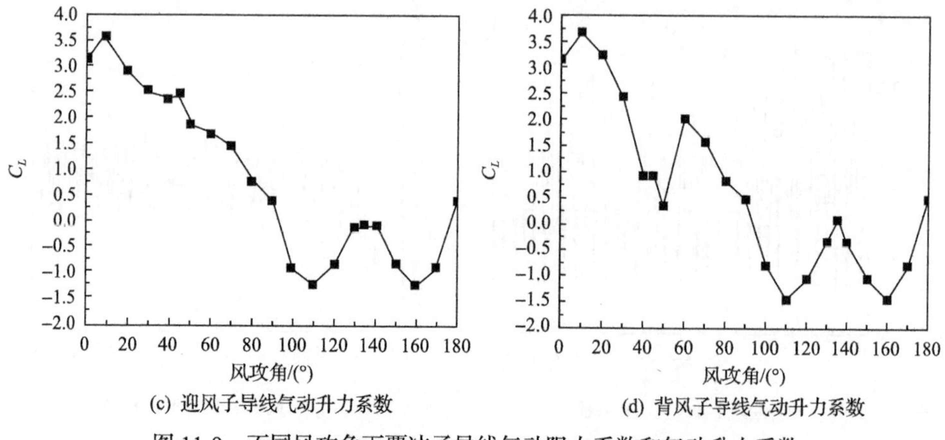

(c) 迎风子导线气动升力系数　　(d) 背风子导线气动升力系数

图 11-9　不同风攻角下覆冰子导线气动阻力系数和气动升力系数

11.2.2　分裂间距变化下二分裂冰棱覆冰导线气动力特性

冰棱覆冰导线迎风子导线尾流受分裂间距影响较大，间距大小直接影响尾流影响范围和强度。选取分裂间距为 350mm、400mm、450mm 三种情况，在 45°风攻角、20m/s 风速条件下分析其气动力参数特性，图 11-10 为不同分裂间距下覆冰导线中心截面速度云图。

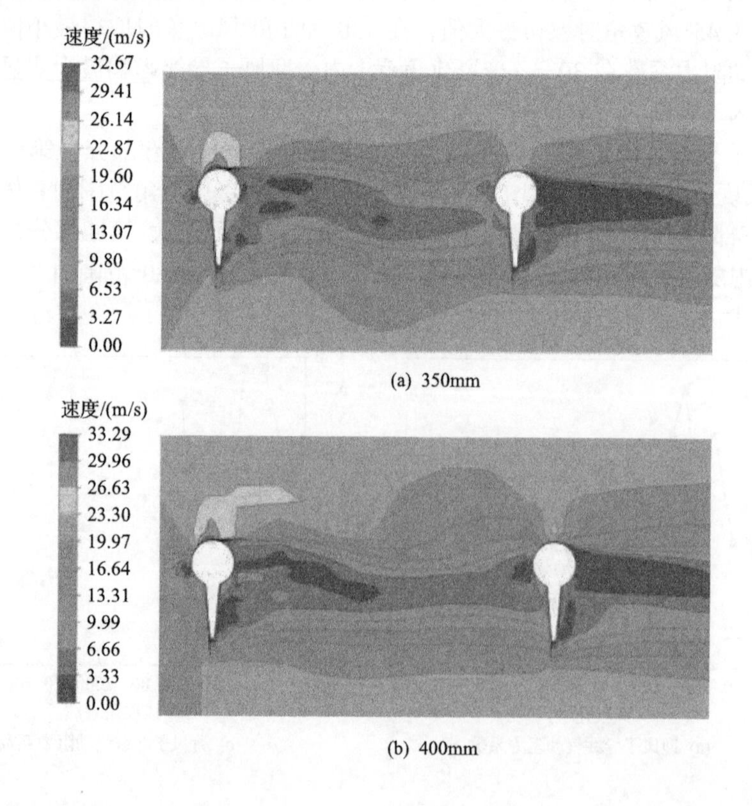

(a) 350mm

(b) 400mm

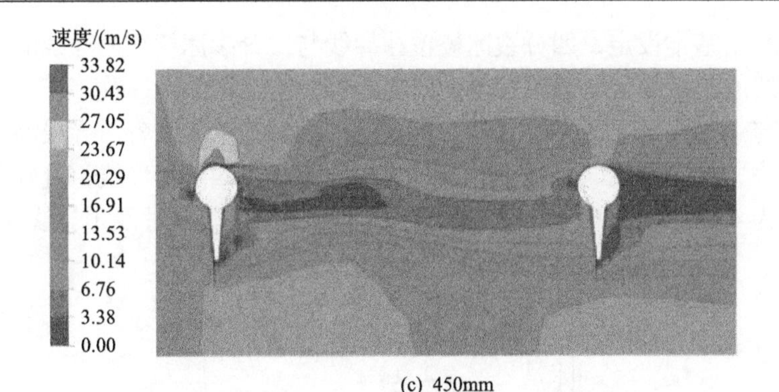

(c) 450mm

图 11-10　不同分裂间距下覆冰导线中心截面速度云图

由图 11-10 可知，随着分裂间距增大，背风子导线迎风面速度分布相对稳定，且到达背风子导线时风速减小范围为 10～15m/s。

选取分裂间距为 350mm、400mm、450mm 三种情况，在 45°风攻角、20m/s 风速条件下分析其气动力参数特性，图 11-11 为不同分裂间距下背风子导线气动阻力系数和气动升力系数。

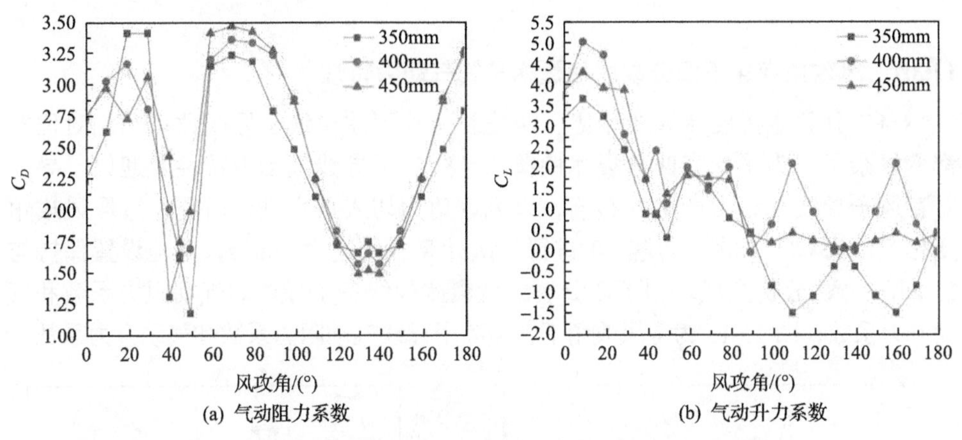

(a) 气动阻力系数　(b) 气动升力系数

图 11-11　不同分裂间距下背风子导线气动阻力系数和气动升力系数

由图 11-11 可知，随着分裂间距增大，平均气动阻力系数随攻角变化的趋势不变，在间距为 450mm 时，在 70°风攻角时取得最大值。在 0°～90°风攻角范围内，400mm 间距时气动升力系数发生波动，在 90°～180°风攻角范围内，间距为 350mm 时气动升力系数最小。

11.3　四分裂冰棱覆冰导线气动力特性研究

11.2 节对二分裂冰棱覆冰导线的几何模型、网格划分、边界条件设定、参数设置等进行了基本设定，四分裂冰棱覆冰导线与二分裂冰棱覆冰导线的主要区别在于子导线的数量和相对位置发生了变化，其他情况均保持一致。

保持与 11.2 节相同的基本设置，将四分裂冰棱覆冰导线各子导线顺时针方向依次设定为一号子导线、二号子导线、三号子导线、四号子导线，且各子导线之间的距离为 400mm，图 11-12 为四分裂冰棱覆冰导线流场尺寸及子导线相对位置。

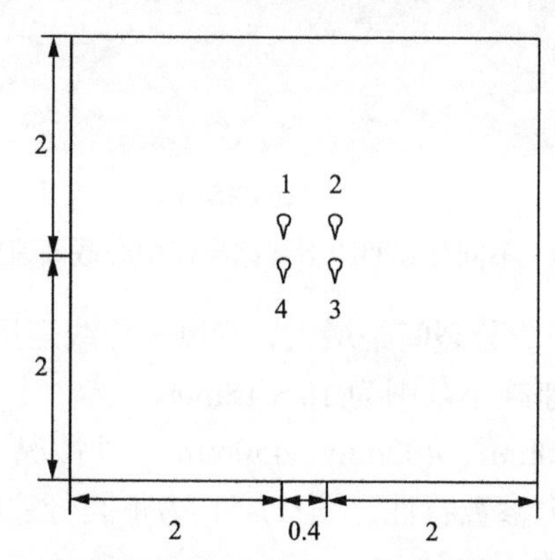

图 11-12　四分裂冰棱覆冰导线流场尺寸及子导线相对位置(单位：m)

11.3.1　风攻角变化下四分裂冰棱覆冰导线气动力特性

与二分裂冰棱覆冰导线相比，四分裂冰棱覆冰导线子导线数量和相对位置都变复杂了，为了探究四分裂冰棱覆冰导线各子导线气动力特性及迎风子导线对背风子导线气动力产生的影响，以风攻角为切入点来进行研究，选取风攻角变化范围为 0°～180°，每隔 10°进行一次计算，风速为 20m/s，其他设置保持与 11.2 节一致，分析全风攻角下四分裂冰棱覆冰导线各子导线的气动阻力系数和气动升力系数，图 11-13 为全风攻角下各覆冰子导线气动阻力系数和气动升力系数。

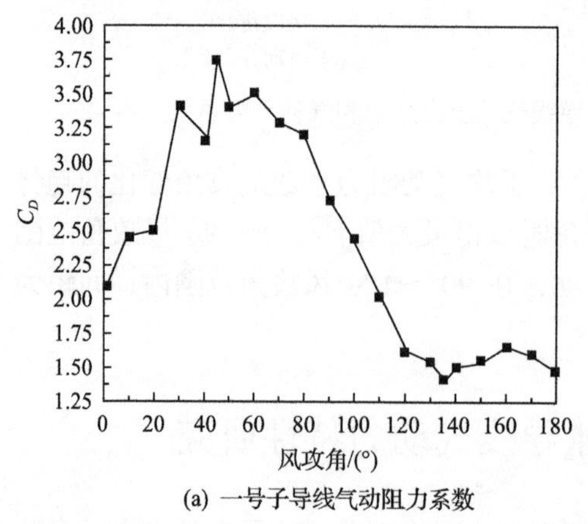

(a) 一号子导线气动阻力系数

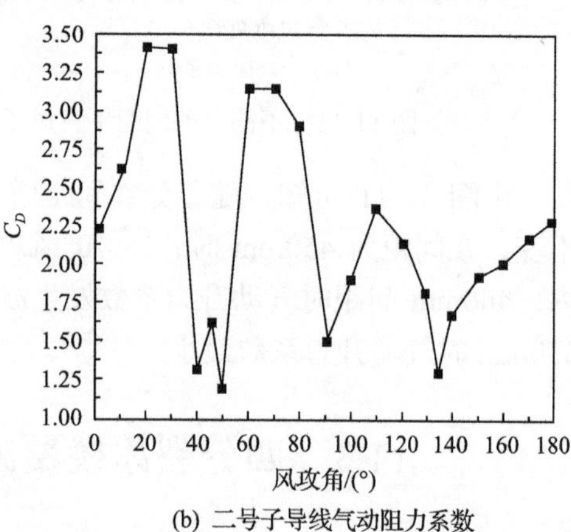

(b) 二号子导线气动阻力系数

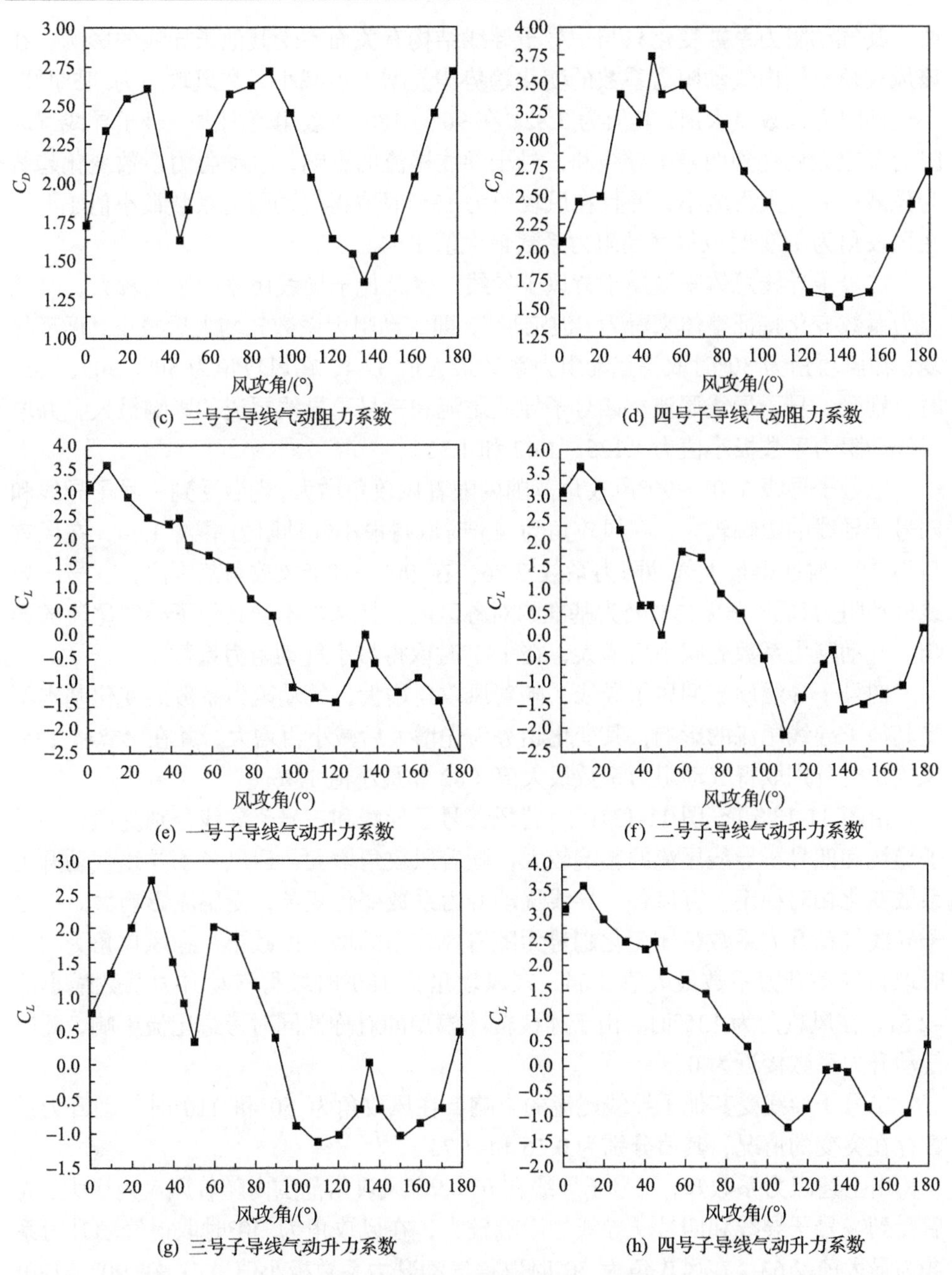

(c) 三号子导线气动阻力系数　(d) 四号子导线气动阻力系数

(e) 一号子导线气动升力系数　(f) 二号子导线气动升力系数

(g) 三号子导线气动升力系数　(h) 四号子导线气动升力系数

图 11-13　不同风攻角下各覆冰子导线气动阻力系数和气动升力系数

由图 11-13(a)～图 11-13(d)，随着风攻角的增大，四分裂冰棱覆冰导线各子导线的气动阻力系数变化幅度大且复杂，说明随着风攻角的变化各子导线受其他子导线尾流的影响较大。其中，一号子导线在 0°～90°风攻角范围内属于迎风子导线，其气动阻力系数变化只与一号子导线结构有关而不受其他子导线的影响，在该风攻角范围内气动阻力系数的变化趋势为先增大后减小，在风攻角为 45°时取得气动阻力系数最大值，其值为 3.82；在 90°～180°风攻角范围内一号子导线气动阻力系数先后受到四号子导线和三号子导线尾流的影响，气动阻力系数变化趋势为先减小后增大再减小，并且在风攻角为 135°时取得气动阻力系数最小值 1.43，在风攻角为 160°时取得气动阻力系数最大值 1.64。

二号子导线总体来说属于背风子导线，受其他子导线尾流的影响较大，气动阻力系数变化特征整体来看为“波浪形”，即气动阻力系数先增大后减小，循环往复；在风攻角为 30°时取得气动阻力系数最大值 3.34，在风攻角为 50°、90°、135°时分别受一号子导线尾流、四号子导线尾流和三号子导线尾流的影响最大，并取得气动阻力系数极小值为 1.125、1.42 和 1.31。

三号子导线在 0°～90°风攻角范围内随着风攻角增大，先后受到一号子导线和四号子导线的影响较大，在风攻角为 45°时取得最小气动阻力系数 1.64，在风攻角为 180°时取得最大气动阻力系数 2.76；在 90°～180°风攻角范围内，三号子导线气动阻力系数是以 135°处为基准的对称区间，且基本不受其他子导线尾流的影响，气动阻力系数先减小后增大，在 135°时取得最小气动阻力系数 1.31。

四号子导线属于迎风子导线，随着风攻角增大，气动阻力系数的变化基本不受其他子导线尾流的影响，其变化趋势为先增大后减小再增大，并在 45°和 135°风攻角时分别取得气动阻力系数最大值 3.82 和最小值 1.46。

由图 11-13(e)～图 11-13(h)，背风二号子导线和三号子导线分别受迎风一号子导线和四号子导线尾流的影响较大，随着风攻角增大，迎风各子导线气动升力系数变化相对稳定，背风各子导线气动升力系数变化复杂，受尾流影响大。一号子导线气动升力系数整体变化趋势为随着风攻角的增大而减小，在风攻角为 10°时取得气动升力系数最大值 3.64，在风攻角为 180°时取得气动升力系数最小值 –2.51，在风攻角为 135°时，由于冰棱覆冰模型的对称性同时考虑尾流影响，此时气动升力系数接近为 0。

二号子导线受其他子导线尾流的影响，在风攻角为 50°和 110°时气动升力系数存在突变的情况，其值分别为 0.26 和–1.73。

由上述阻力系数知，三号子导线在 0°～90°风攻角范围内随着风攻角增大，先后受到一号子导线和四号子导线的影响较大，在风攻角为 30°时取得气动升力系数为最大值 2.63，在风攻角为 50°时取得气动升力系数极小值 0.4；在 90°～180°风攻角范围内，是以 135°处为基准的对称区间，且基本不受其他子导线尾流的影响，气动升力系数先减小后增大再减小再增大。

由于四号子导线的分布位置，其气动升力系数变化不受其他子导线尾流的影响，随着风攻角增大，其总体变化趋势为先减小后增大，并在风攻角为 10°时取得最大值 3.63，在风攻角为 110°和 160°时取得气动升力系数最小值–1.25。

11.3.2　风速变化下四分裂冰棱覆冰导线气动力特性

本节研究风速对覆冰导线气动力产生的影响。为了探究风速对四分裂冰棱覆冰导线各子导线气动力特性产生的影响，调整来流风速，调整风速分别为 10m/s、15m/s、20m/s、25m/s，其他设置保持与 11.2 节一致，分析不同风速下四分裂冰棱覆冰导线各子导线气动阻力系数和气动升力系数，图 11-14 为不同风速一号子导线和二号子导线的气动阻力系数与气动升力系数。

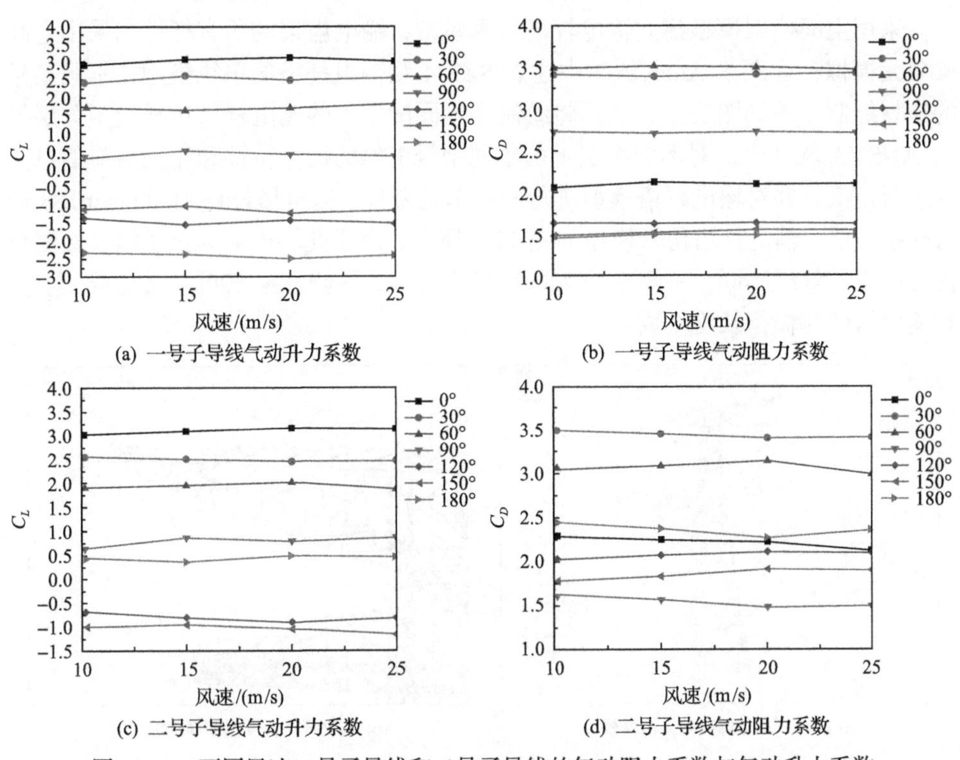

(a) 一号子导线气动升力系数　(b) 一号子导线气动阻力系数

(c) 二号子导线气动升力系数　(d) 二号子导线气动阻力系数

图 11-14　不同风速一号子导线和二号子导线的气动阻力系数与气动升力系数

由图 11-14(a)和图 11-14(b)可知，不同风速下考虑不同风攻角时平均气动升力系数和气动阻力系数变化不明显，即风速变化对迎风子导线平均气动升力系数和气动阻力系数影响较小，其值变化范围小于 0.1。

由图 11-14(c)和图 11-14(d)可知，考虑到二号子导线受一号子导线尾流的影响，不同风速下部分风攻角下二号子导线平均气动升力系数和气动阻力系数变化相对明显，其值最大变化范围未超过 0.2。总体来说，无论子导线是迎风还是背风，风速变化对子导线的气动升力系数和气动阻力系数影响都较小。

第 12 章　输电导线脱冰振动特性仿真分析

12.1　建立输电导线脱冰振动仿真模型

12.1.1　建立输电杆塔仿真模型

采用空间桁架模型建立输电杆塔仿真模型，输电塔架的所有杆件均采用空间梁单元模拟，首先在 AutoCAD 中建立 SZ144 型输电杆塔的单线模型，不同型号的塔材绘制于不同图层上，然后将绘制于不同图层上的输电杆塔单线模型分层导入 ANSYS 软件中，对不同图层上的不同型号塔材的截面特性和相关材料信息分别进行定义，并对输电杆塔模型进行网格单元划分。输电塔杆件利用 beam188 进行模拟，单个输电杆塔仿真模型如图 12-1 所示，由于此输电塔为试验塔，两侧悬挂导线电压等级不同，一侧悬挂 220kV 输电导线，一侧悬挂 500kV 输电导线，因此输电塔两侧横担长度不同。

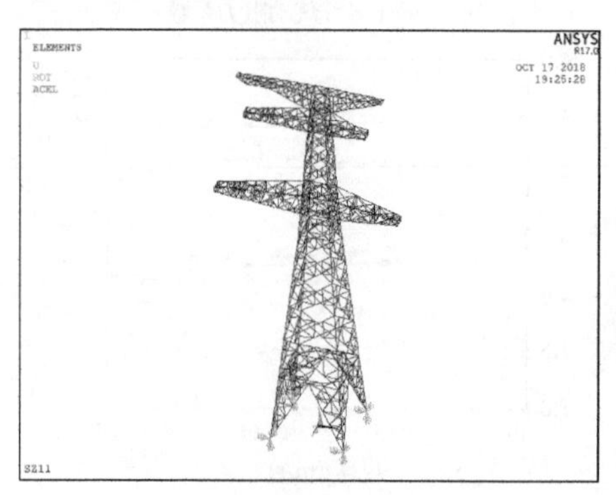

(a) 输电杆塔整体有限元仿真模型

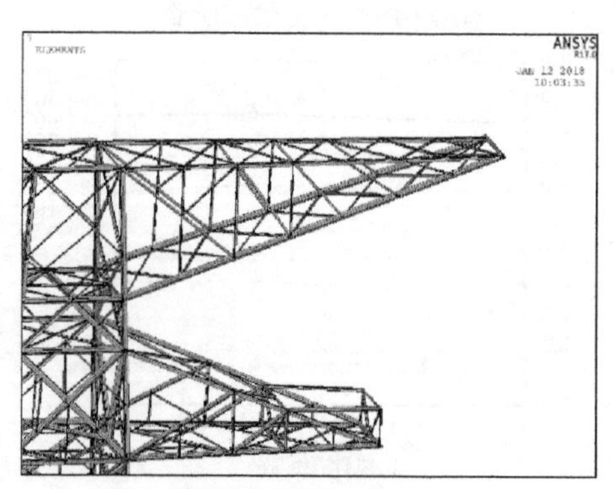

(b) 输电杆塔仿真模型局部放大图

图 12-1　输电杆塔仿真模型

12.1.2　建立输电导线仿真模型

采用 Link10 单元模拟输电导线模型中的导线和地线，并进行设置使其只承受拉力，不抵抗弯矩和压力。在重力荷载影响下，柔性输电导线在张力作用下受拉后产生弧垂，在进行输电导线脱冰振动分析前，必须保证导线处于准确的初始位置，输电导线只有处于准确的位置形态，才能保证之后的输电导线仿真模型模态分析、脱冰瞬态分析等仿真模拟的正确性。采用找形分析法对导线进行找形分析，在进行导线找形时，需要考虑导线的非线性特性，使输电导线覆冰情况下的初始构型与实际情况相符。其主要思想为在导线弦线处建立导线模型，对其设置很大的初始应变和较小的弹性模量，然后考虑自重和覆冰荷载，使其变形达到导线覆冰后的初始形态，然后再赋予导线实际的弹性模量和初始应变。模拟的输电导线中导线和地线的型号分别为 JLHA1/G1A-400/95 和 LBGJ-300-20AC。

输电导线中绝缘子串选用 ANSYS 单元库中的 Link180 单元进行模拟，定义其属性为刚性杆，用来模拟绝缘子串的刚体运动，绝缘子串与杆塔和导线相连处均为铰接。

为验证输电导线三维仿真分析模型中导线找形的准确性，创建两塔三线体系仿真模型，利用找形分析法确定输电导线形态，得到档距为 300m、覆冰度为 20mm 条件下，找形分析后的弧垂和导线水平张力分别为 11.182m、45747.5N，理论公式计算的弧垂和水平张力分别为 11.165m、45738N，导线弧垂和水平张力误差率分别为 0.15%和 0.02%，建立的塔线体系以及导线绝缘子体系有限元仿真分析模型如图 12-2 和图 12-3 所示。

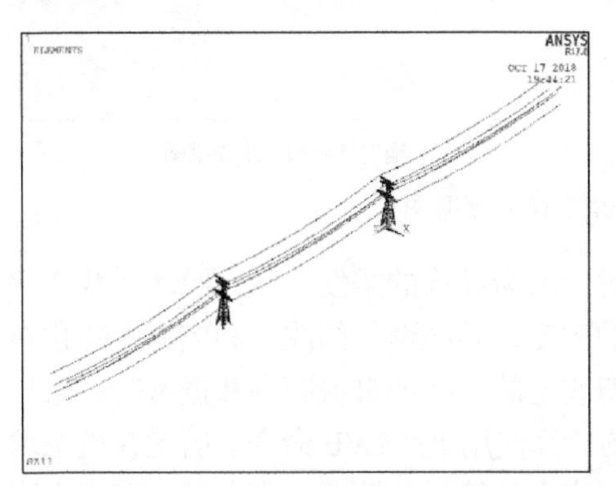

图 12-2　塔线体系有限元仿真模型

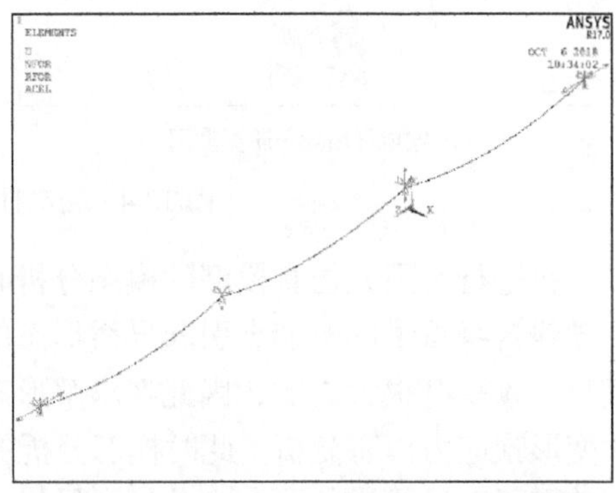

图 12-3　导线绝缘子体系有限元仿真模型

12.2　输电导线仿真模型模态分析和瞬态动力学分析

12.2.1　模态分析求解输电导线仿真模型的自振频率

有限元模型输电杆塔型号为 SZ144，总高度为 71m，根据经验计算式第 1 档导线水平张力 $T_1=(0.0007\sim0.013)H$（H 为导线最低点到设计地面的高度）计算得到输电杆塔第一阶自振频率范围为 1.0834～2.0121Hz。通过 ANSYS 有限元软件模态分析，计算输电杆塔自振频率，得到输电杆塔前 10 阶自振频率如表 12-1 所示，有限元软件模拟所得该塔第一阶自振频率为 1.5744Hz，在经验计算式所得结果的允许值内，因此创建的输电杆塔仿真分析模型是比较精确的。图 12-4 列出了输电杆塔前两阶振型图。

表 12-1　输电杆塔前 10 阶振型自振频率　　（单位：Hz）

振型阶数	自振频率	振型阶数	自振频率
1	1.5744	6	4.1224
2	1.6008	7	4.3099
3	2.9012	8	4.3521
5	3.7678	10	4.7564

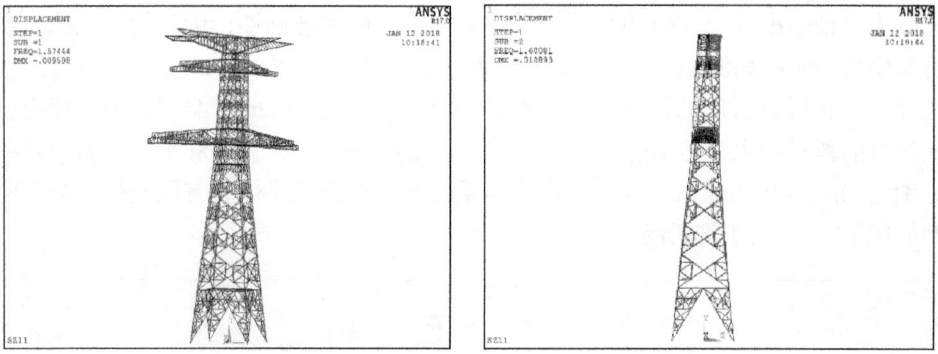

(a) 输电杆塔第一阶振型图　　(b) 输电杆塔第二阶振型图

图 12-4　输电杆塔前两阶振型图

在进行有限元仿真模型的模态分析时，因为导线的柔性特性，脱冰荷载作用下导线自身重量的改变会引起导线形态的改变，导线形状的改变和应力的变化对其自振频率有很大影响，因此在求解形态改变的导线的自振频率和振型时，采用大变形预应力模态分析，此时模态分析的计算使用 PSOLVE 命令。因此在模态求解前需要对导线进行预应力分析，导线预应力计算时，需要开启大变形和应力刚化，防止在求解时产生不收敛问题。通过 ANSYS 仿真模拟计算，得到了塔线体系的前 10 阶自振频率，如表 12-2 所示，塔线体系前两阶振型图如图 12-5 所示。导线绝缘子体系自振频率求解过程与塔线体系过程相同。

表 12-2　塔线体系前 10 阶振型自振频率　　（单位：Hz）

振型阶数	自振频率	振型阶数	自振频率
1	0.14433	6	0.16312
2	0.14437	7	0.16916
3	0.15870	8	0.16917
4	0.15873	9	0.17501
5	0.16310	10	0.17501

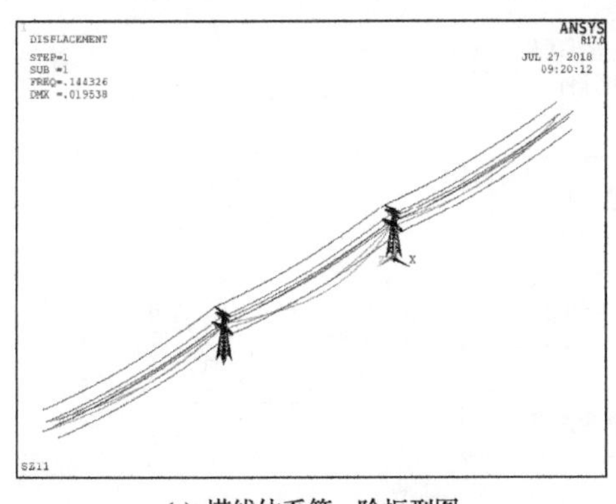

(a) 塔线体系第一阶振型图

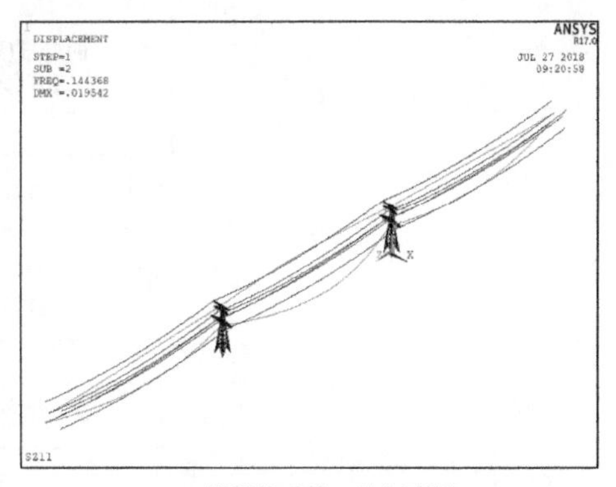

(b) 塔线体系第二阶振型图

图 12-5　塔线体系前两阶振型图

12.2.2　基于输电导线自振频率的瞬态动力学分析

在对输电导线脱冰振动进行有限元仿真模拟时，考虑输电导线塔线体系和导线绝缘子体系的阻尼作用。采用有限元软件 ANSYS 中包含的瑞利阻尼等效表示导线脱冰时的能量耗散。瑞利阻尼矩阵$\boldsymbol{\zeta}$由质量矩阵和刚度矩阵表示，表达式为

$$\boldsymbol{\zeta} = \alpha \boldsymbol{M} + \beta \boldsymbol{K} \tag{12-1}$$

瑞利阻尼系数α、β可由式(12-2)表示：

$$\begin{cases} \alpha = \dfrac{2 \times \omega_1 \times \omega_2 \times \xi}{\omega_1 + \omega_2} \\ \beta = \dfrac{2 \times \xi}{\omega_1 + \omega_2} \end{cases} \tag{12-2}$$

式中，ω_1、ω_2为导线在 Z 方向上的第一、二阶自振角频率；ξ为体系阻尼比。

通过对输电导线脱冰振动仿真模型进行模态分析，得到仿真模型的前两阶自振频率，根据计算所得的自振频率，利用式(12-2)求解输电导线脱冰振动时所需的瑞利阻尼系数。

利用 ANSYS 有限元软件，在对导线体系模态分析求解的瑞利阻尼系数基础上，通过输入该工况下计算所得的瑞利阻尼系数α和β，考虑导线的阻尼作用，并利用节点荷载法模拟导线的覆冰脱冰，对脱冰后的输电导线仿真模型进行瞬态动力学分析，在输电导线脱冰振动瞬态动力学分析中采用完全法瞬态分析进行计算，输电导线脱冰振动完全法瞬态分析流程图如图 12-6 所示。

在对输电导线脱冰振动仿真模拟分析中的覆冰荷载进行计算时，实际应用中

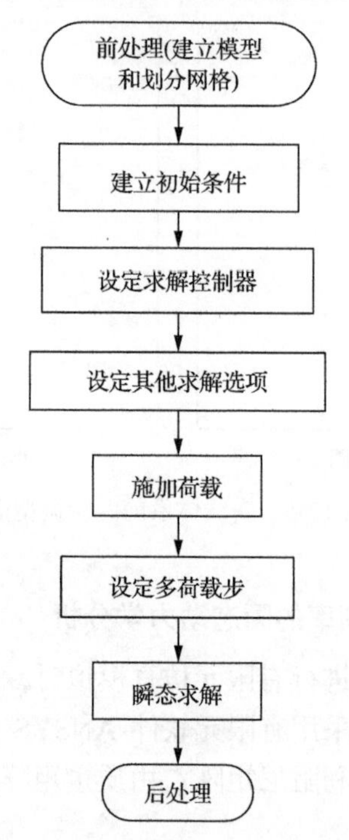

图 12-6　输电导线脱冰振动完全法瞬态分析流程图

为方便覆冰载荷的计算，假定覆冰沿导线呈圆环状均匀分布，输电导线覆冰截面如图 12-7 所示。

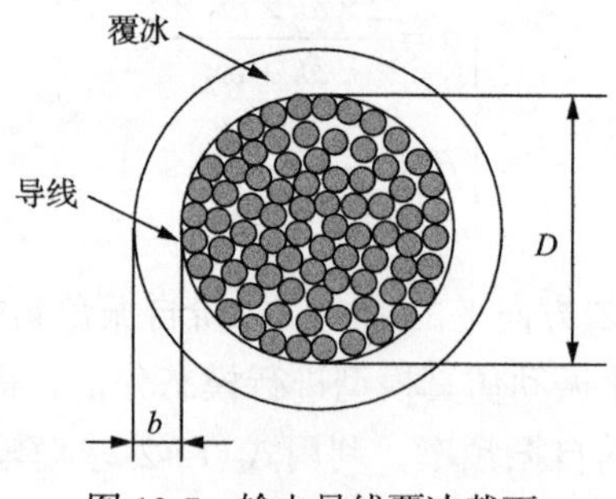

图 12-7　输电导线覆冰截面

利用节点荷载法通过施加和去除导线上等间距集中荷载来模拟导线模型上节点覆冰和脱冰荷载，其中每个集中节点载荷 F 的计算式为

$$\begin{cases} m = \rho\pi b(D+2b) \\ F = mgL/n \end{cases} \tag{12-3}$$

式中，m 为输电导线单位长度覆冰质量，kg/m；ρ 为覆冰密度，其值取 900kg/m^3；D 为导线外径，mm；b 为输电导线覆冰厚度，mm；L 为导线长度，m；n 为输

电导线划分的单元个数。

12.3　输电导线脱冰振动特性仿真计算结果

采用 ANSYS 仿真软件，对三档的档距均为 300m，覆冰厚度为 20mm，脱冰率为 25%、50%、75%和 100%情况下的导线塔线体系以及导线绝缘子体系模型进行脱冰瞬态动力分析，输电导线和绝缘子串相关参数如表 12-3，得到导线脱冰振动过程中导线中点竖向位移和导线水平应力时程数据，结果如图 12-8 所示。

表 12-3　输电导线和绝缘子串相关参数

	参数	数值
输电导线	直径/mm	29.1
	单位长度质量/(kg/m)	1.857
	综合弹性系数/MPa	65170
绝缘子串	长度/mm	6582
	质量/kg	735.6
	转动惯量/(kg·m^2)	10622.7

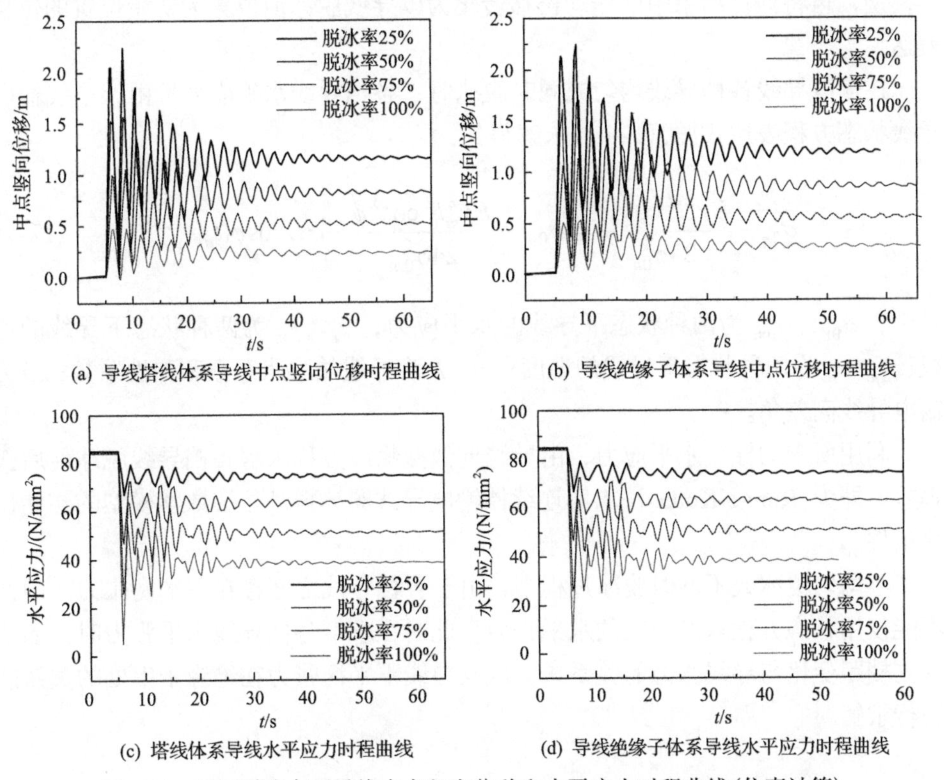

(a) 导线塔线体系导线中点竖向位移时程曲线　(b) 导线绝缘子体系导线中点位移时程曲线

(c) 塔线体系导线水平应力时程曲线　(d) 导线绝缘子体系导线水平应力时程曲线

图 12-8　不同脱冰率下导线中点竖向位移和水平应力时程曲线(仿真计算)

由图 12-8 可知，导线脱冰率为 25%、50%、75%和 100%时，导线塔线体系和导线绝缘子体系中导线中点最大竖向位移分别为 2.252m、1.587m、1.081m、0.498m 和 2.210m、1.671m、1.105m、0.515m，在阻尼的作用下振动位移随着时间的增加逐渐趋于稳定，导线塔线体系和导线绝缘子体系水平应力最大变化幅值分别为 79.669N/mm^2、59.301N/mm^2、38.464N/mm^2、18.276N/mm^2 和 81.409N/mm^2、58.904N/mm^2、38.234N/mm^2、19.067N/mm^2。

12.4　输电导线脱冰振动数学模型振动特性计算

12.4.1　初始条件计算

在建立输电导线脱冰振动数学模型时，导线应变表达式以脱冰后导线所处位置建立，导线的重力势能也以导线脱冰后的位置为势能零点，此时可以将输电导线脱冰振动理解为导线在覆冰作用下产生初位移，随后在初位移的作用下导线做初速度为零的自由振动。因此在计算输电导线脱冰振动数学模型的振动特性时，需要计算导线和绝缘子串的初位移，将其作为初始条件求解输电导线脱冰振动数学模型，再将计算结果中的振动位移转化为以导线脱冰前位置为初始位置的位移表达。

在输电导线各档导线均匀或同时脱冰时，各档导线水平应力可由架空线输电导线状态方程表达式[式(12-4)]求解得到：

$$\sigma_{0n}-\frac{E\gamma_n^2 l^2\cos^3\phi}{24\sigma_{0n}^2}=\sigma_{0m}-\frac{E\gamma_m^2 l^2\cos^3\phi}{24\sigma_{0m}^2}-\alpha E\cos\phi(t_n-t_m) \tag{12-4}$$

式中，σ_{0n}、σ_{0m} 为两种状态下导线的水平应力；γ_n、γ_m 为两种状态下导线的比载；t_n、t_m 为两种状态下导线的温度；α、E 为导线热膨胀系数和弹性系数；ϕ 为输电导线高差角。

利用所求的导线水平应力，由导线近似抛物线方程求解各档导线脱冰前后弧垂差，即为 Runge-Kutta 法求解连续档输电导线脱冰振动位移数学模型的初始位移条件。

不均匀覆冰或不同时脱冰过程中，由于各档导线之间存在不平衡张力，因此不能仅用状态方程求解导线的水平张力，此时在求解各档导线水平张力时，需要联立档距变化与导线张力的关系式，以及导线不平衡张力在绝缘子串处的关系式进行求解。

按导线长度简化公式计算的档距变化与导线张力的关系，架空线第 i 档的档距增量 Δl_i 的简化表达式为

$$\Delta l_i = \frac{8T_i^2 l_{i0}}{(p_i^2 l_{i0}^2 + 8T_i^2)\cos^2\phi_{i0}}\left[\frac{T_i - T_0}{EA\cos\phi_{i0}} + \frac{l_{i0}\cos^2\phi_{i0}}{24}\left(\frac{p_0^2}{T_0^2} - \frac{p_i^2}{T_i^2}\right) + \alpha(t_{\mathrm{b}} - t_{\mathrm{j}} + \Delta t_j)\right] \tag{12-5}$$

式中，T_0、T_i 为第 i 档导线放线和不均匀覆冰时的水平张力，N；Δl_i 为第 i 档档距比绝缘子串处于悬垂状态时档距的增加值，m；ϕ_{i0} 为第 i 档导线放线时悬挂点高差角，$\phi_{i0}=\arctan(h_{i0}/l_{i0})$；$p_0$、$p_i$ 为第 i 档导线放线和不均匀覆冰时的单位荷载，N/m；t_{j}、t_{b} 为第 i 档导线放线、覆冰时的温度，℃；l_{i0}、l_i 为第 i 档导线架线和不均匀覆冰时的档距，m；E 为导线的弹性系数，N/mm^2；α 为导线的热膨胀系数，1/℃；A 为导线的截面积，mm^2；Δt_j 为放线时为弥补塑性伸长对弧垂的影响而降低的温度，℃。

由图 12-9 可知，输电导线中第 i 档高差变化 Δh_i 与第 i 基杆塔悬挂点偏移 δ_i 间的关系表达式为

$$\Delta h_i = \left(\lambda - \sqrt{\lambda^2 - \delta_i^2}\right) - \left(\lambda - \sqrt{\lambda^2 - \delta_{i-1}^2}\right) = \sqrt{\lambda^2 - \delta_{i-1}^2} - \sqrt{\lambda^2 - \delta_i^2} \tag{12-6}$$

式中，Δh_i 为第 i 档高差 h_{i0} 的改变值，$h_i=h_{i0}+\Delta h_i$，h_{i0}、h_i 为放线和不均匀覆冰时第 i–1 基塔与第 i 基塔导线悬挂点高差，m；δ_i、δ_{i-1} 为第 i 档导线在两端杆塔上挂点水平距离的改变量，当在边缘耐张塔上时 $\delta_0=0$，$\delta_n=0$，m；λ 为输电塔上绝缘子串长度。

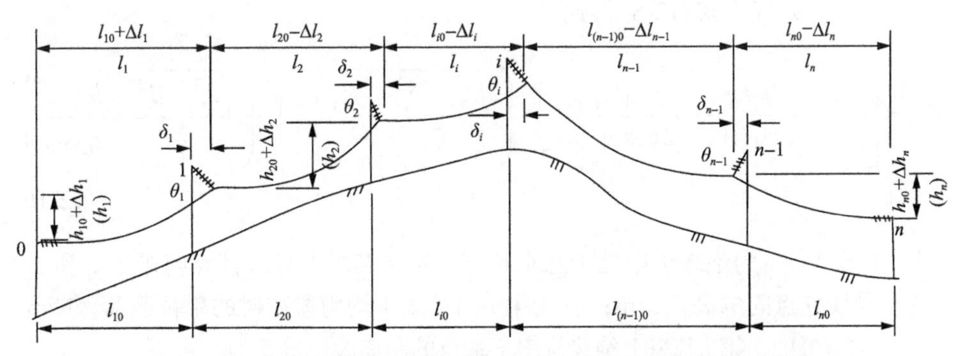

图 12-9　不均匀覆冰或不同时脱冰时悬垂绝缘子串的偏移示意图

因为输电导线上不平衡张力的作用，绝缘子串产生偏转，如图 12-10 所示。

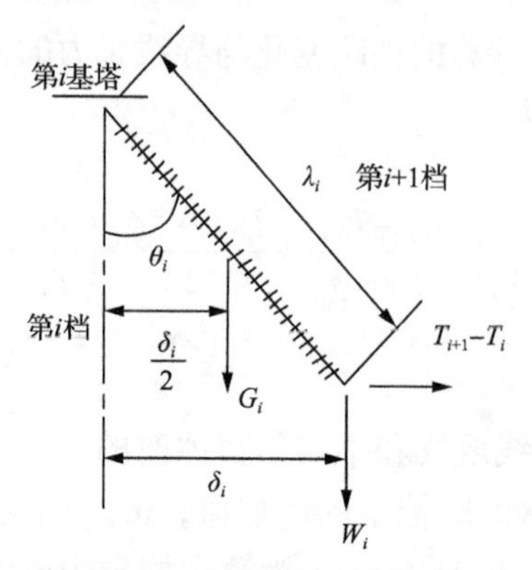

图 12-10 绝缘子串受力分析图

将绝缘子串等效为质量均匀的刚体圆柱棒，第 i 基塔上绝缘子串所承受的竖向荷载是 G_i，绝缘子串长度为 λ_i，下端承受导线的竖向作用力为 W_i，导线的不平衡张力差 $\Delta T_i = T_{i+1} - T_i$。由图 12-10 表示的受力状态，得到第 i 基塔上绝缘子串下端点的距离改变量 δ_i 和两边导线张力的关系表达式为

$$G_i \times \frac{\delta_i}{2} + W_i \times \delta_i = (T_{i+1} - T_i) \times \sqrt{\lambda_i^2 - \delta_i^2} \tag{12-7}$$

$$\tan\theta_i = \frac{\delta_i}{\sqrt{\lambda_i^2 - \delta_i^2}} = \frac{T_{i+1} - T_i}{G_i/2 + W_i} \tag{12-8}$$

$$W_i \approx \left(\frac{p_i l_{i0}}{2\cos\varphi_{i0}} + \frac{T_i h_{i0}}{l_{i0}}\right) + \left(\frac{p_{i+1} l_{(i+1)0}}{2\cos\varphi_{(i+1)0}} - \frac{T_{i+1} h_{(i+1)0}}{l_{(i+1)0}}\right) \tag{12-9}$$

将式(12-9)代入式(12-8)得到 T_{i+1} 的表达式：

$$T_{i+1} = \left[\left(\frac{G_i}{2} + \frac{p_i l_{i0}}{2\cos\varphi_{i0}} + \frac{p_{i+1} l_{(i+1)0}}{2\cos\varphi_{(i+1)0}}\right) + \left(\frac{\sqrt{\lambda_i^2 - \delta_i^2}}{\delta_i} + \frac{h_{i0}}{l_{i0}}\right) T_i\right] \div \left(\frac{\sqrt{\lambda_i^2 - \delta_i^2}}{\delta_i} + \frac{h_{(i+1)0}}{l_{(i+1)0}}\right) \tag{12-10}$$

式中，h_{i0}、$h_{(i+1)0}$ 为绝缘子串处于悬垂状态，第 i 基塔上导线挂点与第 i–1 和 i+1 基塔上导线挂点间的高差，m；p_i 为第 i 档导线不均匀覆冰时的单位载荷，N/m。

式(12-10)中，第 i 基塔上绝缘子串下端点的距离改变量 δ_i 为

$$\delta_i = \Delta l_1 + \Delta l_2 + \cdots + \Delta l_i = \delta_{i-1} + \Delta l_i \tag{12-11}$$

用试凑法计算不均匀覆冰或不同时脱冰时的水平张力，计算过程为：首先假

设一个 T_1，代入式(12-7)求得 Δl_1，其次将 T_1 和 $\delta_1=\Delta l_1$ 代入式(12-10)求得 T_2，最后将 T_2 代入式(12-7)求得 Δl_2 和 $\delta_2=\Delta l_2+\delta_1$，重复上述步骤，直到求得 δ_n。然后改变 T_1 的数值，直到 $\delta_n=0$ 为止，此时各导线张力即为不均匀覆冰或不同时脱冰时的导线水平张力。

依据求解得到的连续档输电导线各档导线水平张力，由各档导线水平张力求解每档导线弧垂，从而得到在不均匀覆冰或不同时脱冰情况下，各档导线存在不平衡张力时，输电导线脱冰前后的弧垂差以及绝缘子串的初始偏转角，即为利用 Runge-Kutta 法求解连续档输电导线脱冰振动位移数学模型的初始位移条件，将其代入 Runge-Kutta 法求解导线脱冰振动时的竖向位移和水平应力时程，再将计算结果中的振动位移转化为以导线脱冰前位置为初始位置的位移表达。

12.4.2　数学模型振动特性计算结果

利用 MATLAB 软件编写 Runge-Kutta 法程序，在计算导线脱冰振动初始条件的基础上，对三档档距均为 300m，覆冰厚度为 20mm，脱冰率为 25%、50%、75%和 100%下的三档输电导线脱冰振动位移和水平应力数学模型进行求解，得到导线脱冰振动过程中的导线中点竖向位移和导线水平应力时程数据，结果如图 12-11 所示。

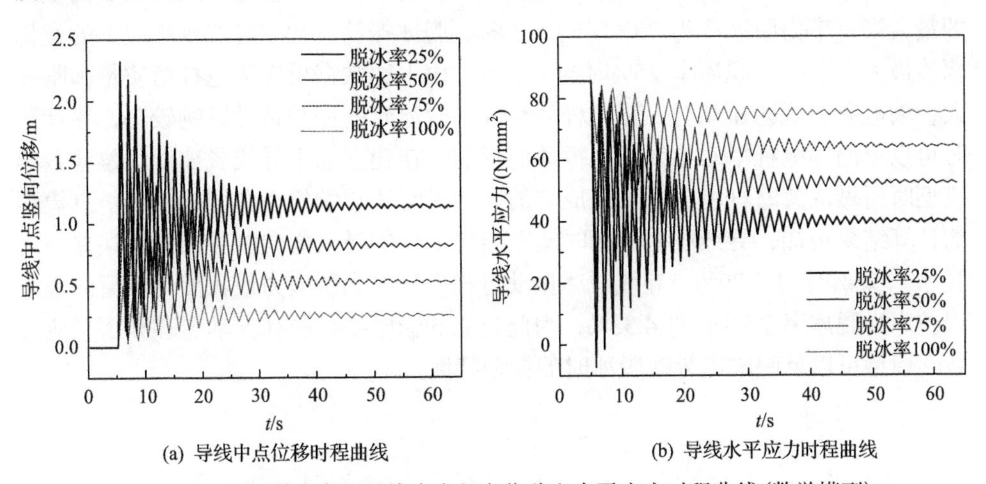

(a) 导线中点位移时程曲线　　(b) 导线水平应力时程曲线

图 12-11　不同脱冰率下导线中点竖向位移和水平应力时程曲线(数学模型)

由图 12-11 可知，导线脱冰率为 25%、50%、75%和 100%时，输电导线脱冰振动数学模型中导线振动最大竖向位移为 2.376m、1.686m、1.071m、0.513m，在阻尼的作用下振动位移随着时间的增加逐渐趋于稳定，四种不同脱冰率下输电导线脱冰振动数学模型中导线水平应力最大变化幅值分别为 20.63N/mm^2、41.99N/mm^2、64.17N/mm^2、87.41N/mm^2。

由输电导线脱冰振动数学模型和仿真模型计算结果，得到导线脱冰振动时导线中点最大竖向位移和导线水平应力最大变化幅值的计算数据，对比结果如图 12-12 所示。

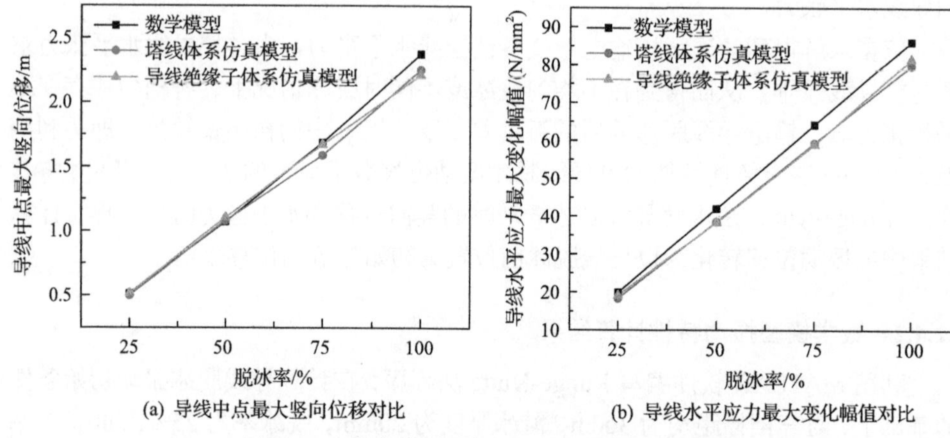

(a) 导线中点最大竖向位移对比　　(b) 导线水平应力最大变化幅值对比

图 12-12　数学模型计算结果和仿真结果对比图

由图 12-12 可知，在对输电导线脱冰振动特性进行有限元仿真模拟时，在塔线和导线绝缘子两种仿真模型的求解数据中，脱冰振动时输电导线最大竖向位移的最大误差率为脱冰率为 75%时的 5.29%，脱冰振动过程中导线水平应力的变化幅值最大误差率为脱冰率 25%时的 4.33%。由上述数据可知输电杆塔质量和刚度大，输电导线脱冰振动时，输电杆塔对导线脱冰时的振动特性影响较小，在计算时可以忽略输电杆塔对导线脱冰振动的影响，在建立输电导线脱冰振动位移数学模型时所做的忽略杆塔的假设是成立的。通过对比数学模型和塔线体系仿真模型的计算结果可知，导线脱冰振动时输电导线中点的最大竖向位移的最大误差率为脱冰率 75%时的 5.29%，导线脱冰振动过程中导线水平应力最大变化幅值的最大误差率为脱冰率 25%时的 4.33%，因此建立的输电导线脱冰振动位移和水平应力数学模型可以反映输电导线脱冰时的振动特性。

第 13 章　融冰体系脱冰振动特性仿真分析

13.1　短接导线脱冰振动特性分析

为分析不同工况对短接导线脱冰振动的影响，本节通过调整融冰体系短接导线脱冰振动数学模型中的脱冰率、覆冰厚度、阻尼比、挂点高差及挂点距离等参数模拟不同工况组合，求解并提取受脱冰振动影响最大的短接导线中点竖向位移及水平应力时程曲线，分析其脱冰振动特性。

13.1.1　不同脱冰工况下短接导线脱冰振动特性分析

13.1.1.1　不同脱冰率下短接导线脱冰振动特性分析

设定短接导线挂点距离 5m、挂点高差 1m、覆冰厚度 40mm、阻尼比 0.02，调整脱冰率为 25%、50%、75%、100%，利用 MATLAB 软件对不同脱冰率工况下短接导线的脱冰振动位移、应力数学模型进行求解，提取各脱冰率工况下短接导线脱冰振动中点竖向位移和水平应力时程曲线，如图 13-1 所示。

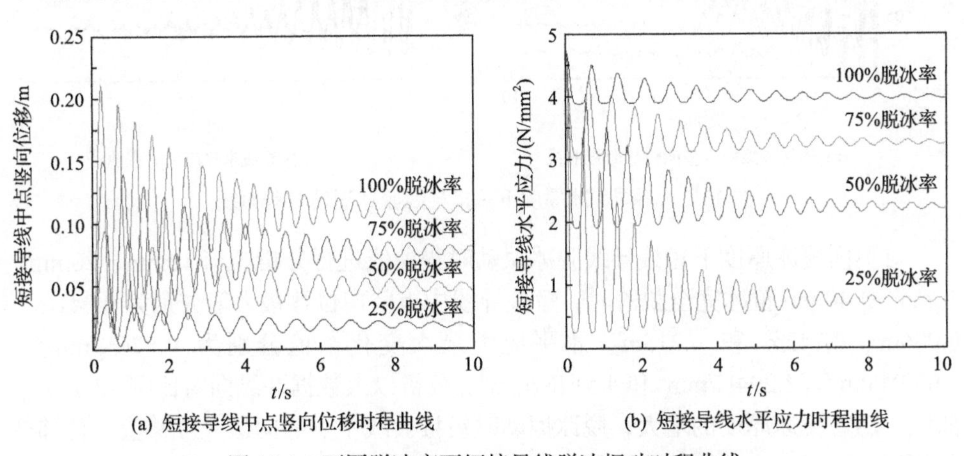

(a) 短接导线中点竖向位移时程曲线　　(b) 短接导线水平应力时程曲线

图 13-1　不同脱冰率下短接导线脱冰振动时程曲线

对覆冰厚度 40mm 时不同脱冰率下短接导线中点竖向位移和水平应力时程曲线进行分析。在 25%、50%、75%、100%四种脱冰率下，短接导线中点竖向位移最大值分别为 0.036m、0.096m、0.153m 和 0.215m，水平应力最大变化幅值分别为 0.866N/mm^2、1.683N/mm^2、2.844N/mm^2 和 4.517N/mm^2。分析以上数据并纵向对比图 13-1 中各曲线，随着脱冰率的增大，短接导线中点竖向最大位移和水平应力最大变化幅值的变化幅度也增加。其原因是各脱冰率工况下，短接导线在脱冰前均处于同一位置、具有相同的动能和势能，当发生脱冰振动时，脱冰率越大则释放的能量越多，因此脱冰所导致的最大位移和应力变化幅值均随之增大。同时，短接导线脱冰振动频率随脱冰率的增加而略有增加，这是因为短接导线刚度较大，可认为在脱冰前后保持不变，当脱冰率逐渐增大时，剩余覆冰与短接导线质量之和因脱冰质量的增加逐渐减小，从而导致振动频率有所增加。

13.1.1.2 不同覆冰厚度下短接导线脱冰振动特性分析

数学模型中挂点高差、挂点距离、阻尼比及脱冰率相同，仅调整短接导线覆冰厚度，利用 MATLAB 软件对不同覆冰厚度下短接导线脱冰振动数学模型进行求解，得到在 10mm、20mm、30mm 和 40mm 四种覆冰厚度下短接导线完全脱冰时中点竖向位移及水平应力时程曲线，如图 13-2。

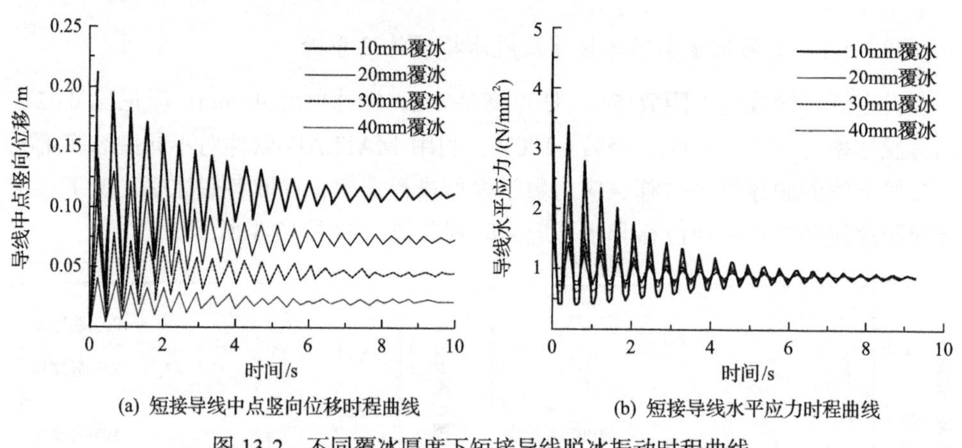

(a) 短接导线中点竖向位移时程曲线　　(b) 短接导线水平应力时程曲线

图 13-2 不同覆冰厚度下短接导线脱冰振动时程曲线

对不同覆冰厚度下短接导线脱冰振动时程曲线进行分析。当 10mm、20mm、30mm 和 40mm 覆冰完全脱落时，短接导线中点竖向位移最大值分别为 0.041m、0.086m、0.142m 和 0.215m，水平应力最大变化幅值分别为 0.876N/mm^2、2.049N/mm^2、3.294N/mm^2 和 4.517N/mm^2。分析以上数据并纵向对比图 13-2 中各曲线，随着覆冰厚度的增大，脱冰振动时短接导线中点竖向最大位移值、位移变化幅度及水平应力最大变化幅值也随之变大，但变化频率基本相同。其原因是短接导线脱冰前覆冰厚度越大，则初始水平应力越大，从而导致脱冰后的位移及水平应力变化越大，当完全脱冰时仅为裸导线振动，所以振动频率基本相似。同时，脱冰结束后短接导线水平应力趋于相同值，与实际情况相符。

在对不同覆冰厚度下短接导线脱冰振动特性分析的基础上，利用数学模型进一步计算多组不同覆冰厚度与脱冰率的组合工况，提取各组工况下短接导线中点竖向最大位移和水平应力最大变化幅值，如图 13-3 所示。

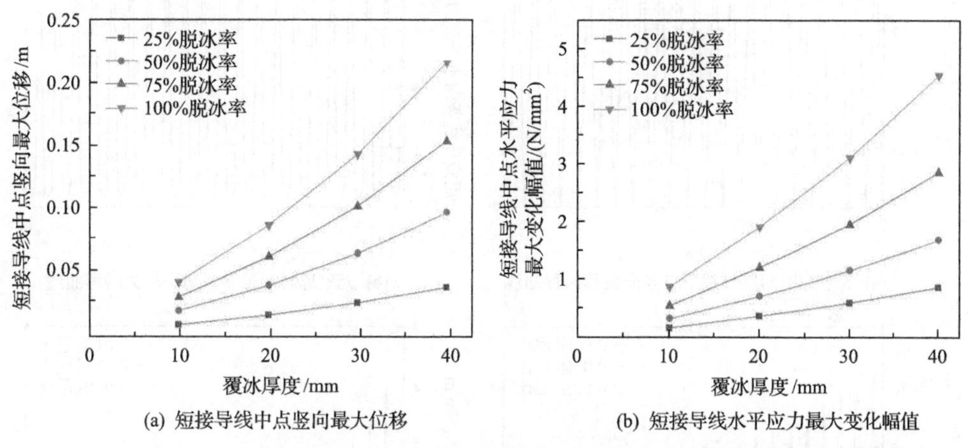

图 13-3　不同覆冰厚度和脱冰率下短接导线脱冰振动最大幅值变化图

对比各脱冰率下短接导线中点竖向最大位移及水平应力最大变化幅值，随着覆冰厚度的增加，脱冰率越大，两者增加的幅度越大。其原因是随着覆冰厚度的增加，短接导线水平张力增加的幅值也逐步变大，从而导致在脱冰振动时跳跃幅度增大且幅值增加比例逐步提升。此外，短接导线在不同覆冰厚度下脱冰振动导致的水平应力最大变化幅值与中点竖向最大位移变化趋势基本一致，但水平应力变化幅值变化率更大。综合以上分析，应尽可能在覆冰厚度较小时逐步开展融冰作业，避免短时间内大量脱冰，这样可有效降低脱冰振动影响。

13.1.2　不同阻尼比下短接导线脱冰振动特性分析

在覆冰厚度、脱冰率、挂点高差和挂点距离相同的条件下，将阻尼比调整为 0、0.01、0.02 和 0.03，得到各阻尼比下短接导线完全脱冰时中点竖向位移及水平应力时程曲线，如图 13-4 所示。

在无阻尼作用时，图像沿中轴线上下摆动，不做衰减，符合理想情况。随着结构阻尼比的逐渐增大，短接导线脱冰振动中点竖向最大位移和水平应力最大变化幅值略有减小，但其衰减速度逐渐加快，因此阻尼比的小幅增大对振动时长的缩减有明显效果。振动结束后，不同阻尼比下短接导线中点竖向位移和水平应力均趋于同一值，说明阻尼仅加快结构能量的衰减而对结构的最终平衡位置无明显影响，与实际情况相符。故增加阻尼装置将有效减少结构振动时长，降低连接部位的疲劳风险。

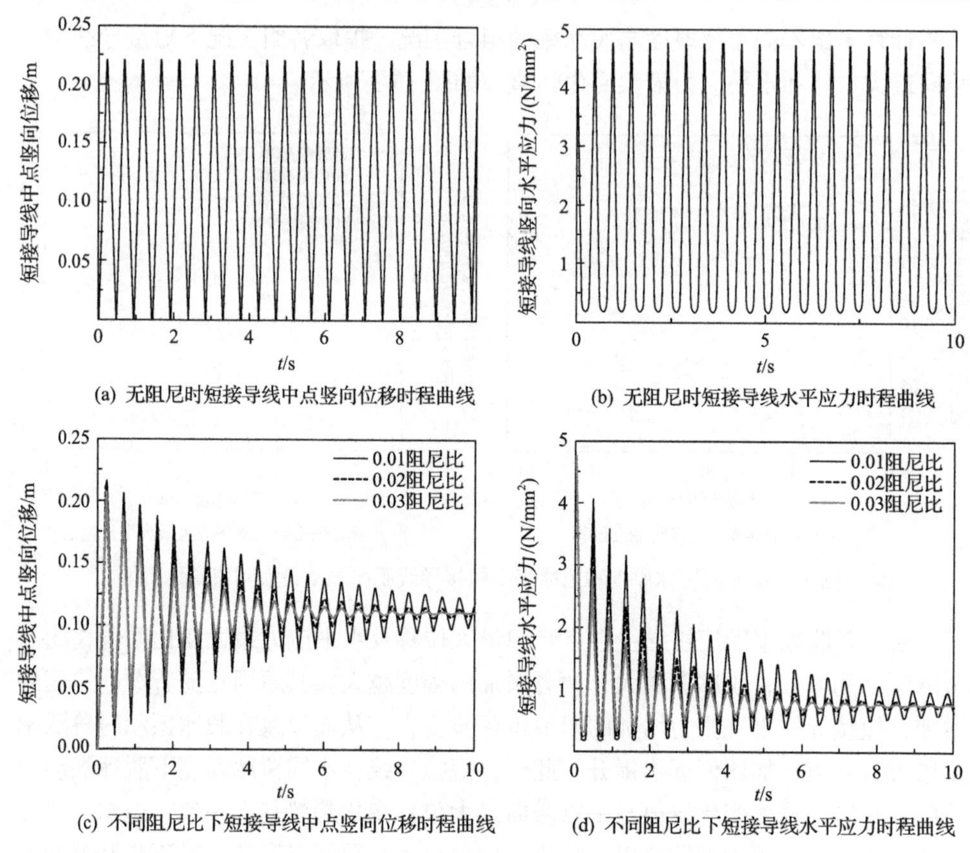

(a) 无阻尼时短接导线中点竖向位移时程曲线　(b) 无阻尼时短接导线水平应力时程曲线

(c) 不同阻尼比下短接导线中点竖向位移时程曲线　(d) 不同阻尼比下短接导线水平应力时程曲线

图 13-4　不同阻尼比下短接导线脱冰振动时程曲线

13.1.3　不同挂点下短接导线脱冰振动特性分析

13.1.3.1　不同挂点高差下短接导线脱冰振动特性分析

设定短接导线在档距 5m、覆冰厚度 40mm、阻尼比 0.02 的条件下完全脱冰，调整挂点高差分别为 0.75m、1m、1.25m，可得到短接导线脱冰振动中点竖向位移和水平应力时程曲线，如图 13-5 所示。

对比分析不同挂点高差下短接导线脱冰振动时程曲线。短接导线中点竖向位移和水平应力基本不受挂点高差影响，振动频率随着挂点高差的增大而略有减小。主要原因是设计规范对短接导线挂点张力的大小有明确限值要求，挂点高差增大时为满足设计要求，短接导线垂度也会相应调整以保证挂点张力不变，所以短接导线在不同挂点高差下脱冰振动时竖向位移和水平应力变化量差异不大，但挂点高差越大则短接导线自重越大，故脱冰振动频率越小。因此进行融冰体系短接导线设计时，可在满足挂点张力设计要求的前提下，在一定程度上忽略挂点高差的影响。

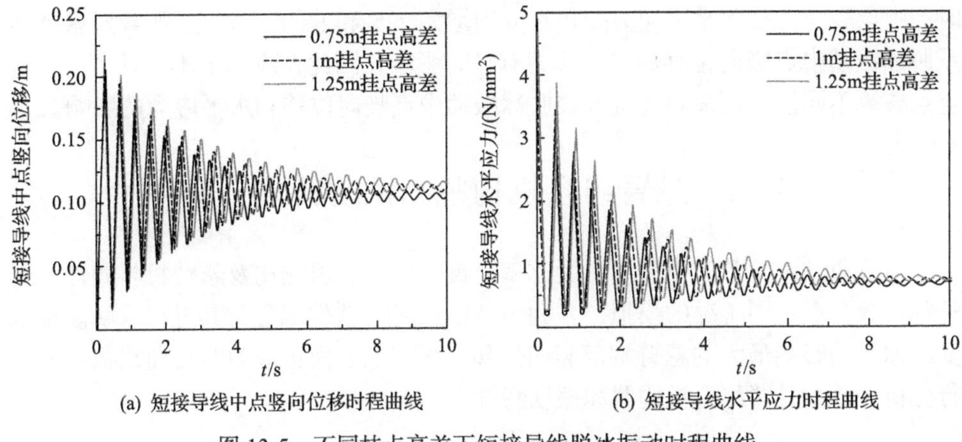

(a) 短接导线中点竖向位移时程曲线　(b) 短接导线水平应力时程曲线

图 13-5　不同挂点高差下短接导线脱冰振动时程曲线

13.1.3.2　不同挂点距离下短接导线脱冰振动特性分析

融冰体系应用于不同塔型上将会导致短接导线挂点距离不同，因此利用 MATLAB 软件对不同挂点距离下短接导线的脱冰振动情况进行计算分析。在短接导线挂点高差和覆冰相同的情况下，仅调整挂点距离分别为 4m、5m、6m，得到不同挂点距离下短接导线脱冰振动中点竖向位移和水平应力时程数据，如图 13-6 所示。

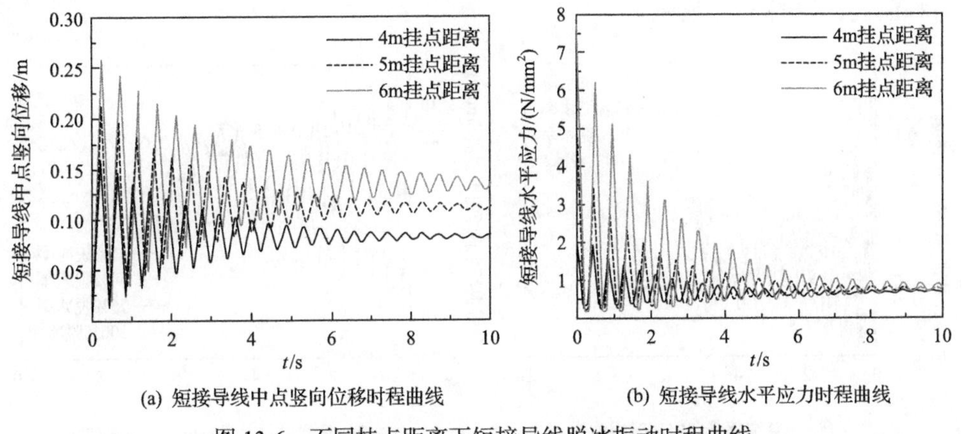

(a) 短接导线中点竖向位移时程曲线　(b) 短接导线水平应力时程曲线

图 13-6　不同挂点距离下短接导线脱冰振动时程曲线

对比分析不同挂点距离下短接导线脱冰振动时程曲线。挂点距离越大，短接导线脱冰时中点竖向位移越大，水平应力变化量也随之增大，振动频率减小；因为阻尼比固定，大档距时中点竖向位移和水平应力的衰减速度也略慢于小档距；脱冰振动完成后，水平应力最终值趋于同一数值的情况也与初始条件设置的短接导线无冰时水平张力为固定值这一条件相符。短接导线挂点距离由 5m 上升至 6m

时，中点竖向位移和水平应力变化量分别增大22%和68%，故挂点距离对融冰体系脱冰振动中点竖向位移和水平应力有显著影响，因此在应用于不同塔型时，应重点核算不同挂点距离对短接导线脱冰振动中点竖向位移和水平应力的影响。

13.2 悬臂组合机构脱冰振动特性分析

本节通过调整数学模型中的脱冰率、覆冰厚度、阻尼比及悬臂材料属性、臂长等参数实现不同工况的模拟，并利用 MATLAB 软件编程对其进行求解。提取受脱冰振动影响最大的悬臂端部竖向位移、根部上表面正应力时程曲线数据并进行分析，总结悬臂组合机构脱冰振动特性。

13.2.1 不同脱冰工况下悬臂组合机构脱冰振动特性分析

13.2.1.1 不同脱冰率下悬臂组合机构脱冰振动特性分析

利用 MATLAB 软件对不同脱冰率工况下的悬臂组合机构脱冰振动位移和应力数学模型进行计算并提取时程曲线数据。采用控制变量法，设定支柱绝缘子长为 0.3m，悬臂长为 4m，阻尼比为 0.02，在覆冰厚度为 40mm 的重覆冰工况下，通过调整脱冰率参数为 25%、50%、75%、100%，分别对悬臂组合机构脱冰振动数学模型进行求解计算，得到脱冰振动时悬臂端部竖向位移和根部上表面正应力时程曲线，如图 13-7 所示。

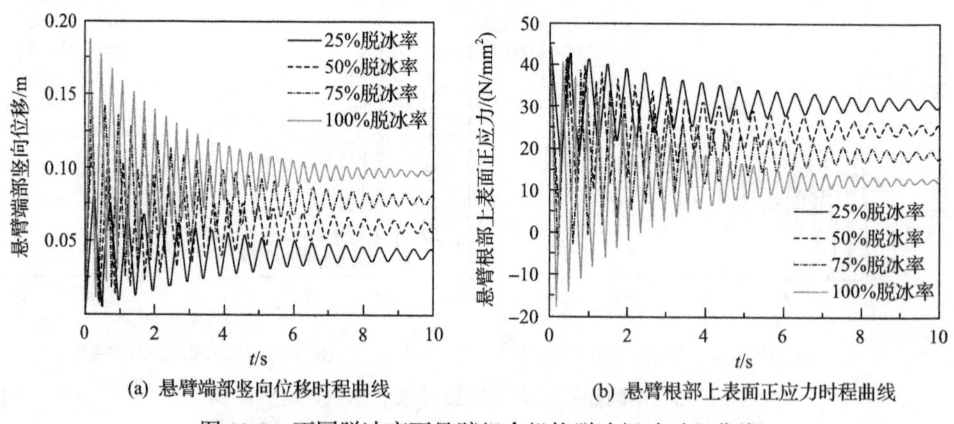

(a) 悬臂端部竖向位移时程曲线　　(b) 悬臂根部上表面正应力时程曲线

图 13-7　不同脱冰率下悬臂组合机构脱冰振动时程曲线

下面对覆冰厚度为 40mm 时不同脱冰率下悬臂组合机构脱冰振动时程计算结果进行分析。在 25%、50%、75%、100%四种脱冰率下，悬臂端部竖向位移最大值分别为 0.080m、0.116m、0.152m 和 0.188m，悬臂根部上表面正应力最大变化幅值分别为 26.371N/mm^2、38.175N/mm^2、50.064N/mm^2 和 61.915N/mm^2。对以上数据分析可得，随着脱冰率的逐渐增大，脱冰导致的悬臂端部竖向位移和根部上表面正应力变化幅值也增大；在脱冰率大于 75%时，悬臂根部上表面正应力出现负值，说明此时悬臂组合机构振动发生回弹，超过水平位置。同时，因脱冰率越大则悬臂与覆冰的整体质量越小，故振动频率也随脱冰率的增大而略微增加。待振动结束时，悬臂端部竖向位移最终值与脱冰率成正比、根部上表面正应力最终值与脱冰率成反比，其原因是振动结束后悬臂组合机构将回到静力平衡状态，脱冰率越大悬臂与覆冰质量之和越小，则挠度越小，悬臂根部所受到的正应力也就越小。

13.2.1.2　不同覆冰厚度下悬臂组合机构脱冰振动特性分析

利用 MATLAB 软件对不同覆冰厚度下悬臂组合机构的脱冰振动情况进行分析。在悬臂组合机构外形尺寸、阻尼比和材料属性相同的情况下，仅调整覆冰厚度，得到在 10mm、20mm、30mm 和 40mm 四种不同覆冰厚度工况下完全脱冰时悬臂端部竖向位移和根部上表面正应力时程曲线，如图 13-8 所示。

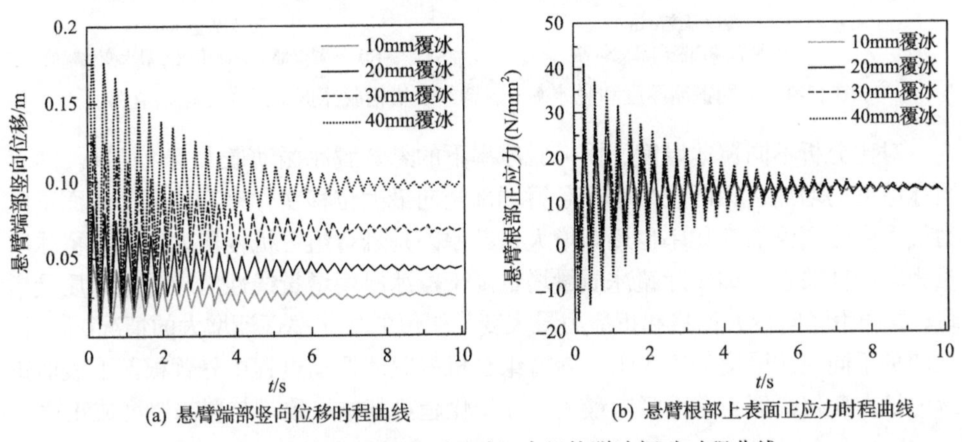

(a) 悬臂端部竖向位移时程曲线　(b) 悬臂根部上表面正应力时程曲线

图 13-8　不同覆冰厚度下悬臂组合机构脱冰振动时程曲线

分析不同覆冰厚度下完全脱冰时悬臂组合机构位移、应力时程计算结果。在 10mm、20mm、30mm、40mm 四种覆冰厚度下完全脱冰时，悬臂端部竖向位移最大值分别为 0.047m、0.084m、0.132m 和 0.188m，悬臂根部上表面正应力最大变化幅值分别为 14.852N/mm^2、27.685N/mm^2、43.399N/mm^2 和 61.915N/mm^2。因悬臂覆冰时及脱冰后的位置差及相同脱冰率时的脱冰量均随着覆冰厚度的增加逐渐增大，故悬臂脱冰时端部竖向位移和根部上表面应力变化幅值也随之增大；当覆冰厚度超过 20mm 后，悬臂完全脱冰时根部上表面正应力产生负值，表明发生回弹现象。同时，不同覆冰厚度下脱冰振动频率及脱冰振动完成后悬臂根部上表面正应力值均基本一致，其原因是完全脱冰时振动本体仅为悬臂组合机构自身，其根部上表面正应力、振动频率均只与其本身性质有关，故图像变化情况与实际相符。

在对不同覆冰率下悬臂组合机构完全脱冰工况分析的基础上，利用数学模型进一步计算多组不同覆冰厚度与脱冰率的组合工况，并采用 MATLAB 软件求解悬臂端部竖向位移和根部上表面正应力，提取出各工况下最大位移和正应力最大变化幅值数据，如图 13-9 所示。

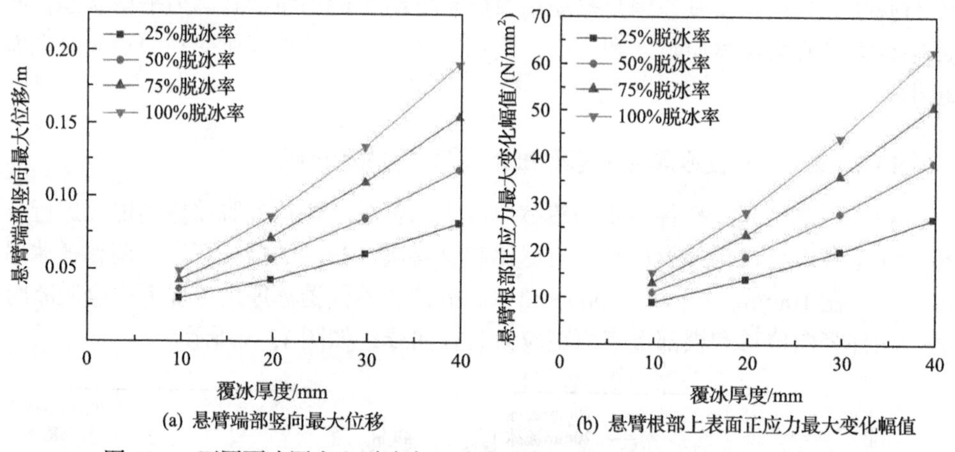

(a) 悬臂端部竖向最大位移　　(b) 悬臂根部上表面正应力最大变化幅值

图 13-9　不同覆冰厚度和脱冰率下悬臂组合机构脱冰振动最大变化幅值图

对比分析不同覆冰厚度、同一脱冰率下的悬臂脱冰振动最大变化情况。随着覆冰厚度的增加，相同脱冰率下悬臂端部竖向最大位移变化率和根部上表面正应力最大变化幅值的变化率也逐渐增大，其原因是悬臂组合机构覆冰厚度与覆冰质量为非线性关系，即实际覆冰质量增量高于覆冰厚度增量线性对应的覆冰质量增量，故产生竖向最大位移和正应力最大变化幅值的变化率逐渐增大的情况。同时，在四种不同覆冰厚度的工况下，悬臂组合机构脱冰振动过程中悬臂根部上表面正应力最大变化幅值与端部竖向最大位移变化趋势基本一致，与覆冰厚度成正比。

13.2.2　不同阻尼比下悬臂组合机构脱冰振动特性分析

阻尼的不同将直接影响悬臂组合机构脱冰振动衰减速度。本节通过调节阻尼比，分析不同阻尼比对悬臂组合机构脱冰振动的影响，无阻尼以及阻尼比为 0.01、0.02、0.03 下脱冰振动悬臂端部竖向位移和根部上表面正应力时程曲线如图 13-10 所示。

对不同阻尼比下悬臂组合机构脱冰振动时程曲线进行分析。悬臂组合机构阻尼比越大，能量衰减得就越快，振幅衰减系数也越大，悬臂组合机构也越快趋于平衡。在阻尼比从 0.01 增至 0.03 时，结构振动结束趋于稳定的时长由 18s 减少至 7s，因此阻尼比的增加将有效抑制脱冰振动对悬臂组合机构的影响。在无阻尼时，悬臂端部竖向位移和根部上表面正应力在中心轴线上下摆动，无衰减趋势，符合实际情况，证明了数学模型中阻尼比因素的有效性。

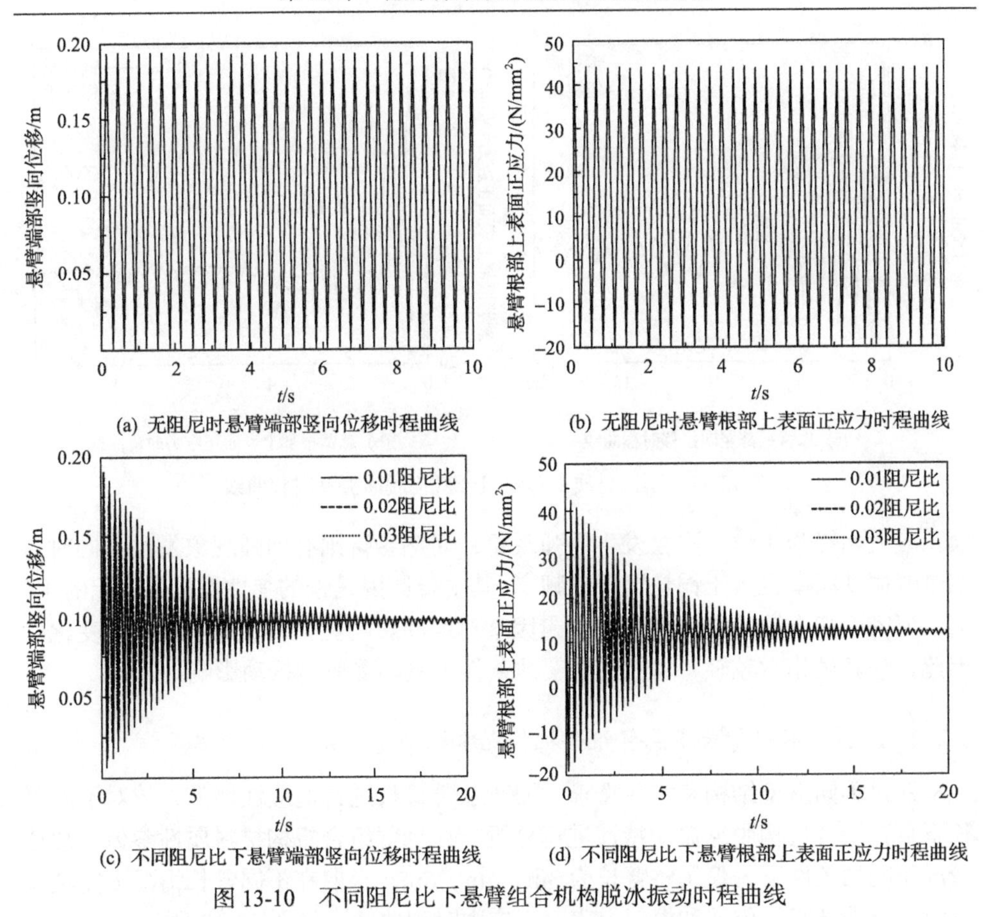

(a) 无阻尼时悬臂端部竖向位移时程曲线　(b) 无阻尼时悬臂根部上表面正应力时程曲线

(c) 不同阻尼比下悬臂端部竖向位移时程曲线　(d) 不同阻尼比下悬臂根部上表面正应力时程曲线

图 13-10　不同阻尼比下悬臂组合机构脱冰振动时程曲线

13.2.3　不同属性参数下悬臂组合机构脱冰振动特性分析

13.2.3.1　不同材质下悬臂组合机构脱冰振动特性分析

悬臂应具有良好的导电性以满足大电流通过的需求，但同时又需考虑质量因素，因此需要对不同材质的悬臂受脱冰振动影响的情况进行分析。选取导电性较好的铝和铜两种材质，利用 MATLAB 软件分别对两种材质下悬臂组合机构的脱冰振动情况进行分析。设定悬臂组合机构外形尺寸、阻尼比相同，仅调整材料属性参数，求取在材质为铝和铜的情况下完全脱冰时悬臂端部竖向位移和根部上表面正应力时程曲线，如图 13-11 所示。

对不同材质下悬臂组合机构脱冰振动时程曲线进行分析。在铝和铜材质下完全脱冰时，悬臂端部竖向位移分别为 0.188m 和 0.138m，悬臂根部上表面正应力最大变化幅值分别为 61.915N/mm^2 和 69.643N/mm^2。在相同脱冰工况下，铝悬臂比铜悬臂竖向位移大但应力最大变化幅值小。在重覆冰情况下，铜悬臂根部上表

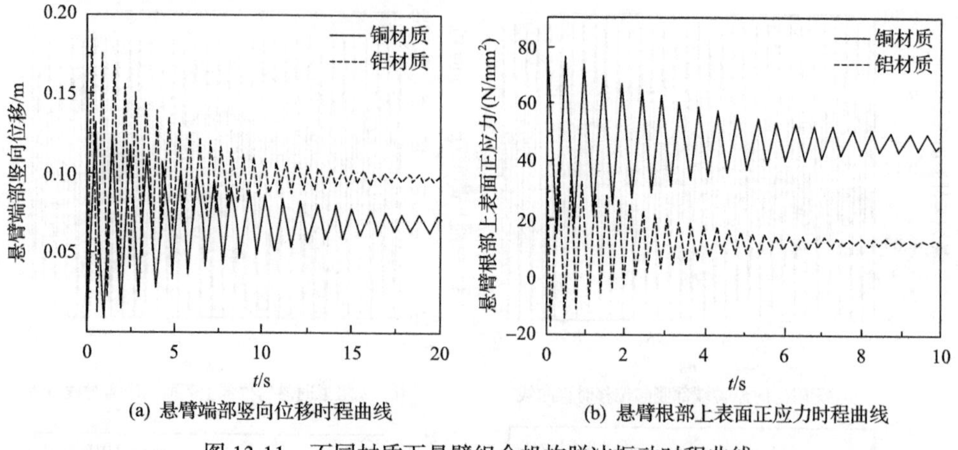

(a) 悬臂端部竖向位移时程曲线 (b) 悬臂根部上表面正应力时程曲线

图 13-11 不同材质下悬臂组合机构脱冰振动时程曲线

面正应力始终为正值，不会发生回弹现象，而铝悬臂则有回弹现象发生。同时，铝悬臂振动频率也大于铜悬臂振动频率。其主要原因是铜的弹性模量虽为铝的 1.5 倍，但密度却为铜的 3.3 倍，故质量因素对振动影响更大，从而产生上述变化。因此铝悬臂虽相对较轻，但在同等覆冰条件下更易受脱冰振动影响。

13.2.3.2 不同臂长下悬臂组合机构脱冰振动特性分析

针对不同塔型结构和实际需求，需对悬臂臂长进行适应性调整，故对不同臂长下悬臂组合机构脱冰振动特性进行分析。在悬臂组合机构材料属性参数、覆冰情况相同的条件下，仅调整臂长为 3m、4m、5m，求取在不同臂长情况下完全脱冰时悬臂端部竖向位移和根部上表面正应力时程曲线，如图 13-12 所示。

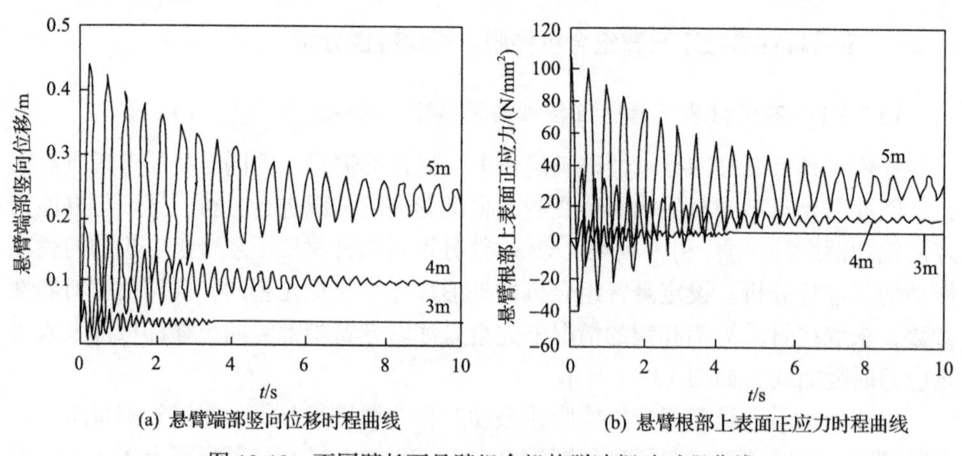

(a) 悬臂端部竖向位移时程曲线 (b) 悬臂根部上表面正应力时程曲线

图 13-12 不同臂长下悬臂组合机构脱冰振动时程曲线

对不同臂长下悬臂组合机构脱冰振动时程曲线进行分析。在 3m、4m、5m 三种臂长下完全脱冰时，悬臂端部竖向位移分别为 0.062m、0.188m 和 0.448m，悬臂根部上表面正应力最大变化幅值分别为 20.296N/mm^2、61.915N/mm^2 和 147.46N/mm^2。随着臂长的增加，在完全脱冰时，悬臂端部竖向位移和根部上表面正应力变化幅值显著增加，但振动频率逐渐变慢。其主要原因是完全脱冰后，悬臂振动频率仅与悬臂自身性质有关，在弹性模量和密度相同的情况下，臂长越大则质量越大，故振动越慢。在振动过程中，臂长越短则越快趋于平衡，结构受脱冰振动的影响越小。在振动结束时，臂长越长静止时刻端部竖向位移和根部上表面正应力越大，这也与悬臂越长则挠度越大、应力越大的实际情况相符。

第三篇　输电导线覆冰增长、脱冰振动试验

第 14 章　输电导线脱冰振动位移试验测试及验证分析

14.1　输电导线脱冰振动位移试验测试分析

14.1.1　输电导线脱冰振动位移试验测试方法

试验测试在贵州六盘水防冰试验基地进行，基于导线振动监测系统，利用惯性组合传感器，采用无线监测技术，对输电导线脱冰振动情况进行实测。导线振动监测系统总体框图如图 14-1 所示。

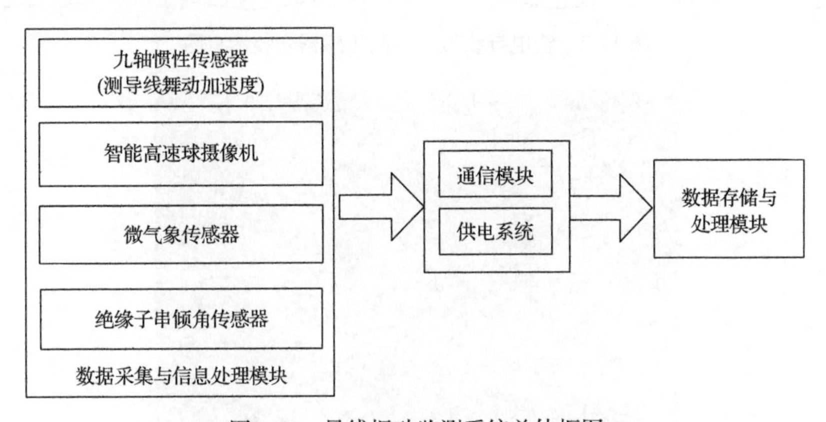

图 14-1　导线振动监测系统总体框图

组合传感器由陀螺仪、加速度传感器和电子罗盘组成。只采用加速度传感器对导线速度、加速度及位移进行测量时，安装加速度传感器的方式将导致传感器会随着导线的扭转而扭转，其空间坐标会随着变化，造成加速度测量值不在同一参考坐标系下，若直接忽略此变化，积分后得到的速度和位移会与真实情况有较大偏差。因此，利用加速度传感器和陀螺仪组合芯片进行导线振动监测，该系统可通过三轴陀螺仪实时监测加速度传感器的空间坐标变化，避免在单独使用加速度传感器时由传感器扭转造成的误差，可实现导线脱冰振动加速度、速度和位移的精确测量。

基于组合传感器的输电导线振动监测传感器安装示意图如图 14-2 所示。九轴惯性传感器安装在输电导线上，在中间档距导线上均布 5 个特征点安装传感器，其中 3 号节点为输电导线中点，节点数据通过无线传输网络传输至杆塔监测主机，主机在对监测数据进行预处理后，传输到监控中心，对数据进行处理，准确得到各监测点随时间变化的坐标值。输电导线振动监测传感器实际安装图如图 14-3 所示。

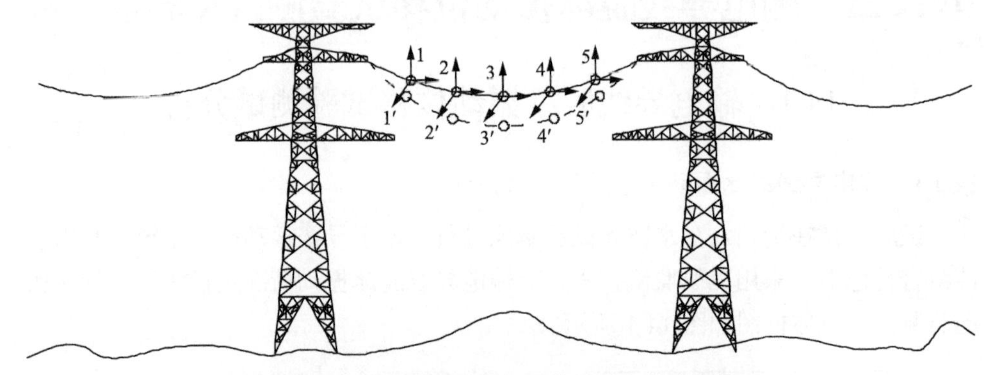

图 14-2　输电导线振动监测传感器安装示意图

图 14-3　导线振动监测传感器实际安装图

导线振动监测系统除了对导线振动进行实时监测以外，还需要对周围环境以及导线的状态参数进行测量。监测系统采用微气象传感器，对温度、风速等气象数据进行监测，同时通过对导线水平张力的监测，得到等效覆冰脱冰厚度。通过记录气象、状态参数和输电导线实时振动数据，观察监测系统所得数据，对脱冰振动时的数据进行整理，可得到输电导线脱冰振动过程中的位移振动状况。监测系统微气象传感器所记录的温度和风速变化趋势如图 14-4 和图 14-5 所示。

在进行输电导线脱冰振动试验测试时，对输电导线脱冰跳跃状态进行实时监控，导线振动监测系统监控界面如图 14-6 所示，记录实际输电导线脱冰过程

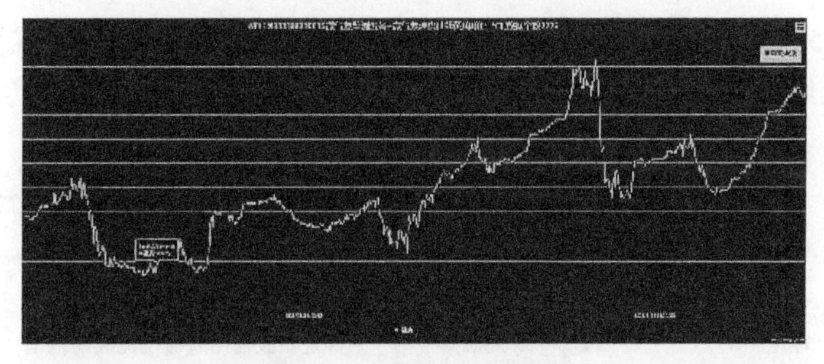

图 14-4　温度变化趋势图

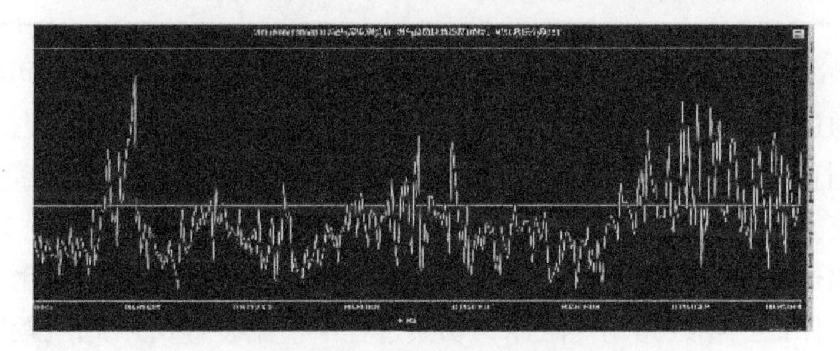

图 14-5　风速变化趋势图

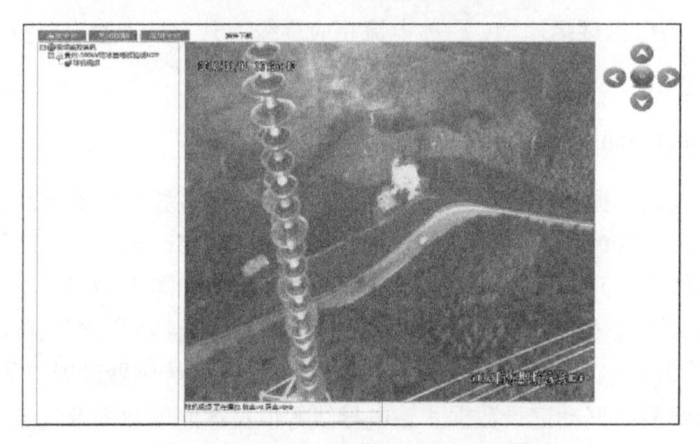

图 14-6　导线振动监测系统监控界面图

中输电导线档中传感器设置点的运动状态，达到测量输电导线各个监测点脱冰振动过程中的位移时程的目的，将实时导线振动监测数据与监测系统存储的气象和导线状态参数进行数据整理，得到具体脱冰工况下输电导线脱冰振动过程中的位移时程。

试验采用移动式直流融冰装置对输电导线进行脱冰，移动式直流融冰装置主要由融冰装置变压器、整流装置、控制系统、连接电缆和车辆组成。整套装置实行单元化设计，装载于平板拖挂车上，移动式直流融冰装置包括箱体一起，尺寸为 14m×2.5m×3m，包括车体一起，装置总高度不超过 5m。移动式直流融冰装置电气参数如表 14-1 所示。

表 14-1　移动式直流融冰装置电气参数

参数	数值	参数	数值
容量	30MV·A	额定斩波输出直流电流	1000A
额定功率	20MW	额定斩波输出直流电流波动范围	±5%
额定输入电压	36kV	额定斩波输出直流电压	5kV

直流融冰装置是采用专门的独立整流变压器，将 35kV 交流电经可控硅 12 脉波整流，通过调整可控硅触发角输出幅值可调的直流电流，为线路提供直流融冰电源，利用直流短路电流在导线电阻中产生的热量使覆冰融化。直流融冰装置采用可控整流方式，将线路对侧三相短接，本侧线路三相通过临时导线分别接入融冰母线，通过三相线路的自动切换装置，由控制装置来自动切换乏相线路连接到整流装置，保证三相线路均衡融冰，切换过程中整流装置及开关的操作可由手动或自动顺序控制来实现。融冰线路接线方式采用一进一回，融冰时依次合上开关 K1～K6，输出电压逐级递增，融冰电流相应逐级上升至最大输出电流，实现线路融冰。

14.1.2　输电导线脱冰振动位移试验测试结果

输电导线脱冰振动试验测试使用移动式直流融冰装置对输电导线进行融冰操作，融冰电流从 200A 逐步增加至 700A，使得导线在 15min 内由–3℃上升至 6℃，随后输电导线覆冰开始脱落，输电导线覆冰脱落状态如图 14-7 所示。

利用装备惯性传感器的导线振动监测系统对输电导线脱冰跳跃位移进行实时监测，记录实际输电导线脱冰振动过程中输电导线档中传感器设置点的位移时程，得到输电导线脱冰振动记录数据。输电导线等值覆冰厚度数据及气象参数数据记录如图 14-8 和图 14-9 所示，试验测试和数学模型计算均以 500kV 侧输电导线为研究对象。

由图 14-8 和图 14-9 可知，导线由等值覆冰厚度 13.1mm 完全脱冰，输电导线产生振动，此时环境温度为–2℃，平均风速为 3.7m/s。由输电导线中点传感器和绝缘子串 1 偏转传感器得到的脱冰振动位移时程如图 14-10 所示。可知全线路导线完全脱冰时第二档导线中点处最大竖向位移为 1.9115m，此时绝缘子串 1 的最大偏转角为–0.0176rad。

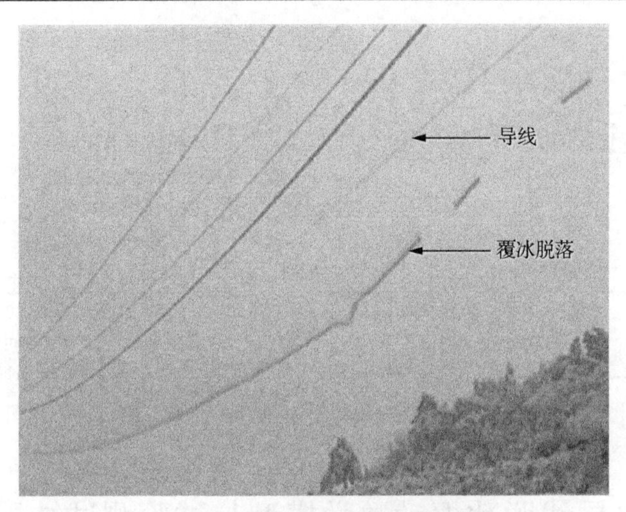

图 14-7　输电导线覆冰脱落图

序号	设备编号	数据时间	传感器 ID	等值覆冰厚度 (mm)	综合悬挂载荷 (N)	不均衡张力差 (N)	绝缘子串偏斜角 (°)	拉力 (N)
1	IT11M000000000012	2019/1/27 15:10:04	1	0.0	21185.2	0.0	0.0	21185.2
2	IT11M000000000012	2019/1/27 15:10:04	2	0.0	22715.8	0.0	0.0	22715.8
3	IT11M000000000012	2019/1/27 15:00:17	1	13.1	40374.9	316.5	0.51	47584.8
4	IT11M000000000012	2019/1/27 15:00:17	2	13.1	43289.4	370.8	0.45	50499.6

图 14-8　输电导线等值覆冰厚度数据记录图

序号	设备编号	数据时间	温度 (℃)	雨量 (ml/h)	降水强度 (mm/min)	10分钟平均风速(m/s)
1	WF11M000000000012	2019/1/27 15:10:04	−2	0	0	3.7
2	WF11M000000000012	2019/1/27 15:00:17	−2	0	0	2.1
3	WF11M000000000012	2019/1/27 14:50:09	-1	0	0	3.4
4	WF11M000000000012	2019/1/27 14:40:05	−1	0	0	2.9

图 14-9　输电导线气象参数数据记录图

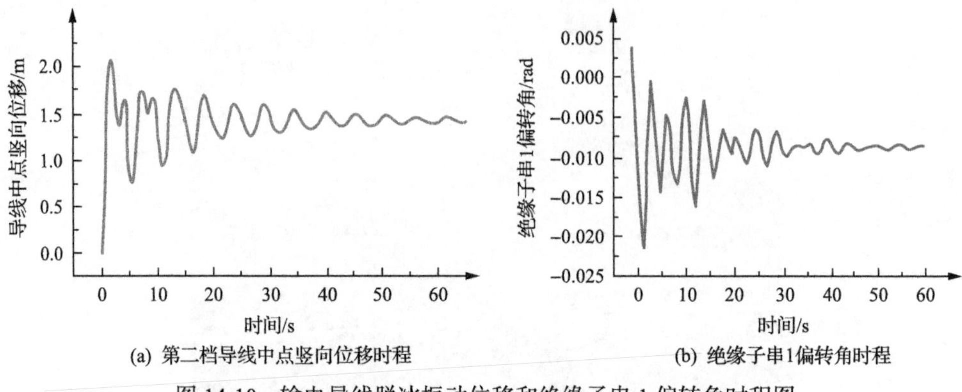

(a) 第二档导线中点竖向位移时程　　(b) 绝缘子串1偏转角时程

图 14-10　输电导线脱冰振动位移和绝缘子串 1 偏转角时程图

14.2　输电导线脱冰振动数学模型与试验测试结果验证分析

利用 MATLAB 软件，基于输电导线脱冰振动位移数学模型，将表 14-2 的试验基地输电导线和绝缘子串参数代入数学模型，其中导线的综合弹性模量为 65170MPa，计算与试验测试相同条件下脱冰时，输电导线脱冰振动过程中第二档导线中点竖向位移和绝缘子串 1 偏转角的时程数据，所得数学模型脱冰振动位移计算结果如图 14-11 所示。

由图 14-11 可知，数学模型计算结果中第二档导线中点竖向最大位移为 2.3427m，绝缘子串 1 最大偏转角为–0.0217rad，与试验测试所得数据进行对比，第二档导线中点最大竖向位移和绝缘子串 1 最大偏转角的误差率分别为 22.56%和 23.30%。

表 14-2　输电和绝缘子串相关参数

参数		数值
导线	单位长度覆冰质量/(kg/m)	6.249
	单位长度质量/(kg/m)	7.428
	一档档距/m	186
	二档档距/m	396
	三档档距/m	228
绝缘子串	长度/mm	6582
	质量/kg	735.6
高差	一档导线/m	17.4
	二档导线/m	–4.0
	三档导线/m	–28.3

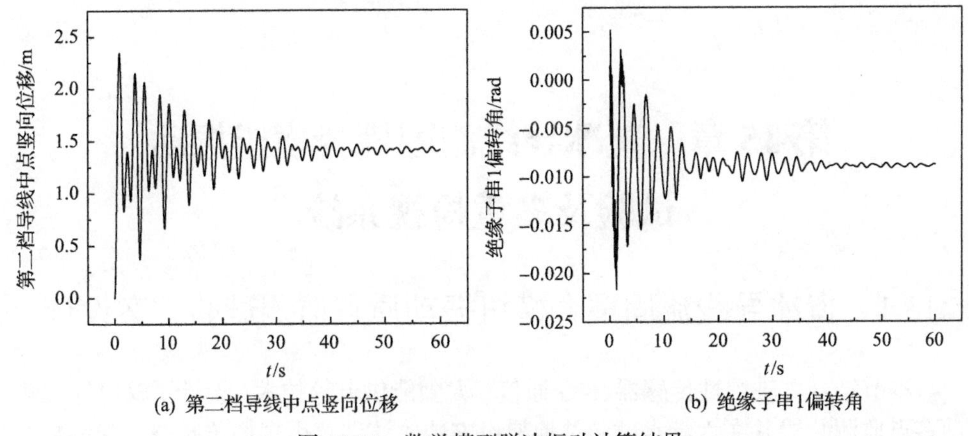

(a) 第二档导线中点竖向位移　(b) 绝缘子串1偏转角

图 14-11　数学模型脱冰振动计算结果

建立连续档输电导线脱冰振动位移数学模型时，将导线初始构型由悬链线函数简化为抛物线函数，其简化前提为垂跨比 $f/L<0.1$，而试验测试中输电导线第三档的垂跨比为 0.124，在进行简化时会造成导线初始构型与真实情况有误差，因此数学模型计算结果与试验测试数据存在一定的误差，但是通过对比数学模型计算结果与试验测试所得数据可知，建立的连续档输电导线脱冰振动数学模型能够反映输电导线脱冰振动基本趋势。为减小建立的输电导线脱冰振动数学模型的误差率，后续可在此基础上考虑输电导线的初始构型为悬链线函数从而建立连续档输电导线脱冰振动数学模型。

第15章　覆冰导线流固耦合横扭振动试验及多重检视系统

15.1　覆冰导线流固耦合横扭振动质点监测试验方案设计

本节结合九轴惯性传感器、4G通信、太阳能供电等技术，设计了输电导线舞动多点监测装置并在六盘水试验基地架设安装。该装置由现场传感器、现场数据采集单元、通信单元(有线通信、4G通信)、监测平台服务器、监控中心组成。现场传感器包括用于监测导线舞动位移的九轴惯性传感器、可以对输电导线及所处环境进行视频监控的高清摄像机、可综合监测线路运行气象环境(温湿度、气压、风速风向等)的微气象传感器等。

在六盘水试验基地的塔上布置数据采集主机、扩展模块及供电控制模块等作为现场数据采集单元，通过4G无线网络将数据传输至远程监测平台服务器，监测平台软件部署在监测平台服务器上，可实时接收并存储现场监测数据。监测平台软件同时具备如下功能：现场数据展示、查询、统计分析、下载和用户自定义分析。

监测平台采用网页形式，同时需要在监控中心的客户端计算机中安装MATLAB Runtime，用于支持利用MATLAB编写的可执行程序的运行。在客户端计算机中运行基于MATLAB编写的覆冰导线流固耦合横扭振动多重检视系统，即可实时查看覆冰导线振动动态响应及空间轨迹。

安装的主要设备中，杆塔监测主分机安装在杆塔上，主要负责采集微气象数据信息(风速、风向等)和收发舞动监测单元数据；导线舞动探头安装在防冰基地N2塔和N3塔之间的500kV导线上，安装位置分别为导线跨度的1/8、2/8、3/8、4/8、6/8处，共5个测点，如图15-1所示。该导线跨度为396m，是试验基地三跨导线中的最大跨，最有可能发生舞动。

图15-2为现场安装输电导线舞动多点监测装置的部分图片，导线将穿过舞动探头内部实现紧密结合，保证实测稳定性与精度。

在导线舞动监测的基础上，还在绝缘子处安装了拉力和倾角传感器，实时监测导线力学特性，同时作为后续数据分析时对舞动振幅与张力关系的验证。视频监测控可以实时调取现场画面，查看导线运行状态，减少人力成本，避免高空检查的危险。太阳能供电设备则通过安装支架安装于铁塔杆件上。

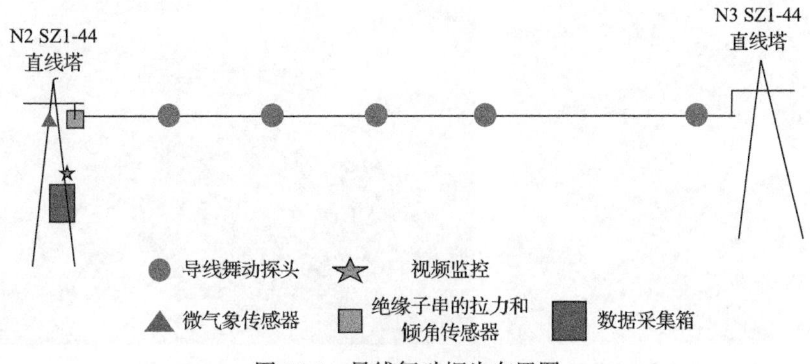

图 15-1　导线舞动探头布置图

(a) 导线舞动探头

(b) 现场风速风向仪安装图

(c) 拉力和倾角传感器安装图

(d) 数据采集箱

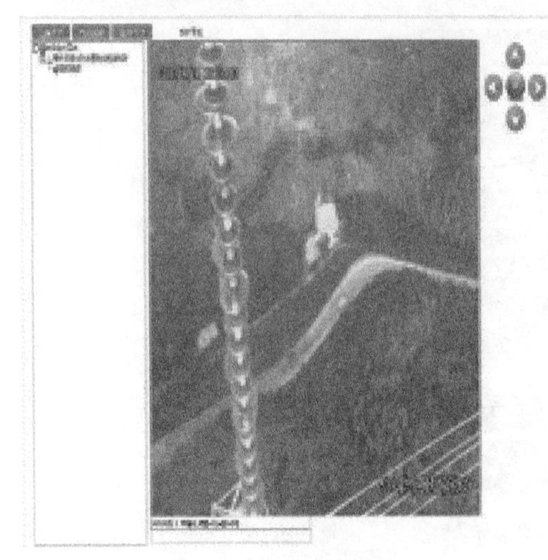

(e) 视频监测图

(f) 太阳能供电设备实际安装图

图 15-2　输电导线舞动监测设备现场安装图

15.2　在线监测数据统计分析及覆冰导线振动轨迹拟合

输电导线舞动监测装置传感器包括导线舞动探头、视频监控、微气象传感器和绝缘子串的拉力和倾角传感器。可对导线运行时的微气象(包括温度、风速、风向和气压)及舞动特征进行实时监测,监测系统会记录并绘制任意时间段内的曲线图,展示气象条件的变化情况,同时可对相对应的数据进行下载。图 15-3～图 15-6 分别为导线运行时环境的温度、风速、风向、气压变化趋势图，以及导线的振动频率和位移变化趋势图。

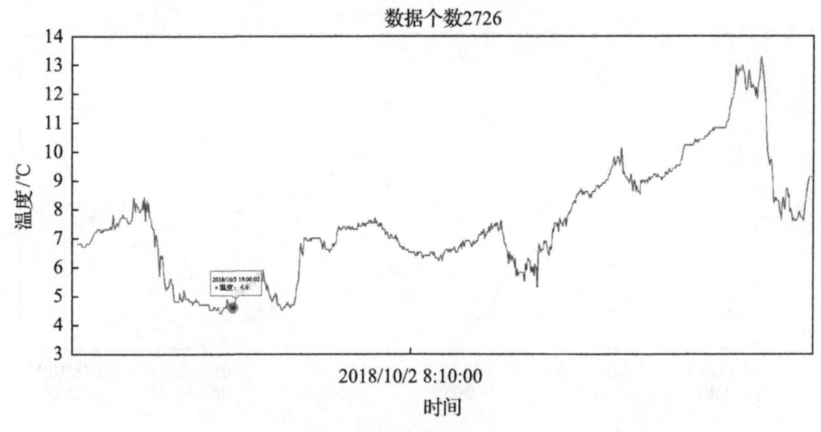

图 15-3　温度变化趋势图

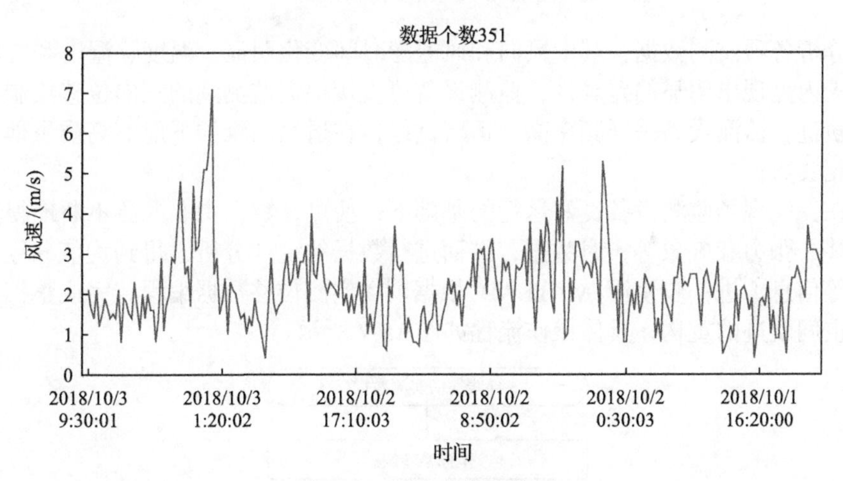

图 15-4　风速变化趋势图

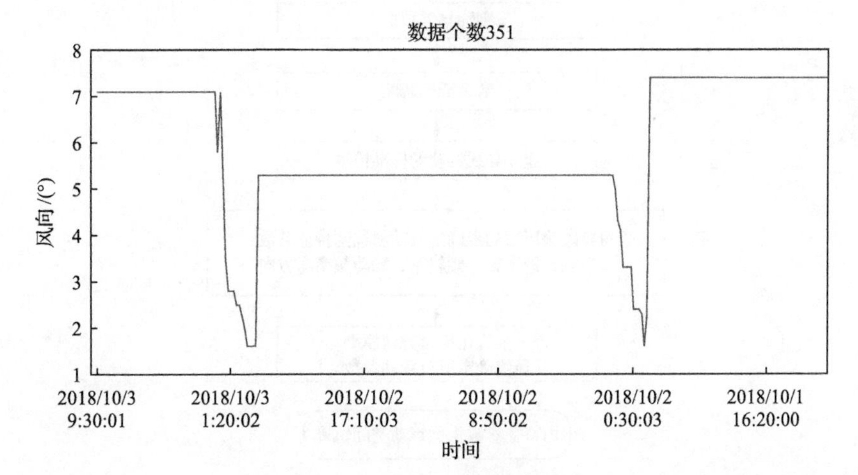

图 15-5　风向变化趋势图

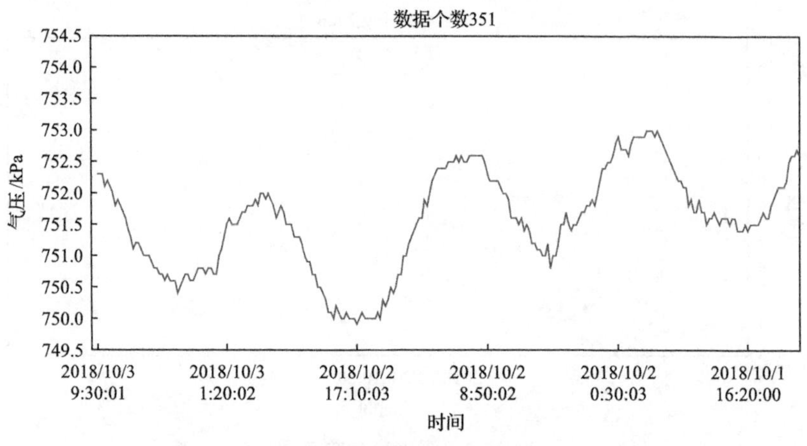

图 15-6　气压变化趋势图

分析各项监测数据，其中风向和风速随时间变化明显，温度、湿度和气压也在一天内呈现出明显的差异性，监测设备可直接根据监测到的三向位移绘制二维舞动轨迹，监测设备采样频率高，运行良好，在适当的维护下能够高质量地实时采集相关数据。

在保证现场监测设备良好运行的基础下，便可在数据中心源源不断地得到现场位移、张力和气象等实时数据，继而进行数据的统计分析，得到均值、频率、幅值等信息，进一步使用 MATLAB 根据现场实测位移数据编程，完成整档导线实时空间轨迹的重构，具体操作流程如图 15-7 所示。

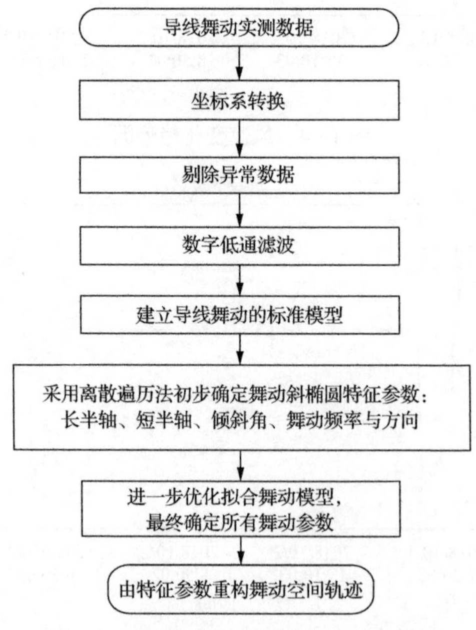

图 15-7　舞动空间轨迹重构算法流程图

图 15-7 基于现场实测数据的覆冰导线轨迹重构算法流程中，首先由基于九轴惯性传感器的导线振动监测系统采集得到加速度数据，继而进行数据分析还原导线空间姿态，并进一步转换至导线的局部坐标系并剔除掉明显错误的异常数据。针对导线舞动特征建立导线舞动的斜椭圆标准模型，其参数包括长半轴、短半轴、倾斜角、舞动频率和方向。对坐标转换后的实测数据采用离散遍历法初步拟合确定相应参数。在此基础上进一步优化拟合算法，最终确定舞动参数，编程重构输电导线舞动空间轨迹。基于舞动监测的数据，对整档导线进行舞动轨迹重构和动态仿真模拟，如图 15-8 所示。

图 15-8(a)和图 15-8(b)分别对应半波数为 1 和 2 时的整档覆冰导线空间姿态曲线，并可实现动态展示功能，其运动模式为空间斜椭圆轨迹。

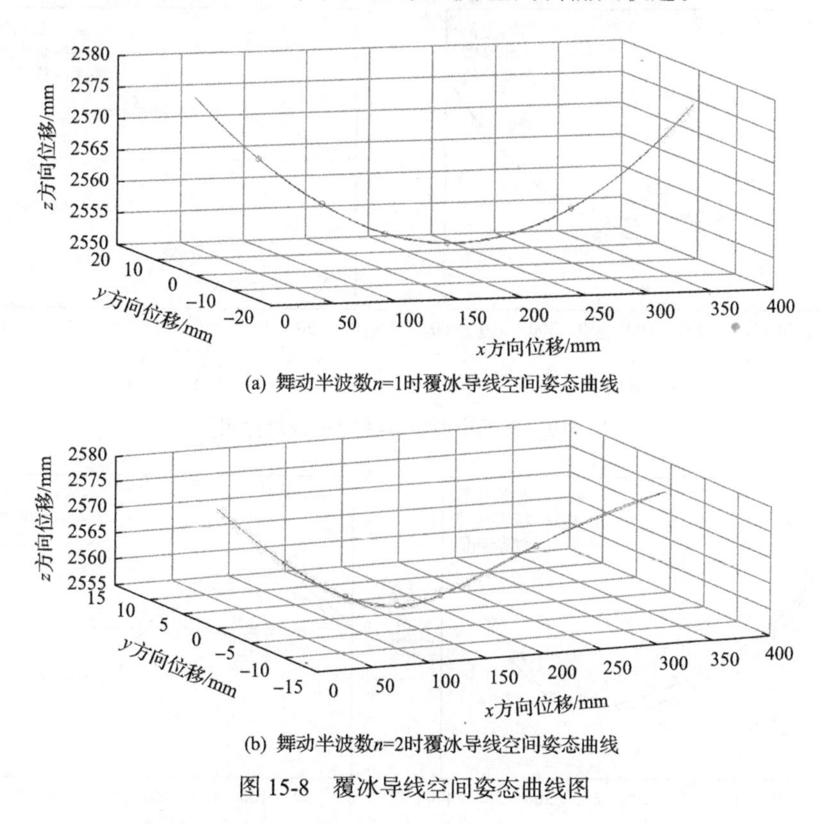

(a) 舞动半波数n=1时覆冰导线空间姿态曲线

(b) 舞动半波数n=2时覆冰导线空间姿态曲线

图 15-8　覆冰导线空间姿态曲线图

15.3　覆冰导线动力响应数值解与试验数据对比分析

基于经典 Runge-Kutta 法，运用 MATLAB 数值计算软件进一步嵌入动态气动荷载，完成覆冰导线流固耦合横扭振动动态响应程序语言的编写，运用时态样条插值法完成整档导线空间振动轨迹重构，最后将计算所得数据与试验实测数据进行对比分析。

现场数据中心采用了基于标准舞动模型的舞动轨迹重构法，舞动位移近似为简谐波，空间轨迹设定舞动模型为斜椭圆，完成空间拟合后还可自动计算舞动幅值、半波数和角频率等特征参数。而采用时态样条插值法进行整档导线模拟时充分还原了采样点的实时空间位置，在此基础上尽可能保证重构曲线的光滑和线长最短。结合现场实测数据，在风速为 10m/s、覆冰厚度为 20mm、温度为–5℃时，用两种重构方法获得半波数为 1 和 2 的舞动轨迹并对比分析，竖向和水平向视角下的重构曲线对比如图 15-9 和图 15-10 所示。

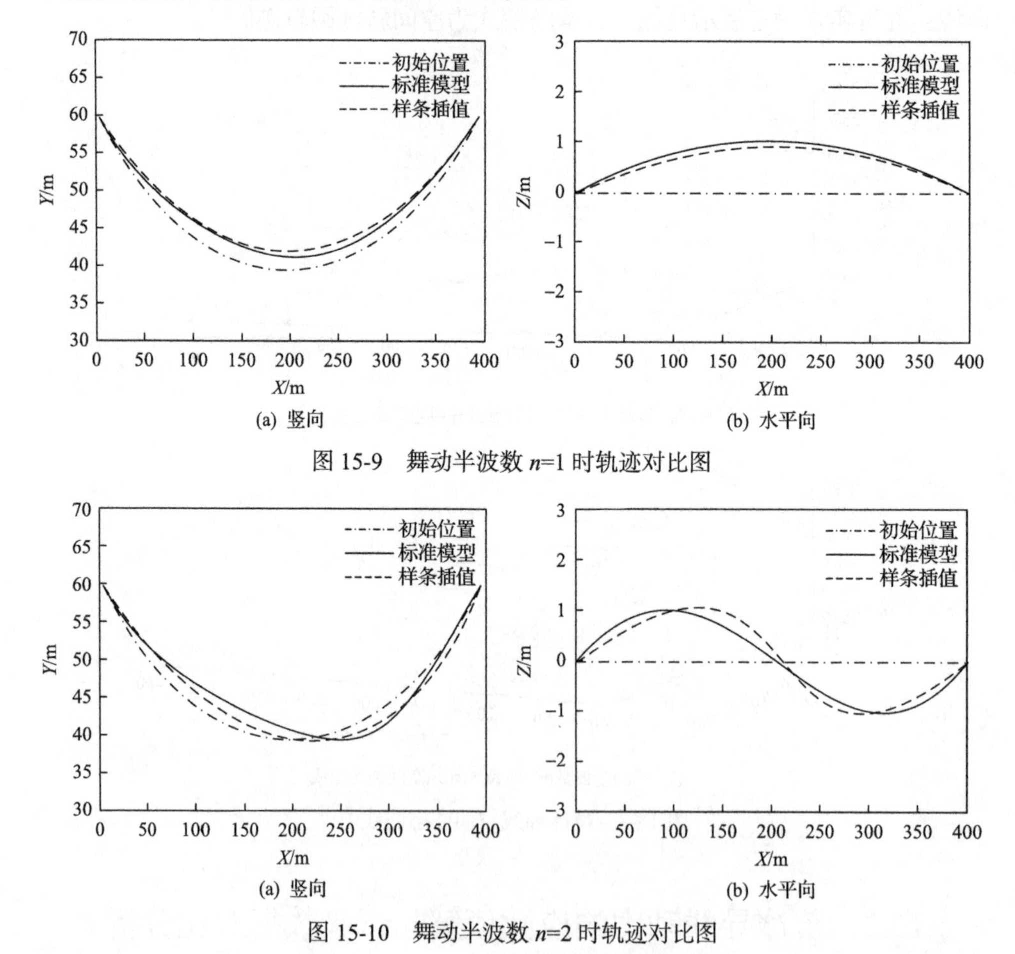

图 15-9 舞动半波数 n=1 时轨迹对比图

(a) 竖向 (b) 水平向

图 15-10 舞动半波数 n=2 时轨迹对比图

图 15-9 为舞动半波数 n=1 时的竖向和水平向导线位置对比图，标准模型法和时态样条插值法导线最大竖向位移为 2m，水平向位移为 1m，两种重构方法存在明显差异，竖向和水平向最大位移差值分别为 0.389m 和 0.124m，以样条插值法

拟合的导线位移为基准，计算误差率分别为 7.28%和 3.16%，误差率均在 8%以内。

图 15-10 为舞动半波数 n=2 时的竖向和水平向导线位置对比图，当舞动半波数为 2 时，跨中节点为波节点，可视为不动点，导线最大竖向位移为 2m，水平向位移为 1m，竖向和水平向最大位移差值分别为 0.501m 和 0.158m，以样条插值法拟合导线位移为基准计算误差率分别为 8.36%和 3.87%，误差率均在 9%以内。

15.4 覆冰导线流固耦合横扭振动多重检视系统研发

覆冰导线流固耦合横扭振动多重检视系统作为试验的延伸，目的在于多维度呈现试验中采集的重要信息和仿真云图及数据。考虑到项目监控中心数据处理及分析均基于 MATLAB，软件研发同样采用 MATLAB GUI 可以快捷高效并完美对接，保证整体的一致性与完整度。

GUI 软件由一个主界面和四个分界面构成，主界面为 Multiple_Inspection_System，该界面为登录入口，用户名和密码与后台用户库信息匹配时可成功登录，之后可看到四个功能模块和实用说明。四个功能模块分别为 Model、Response_surface、Dynamic_Response 和 Space_trajectory，登录界面及功能模块展示如图 15-11 所示。

其中，Model 模块旨在展示覆冰单、分裂导线振型模式，不同档距、不同规格导线、不同覆冰厚度及冰型等条件下导线自振频率差异明显，但是振型基本一致，直观展示有助于了解覆冰导线可能的舞动轨迹，形象生动。界面展示如图 15-12 和图 15-13 所示。

图 15-12 和图 15-13 中左侧为选择控制，第一个弹出菜单包含覆冰单导线和覆冰分裂导线两个选择；第二个弹出菜单包含面内模态、面外模态和扭转模态；第三个弹出菜单包含一阶振型、二阶振型和三阶振型，可分别展示单导线和分裂导线前三阶的面内外及扭转模态振型图。单击“返回”按钮可返回至主界面。

Response_surface 模块旨在展示动态气动力响应面，并给出特定风攻角、风速和覆冰厚度时的动态气动力参数。响应面展示主要包含两种：一种为风攻角和风速条件下的动态气动力响应面；另一种为风攻角和覆冰厚度条件下的动态气动力响应面。界面展示如图 15-14 所示。

图 15-14 中左侧为控制选项，展示对象主要包含气动阻力、气动升力和气动力矩。选定展示对象后，即可在右侧图区中显示动态气动力在风攻角、风速和覆冰厚度三参数影响下的响应面，同时调节左侧的三参数，可具体显示响应面的对应响应值，即对应情况下的动态气动力。

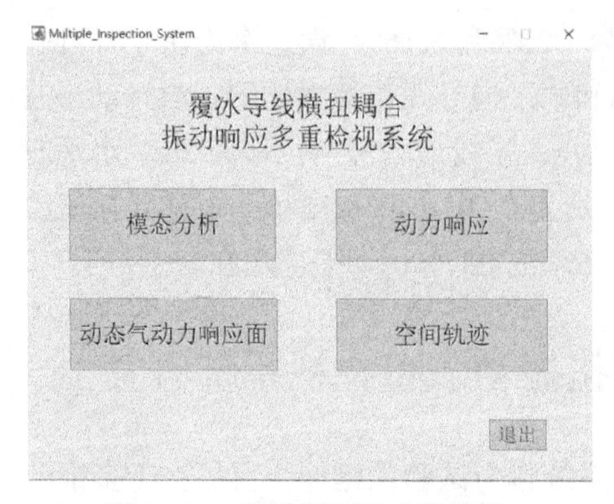

图 15-11　登录界面及功能模块

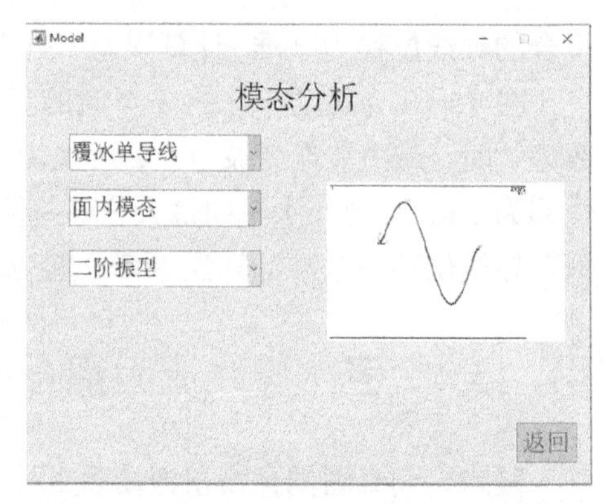

图 15-12　覆冰单导线模态分析界面展示

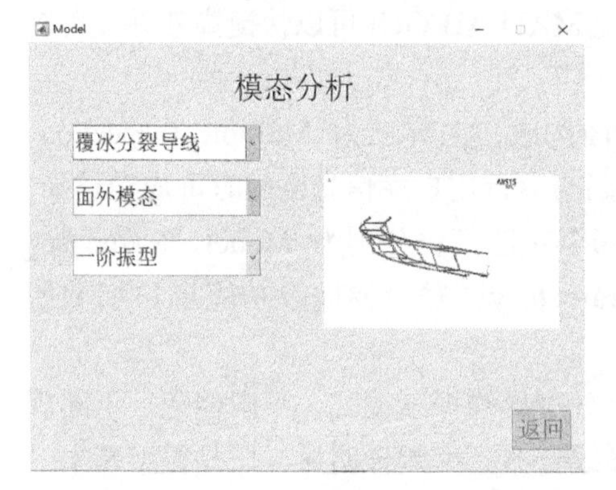

图 15-13　覆冰分裂导线模态分析界面展示

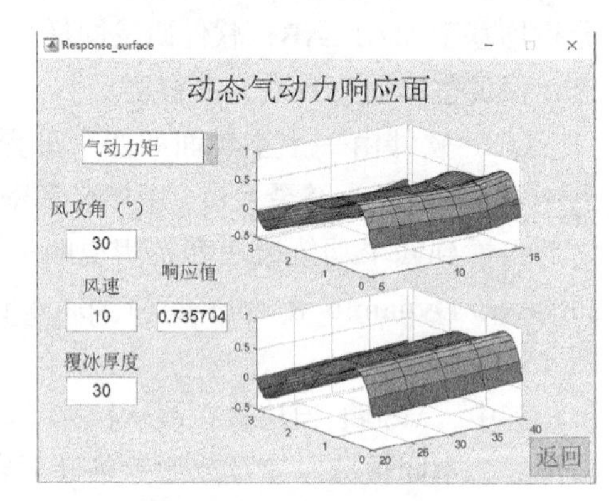

图 15-14　动态气动力响应面界面展示

Dynamic_Response 模块旨在展示覆冰导线流固耦合横扭振动的动力响应，即导线质点的振幅时程曲线。界面展示如图 15-15 所示。

图 15-15 中左侧为风速、覆冰厚度和初始风攻角的三参数控制选项，在此基础上设置一定的位移初值和速度初值(默认为 0)，最后设定求解终止时间，即可得到相应条件下的质点振幅时程曲线并展示于右侧图区。该求解时间间隔为 0.01s，得到位移时程曲线后会自动统计位移的最大值和均方根值，同时可通过“轨迹”按钮直接到达 Space_trajectory 模块，同时将相应的条件参数传递过去，作为空间轨迹模拟时的条件参数。

Space_trajectory 模块旨在展示覆冰导线不同位置处的质点轨迹和整档导线的空间运动轨迹。界面展示如图 15-16 和图 15-17 所示。

图 15-16 和图 15-17 左侧为控制选项，展示对象主要分为单质点和整档导线，条件控制包括质点位置、时间控制和视角控制，其中质点位置可选内容为 1/8 的整数倍，后台程序会计算相应质点处的舞动轨迹，之后进行空间轨迹拟合，通过插值方式得到初始时刻的整档导线空间姿态，继而根据单质点的动态振幅变化绘

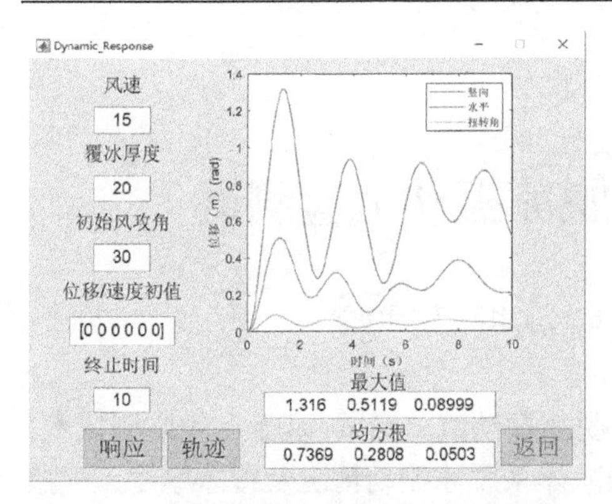

图 15-15　覆冰导线质点动力响应界面展示

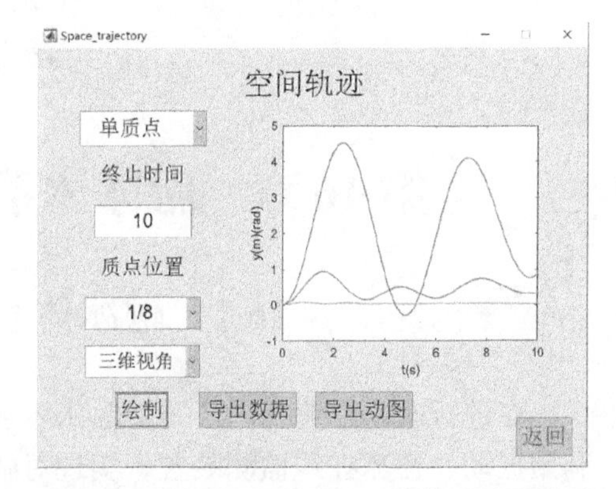

图 15-16　覆冰导线单质点空间轨迹界面展示

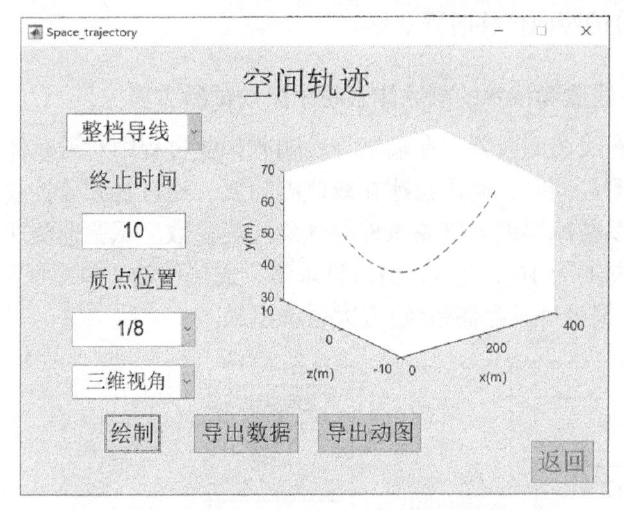

图 15-17　覆冰导线整档导线空间轨迹界面展示

制下一时刻的整档导线空间姿态，以动画方式展现动态舞动过程。视角控制可选择三维视角、正视视角和俯视视角，方便用户直观察看导线空间姿态。单击“绘制”按钮即可完成相应轨迹的展示，单击“导出数据”和“导出动图”按钮完成数据和动图的导出，方便用户查询和调用。此外，导出的数据中会带有相应标题和条件参数，方便用户有效地查询结果信息。

第 16 章　融冰体系脱冰振动试验测试

16.1　融冰体系脱冰振动试验

在进行融冰作业时同步开展融冰体系脱冰振动试验测试，基于在线监测技术，利用振动、覆冰在线监测装置，实现对融冰体系脱冰振动情况及覆冰厚度、气象条件等气象环境参数的采集，提取分析短接导线中点(监测点 2)和悬臂组合机构端部(监测点 4)的竖向位移时程数据。

16.1.1　基于在线监测技术的融冰体系脱冰振动试验方案

利用振动在线监测装置，在输电导线融冰作业过程中对融冰体系脱冰振动情况进行实时监测。同时，利用覆冰在线监测装置，通过视频监控及图像边缘检测法得到融冰体系覆冰厚度、气象条件等气象环境参数。试验监测所用设备和安装位置总体框架图如图 16-1 所示，由信息采集、通信传输、供电保障、监控分机、监控中心(含数据处理及存储系统)五大系统组成。

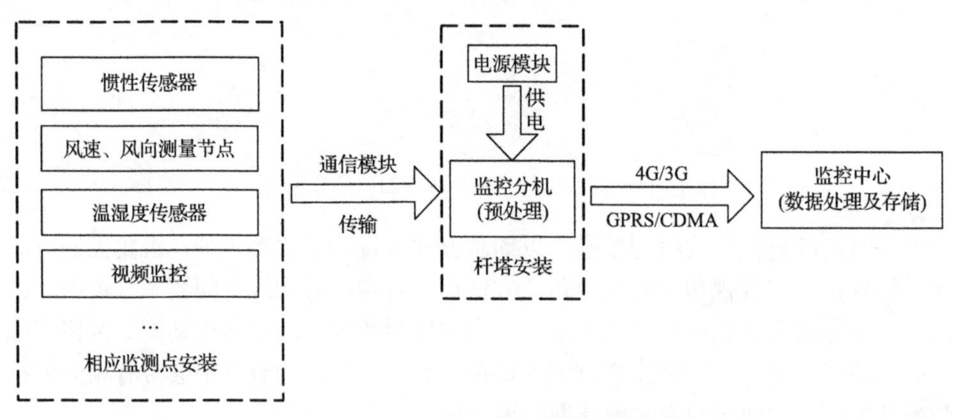

图 16-1　试验系统总体框架图

GPRS/CDMA：通用分组无线业务/码多分址

信息采集单元通过各类传感器负责试验现场温度、湿度、风速、风向及融冰体系动态位移、视频图像等数据的采集；通信传输单元采用有线与无线相结合的方式进行信息传输，温度、湿度、风速等传感器均安装于输电塔上，通过在塔上走线的方式利用通信线与监测分机连接，而惯性传感器安装在融冰体系上，不具备走线条件，因此采用无线通信方式传输数据至监测分机；供电保障单元通过太阳能和电源供电相结合的方式为系统供电；监控分机负责现场各类信息采集单元的数据采集及实时分析处理；监控中心对经过监控分机预处理的信息进行进一步的统计分析。

采用振动在线监测装置对融冰体系脱冰振动位移情况进行采集，具体做法是在现有的融冰体系短接导线和悬臂组合机构上加装振动监测传感器(惯性传感器)，在短接导线的四等分点上均匀布置 3 个特征点、在悬臂中点和端点各布置 1 个特征点，供电保障单元、监控分机安装于输电塔上，监控中心设于远端监控中心室内。在融冰体系脱冰振动时，各采集点数据由传感器进行采集，并汇总至输电塔上的监控分机，监控分机对数据进行简单的预处理后交由监控中心，在监控中心主机上利用空间姿态变换、加速度位移转换等算法对数据进行进一步的处理与表征，准确得到各监测点随时间变化的坐标值，从而得到各监测点的振动位移数据。监测点位布置如图 16-2 所示。

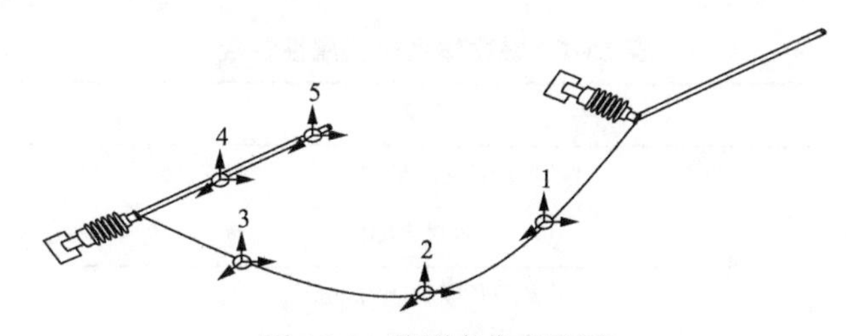

图 16-2　监测点位布置图

利用覆冰在线监测装置可对融冰体系覆冰情况和环境气象条件进行采集分析，主要是通过对融冰体系周围的温度、湿度、风速、风向及覆冰图像等气象环境参数一次数据进行采集，并经过基于图像边缘检测法的覆冰厚度计算模型进行二次计算，得到融冰体系覆冰厚度。试验时位移监测使用的惯性传感器如图 16-3(a)所示,在线监控装置的监控分机及太阳能电池板安装如图 16-3(b)所示。

(a) 惯性传感器

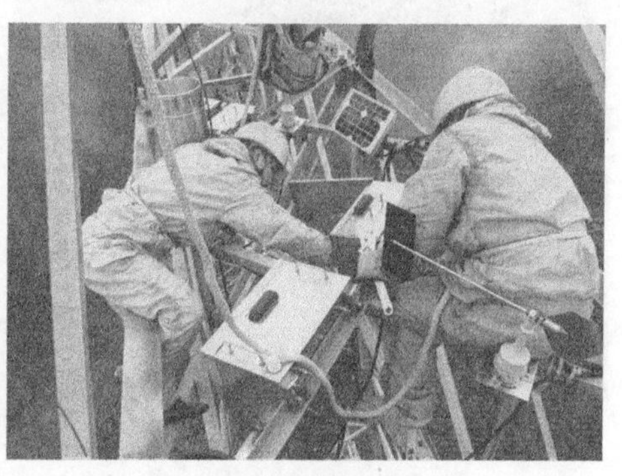

(b) 测试系统安装

图 16-3　惯性传感器及测试系统安装图

16.1.2 融冰体系线路温度与临界融冰电流的脱冰振动试验测试

融冰体系由悬臂组合机构和短接导线共同组成，悬臂组合机构主体由长3.7m的空心铝管和0.3m的支柱绝缘子构成，短接导线长度为5.2m，材料属性参数见表16-1。现有的融冰体系分A、B、C三相安装于待融冰线路指定输电塔上，其中A相安装于输电塔塔头内侧，B、C相安装于输电塔前后两侧，融冰段为2.3km的LGJ-185单导线，通过调整支柱绝缘子方向和角度使悬臂、短接导线与输电塔保持一定距离，保证融冰过程中电气安全。融冰体系中悬臂组合机构在地面的组装图如图16-4(a)所示，融冰现场试验如图16-4(b)所示，其中A、B、C三相所指为悬臂组合机构伸直状态，A、C相之间的连接导线及A相悬臂组合机构上的金属圆球为根据监测点位设置的惯性传感器，用以监测位置变化情况。

表16-1 融冰体系材料属性参数

	参数	数值
短接导线	单位长度质量/(kg/m)	0.57
	弹性模量/GPa	58
悬臂	单位长度质量/(kg/m)	5.71
	弹性模量/GPa	71.7
支柱绝缘子	单位长度质量/(kg/m)	7.5
	弹性模量/GPa	30
	剪切模量/GPa	5
	直径/mm	120

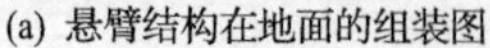

(a) 悬臂结构在地面的组装图

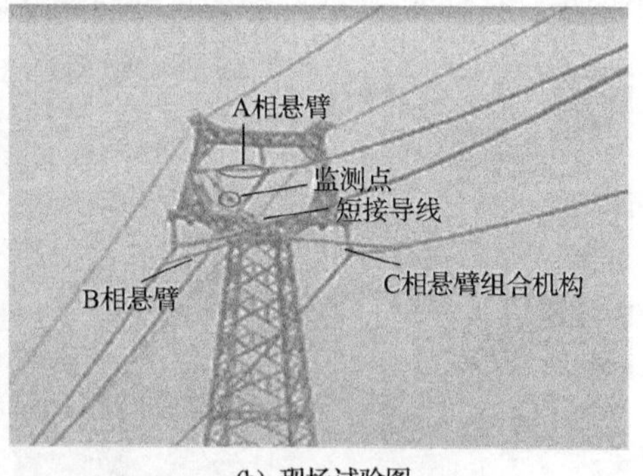

(b) 现场试验图

图16-4 悬臂结构在地面的组装图及现场试验图

在进行融冰作业时同步开展融冰体系脱冰振动试验测试。使用融冰体系将融冰线路段三相进行短接，利用直流融冰电源装置在线路另一端与 A、C 相导线相连并接通直流电流，逐步提升电流使其超过临界融冰电流，融冰体系和线路温度逐渐上升实现覆冰融化。直流融冰装置及控制界面如图 16-5 所示。

(a) 直流融冰装置

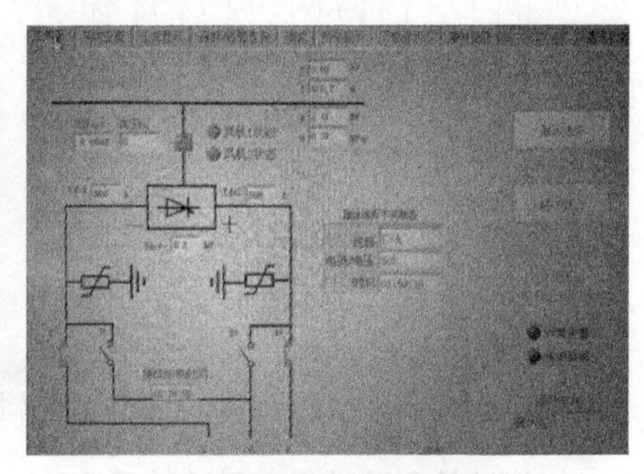

(b) 直流融冰装置控制界面

图 16-5　直流融冰装置及控制界面图

试验时通过覆冰在线监测装置记录气象环境参数和融冰体系覆冰厚度，利用振动在线监测装置对融冰体系短接导线和悬臂组合机构脱冰振动情况进行实时监测和记录，试验气象环境监控界面如图 16-6 所示。

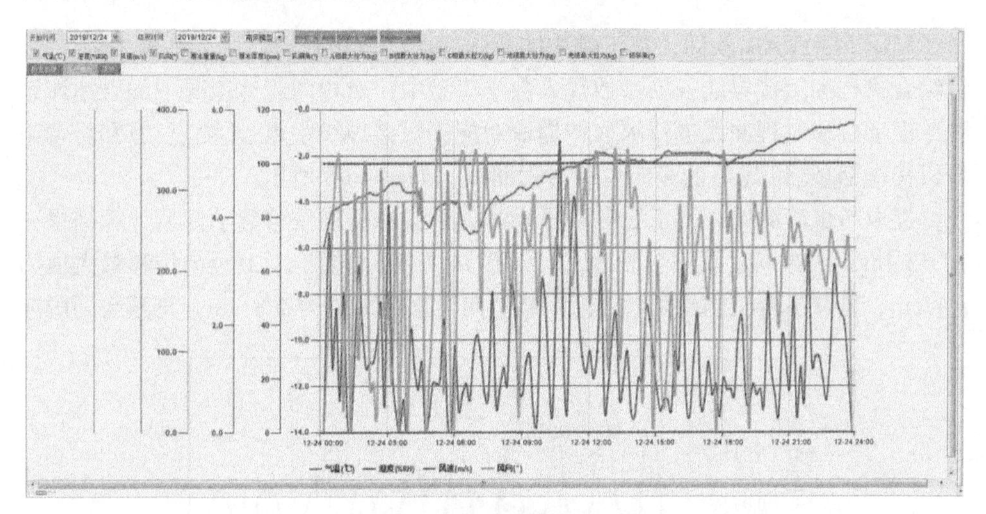

图 16-6　气象环境监控界面图

进行融冰体系脱冰振动试验测试时，环境温度为–3℃，平均风速为 2.9m/s，等效覆冰厚度为 13.4mm。在以上气象条件和覆冰厚度下融冰体系完全脱冰，在振动监测系统中提取短接导线中点(监测点 2)和悬臂端部(监测点 5)竖向位移时程数据，如图 16-7 所示。

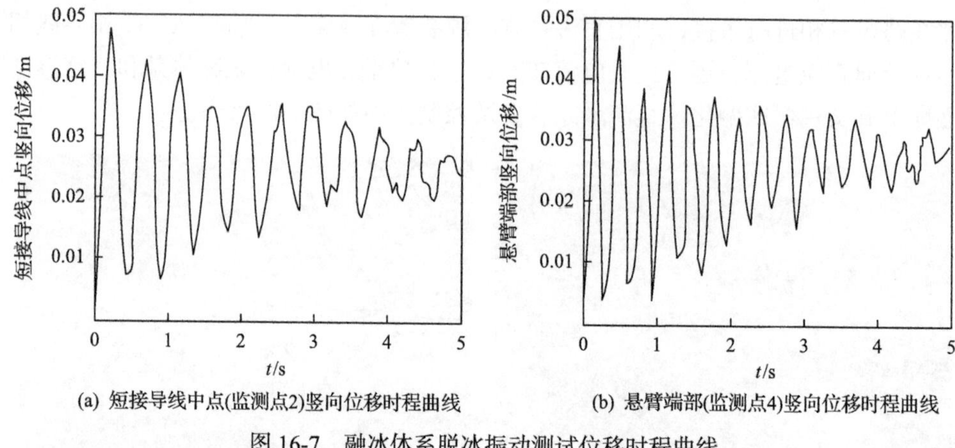

(a) 短接导线中点(监测点2)竖向位移时程曲线 (b) 悬臂端部(监测点4)竖向位移时程曲线

图 16-7 融冰体系脱冰振动测试位移时程曲线

根据试验测试结果，融冰体系在 13.4mm 覆冰厚度下完全脱冰时，短接导线中点(监测点 2)竖向位移最大值为 4.73cm、悬臂组合机构端部(监测点 4)竖向位移最大值为 4.96cm。

16.2 数学模型计算与试验测试结果对比分析

利用 MATLAB 软件，基于融冰体系脱冰振动位移数学模型，将表 16-1 中悬臂组合机构和短接导线各项参数代入数学模型中，对相同脱冰工况下的融冰体系脱冰振动位移时程曲线进行求取，提取对应于短接导线中点(监测点 2)和悬臂组合机构端部(监测点 4)的竖向位移时程曲线，如图 16-8 所示。

提取与试验测试相同工况条件下融冰体系脱冰振动位移数学模型计算结果，在 13.4mm 覆冰厚度下完全脱冰时，短接导线中点(监测点 2)竖向位移最大值为 5.48cm、悬臂组合机构端部(监测点 4)竖向位移最大值为 5.81cm。将其与同脱冰

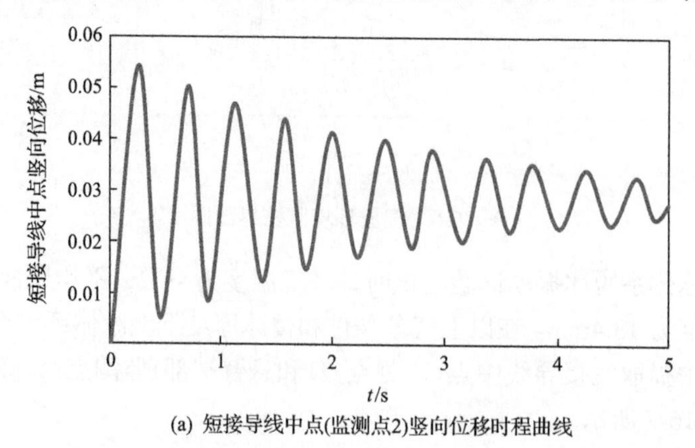

(a) 短接导线中点(监测点2)竖向位移时程曲线

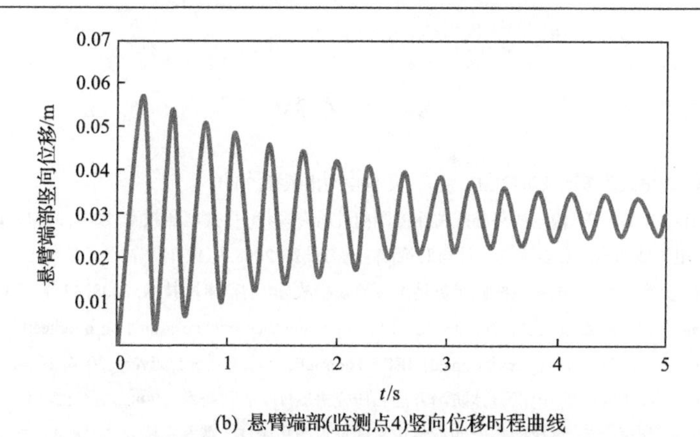

(b) 悬臂端部(监测点4)竖向位移时程曲线

图 16-8　融冰体系脱冰振动数学模型计算位移时程曲线

工况及参数条件的试验测试结果进行比对，短接导线中点(监测点 2)和悬臂端部(监测点 4)竖向位移最大值相对误差分别为 15.86%和 17.14%。

短接导线位移值误差的产生可能是因在建立融冰体系短接导线脱冰振动位移数学模型时将其初始形态假设为斜抛物线，但假设成立的前提条件是高差与档距之比小于 0.25，而试验时为满足塔型需求此值为 0.342；悬臂组合机构位移值误差产生的原因是在建立悬臂组合机构脱冰振动位移数学模型时将支柱绝缘子与悬臂假设为同一模态，与实际情况略有差异。同时，风荷载也对其振动特性有一定影响。

将数学模型计算结果与试验测试图像的变化趋势进行对比，二者基本保持一致，但试验测试位移时程曲线频率略高于数学模型且在振动后期略有抖动，其原因可能是融冰体系在脱冰时悬臂组合机构和短接导线之间存在一定的相互影响，在振动后期能量降低时覆冰脱落导致的融冰体系振动幅值和速度变小，二者间的影响逐渐扩大，引起振动后期图像波动。

因客观原因，该试验仅能在冬季融冰作业时同步实施，后续将利用此融冰体系脱冰振动试验装置继续提取不同覆冰厚度脱冰工况下监测点的位移时程曲线，同时进一步通过试验考虑风荷载对其影响并确定影响系数，从而对融冰体系脱冰振动特性进行进一步的分析。

参 考 文 献

[1] 蒋兴良, 易辉. 输电线路覆冰及防护[M]. 北京: 中国电力出版社, 2001.

[2] 苑吉河, 蒋兴良, 易辉, 等. 输电线路导线覆冰的国内外研究现状[J]. 高电压技术, 2004, 30(1): 6-9.

[3] 梁文政. 架空电力线路抗冰(雪)害的设计与对策[J]. 电力设备, 2008, 9(12): 19-22.

[4] 李庆峰, 范峥, 吴穹, 等. 全国输电线路覆冰情况调研及事故分析[J]. 电网技术, 2008, 32(9): 33-36.

[5] Jiang X, Xiang Z, Zhang Z, et al. Predictive model for equivalent ice thickness load on overhead transmission lines based on measured insulator string deviations[J]. IEEE Transactions on Power Delivery, 2014, 29(4): 1659-1665.

[6] 李再华, 白晓民, 周子冠, 等. 电网覆冰防治方法和研究进展[J]. 电网技术, 2008, 32(4): 7-14.

[7] 蒋兴良, 张志劲, 胡琴, 等. 再次面临电网冰雪灾害的反思与思考[J]. 高电压技术, 2018, 44(2): 463-469.

[8] Gao X G, Peng Y T, Liu K X, et al. A new high-frequency transmission line ice-melting technique[C]. 2015 International Conference on Electric, Electronic and Control Engineering, 2015: 531-536.

[9] Huang G Z, Yan B, Wen N, et al. Study on jump height of transmission lines after ice-shedding by reduced-scale modeling test[J]. Cold Regions Science and Technology, 2019, 165: 102781.

[10] Guo Q L, Xiao J, Hu X. New keypoint matching method using local convolutional features for power transmission line icing monitoring[J]. Sensors, 2018, 18(3): 68.

[11] 巢亚锋, 岳一石, 王成, 等. 输电线路融冰、除冰技术研究综述[J]. 高压电器, 2016, 52(11): 1-9, 24.

[12] 张卓群, 李宏男, 李士锋, 等. 输电塔-线体系灾变分析与安全评估综述[J]. 土木工程学报, 2016, 49(12): 75-88.

[13] 范松海, 毕茂强, 龚奕宇, 等. 自然条件下导线覆冰形状及对融冰过程的影响研究[J]. 高压电器, 2019, 55(6): 184-191.

[14] 付豪, 杨力. 超高压输电线路直流融冰接地故障定位技术研究[J]. 自动化应用, 2019(12): 55-57.

[15] 吕健双, 李健, 岳浩. 输电线路地线融冰自动接线方案研究与工程应用[J]. 智能电网, 2016, 4(11): 1154-1157.

[16] Hu Y Z, Yu S F, Zhang L, et al. Research and validation on melting ice of overhead transmission line[J]. Applied Mechanics & Materials, 2014, 543-547: 653-657.

附 录

$$\omega_{11}^2=\left(\frac{EA\pi^2\tan^2\theta_1}{2l_1}+\frac{EA\mathrm{m}_{11}^2g^2l_1(6+\pi^2)}{24T_1^2\cos^2\theta_1}+\frac{\pi^2T_1}{2l_1}\right)\Big/\left(\frac{1}{2}m_{11}l_1\right)$$

$$a_1=\left(\frac{EA\pi^2\tan\theta_1}{2l_1}\right)\Big/\left(\frac{1}{2}m_{11}l_1\right),\quad a_2=\left(\frac{7EAm_{11}g\pi}{3l_1T_1\cos\theta_1}\right)\Big/\left(\frac{1}{2}m_{11}l_1\right)$$

$$a_3=\left(\frac{3EA\pi^4}{16l_1^3}\right)\Big/\left(\frac{1}{2}m_{11}l_1\right),\quad a_4=\left(\frac{3EA\pi^4}{16l_1^3}\right)\Big/\left(\frac{1}{2}m_{11}l_1\right)$$

$$a_5=\left(\frac{2EAam_{11}g}{\pi T_1\cos\theta_1}\right)\Big/\left(\frac{1}{2}m_{11}l_1\right),\quad a_6=\left(\frac{EAa\pi^2}{2l_1^2}\right)\Big/\left(\frac{1}{2}m_{11}l_1\right)$$

$$a_7=\left(\frac{7EAm_{11}g\pi}{9l_1T_1\cos\theta_1}\right)\Big/\left(\frac{1}{2}m_{11}l_1\right),\quad a_8=\left(\frac{2m_{11}gl_1}{\pi}-\frac{2m_{11}gl_1}{\pi\cos\theta_1}\right)\Big/\left(\frac{1}{2}m_{11}l_1\right)$$

$$\omega_{12}^2=\left(\frac{EA\pi^2}{2l_1}+\frac{\pi^2T_1}{2l_1}\right)\Big/\left(\frac{1}{2}m_{11}l_1\right),\quad a_9=\left(\frac{EA\pi^2\tan\theta_1}{2l_1}\right)\Big/\left(\frac{1}{2}m_{11}l_1\right)$$

$$a_{10}=\left(\frac{14EAm_{11}g\pi}{9l_1T_1\cos\theta_1}\right)\Big/\left(\frac{1}{2}m_{11}l_1\right),\quad a_{11}=\left(\frac{3EA\pi^4}{16l_1^3}\right)\Big/\left(\frac{1}{2}m_{11}l_1\right)$$

$$a_{12}=\left(\frac{3EA\pi^4}{16l_1^3}\right)\Big/\left(\frac{1}{2}m_{11}l_1\right),\quad a_{13}=\left(\frac{EAa\pi^2}{2l_1^2}\right)\Big/\left(\frac{1}{2}m_{11}l_1\right)$$

$$\omega_{21}^2=\left[\frac{EA\pi^2\tan^2\theta_2}{2l_2}+\frac{EA\mathrm{m}_{21}^2g^2l_2(6+\pi^2)}{24T_2^2\cos^2\theta_2}+\frac{\pi^2T_2}{2l_2}\right]\Big/\left(\frac{1}{2}m_{21}l_2\right)$$

$$a_{14}=\left(\frac{EA\pi^2\tan\theta_2}{2l_2}\right)\Big/\left(\frac{1}{2}m_{21}l_2\right),\quad a_{15}=\left(\frac{7EAm_{21}g\pi}{3l_2T_2\cos\theta_2}\right)\Big/\left(\frac{1}{2}m_{21}l_2\right)$$

$$a_{16}=\left(\frac{3EA\pi^4}{16l_2^3}\right)\Big/\left(\frac{1}{2}m_{21}l_2\right),\quad a_{17}=\left(\frac{7EAm_{21}g\pi}{9l_2T_2\cos\theta_2}\right)\Big/\left(\frac{1}{2}m_{21}l_2\right)$$

$$a_{18}=\left(\frac{3EA\pi^4}{16l_2^3}\right)\Big/\left(\frac{1}{2}m_{21}l_2\right),\quad a_{19}=\left(\frac{2EAam_{21}g}{\pi T_2\cos\theta_2}\right)\Big/\left(\frac{1}{2}m_{21}l_2\right)$$

$$a_{20}=\left(\frac{2EAam_{21}g}{\pi T_2\cos\theta_2}\right)\Big/\left(\frac{1}{2}m_{21}l_2\right),\quad a_{21}=\left(\frac{EAa\pi^2}{2{l_2}^2}\right)\Big/\left(\frac{1}{2}m_{21}l_2\right)$$

$$a_{22}=\left(\frac{EAa\pi^2}{2{l_2}^2}\right)\Big/\left(\frac{1}{2}m_{21}l_2\right),\quad a_{23}=\left(\frac{2m_{21}gl_2}{\pi}-\frac{2m_{21}gl_2}{\pi\cos\theta_2}\right)\Big/\left(\frac{1}{2}m_{21}l_2\right)$$

$$\omega_{22}^2=\left(\frac{EA\pi^2}{2l_2}+\frac{\pi^2T_2}{2l_2}\right)\Big/\left(\frac{1}{2}m_{21}l_2\right),\quad a_{24}=\left(\frac{EA\pi^2\tan\theta_2}{2l_2}\right)\Big/\left(\frac{1}{2}m_{21}l_2\right)$$

$$a_{25}=\left(\frac{14EAm_{21}g\pi}{9l_2T_2\cos\theta_2}\right)\Big/\left(\frac{1}{2}m_{21}l_2\right),\quad a_{26}=\left(\frac{3EA\pi^4}{16{l_2}^3}\right)\Big/\left(\frac{1}{2}m_{21}l_2\right)$$

$$a_{27}=\left(\frac{3EA\pi^4}{16{l_2}^3}\right)\Big/\left(\frac{1}{2}m_{21}l_2\right),\quad a_{28}=\left(\frac{EAa\pi^2}{2{l_2}^2}\right)\Big/\left(\frac{1}{2}m_{21}l_2\right)$$

$$a_{29}=\left(\frac{EAa\pi^2}{2{l_2}^2}\right)\Big/\left(\frac{1}{2}m_{21}l_2\right)$$

$$\omega_{31}^2=\left[\frac{EA\pi^2\tan^2\theta_3}{2l_3}+\frac{EAm_{31}^2g^2l_3(6+\pi^2)}{24T_3^2\cos^2\theta_3}+\frac{\pi^2T_3}{2l_3}\right]\Big/\left(\frac{1}{2}m_{31}l_3\right)$$

$$a_{30}=\left(\frac{EA\pi^2\tan\theta_3}{2l_3}\right)\Big/\left(\frac{1}{2}m_{31}l_3\right),\quad a_{31}=\left(\frac{7EAm_{31}g\pi}{3l_3T_3\cos\theta_3}\right)\Big/\left(\frac{1}{2}m_{31}l_3\right)$$

$$a_{32}=\left(\frac{3EA\pi^4}{16l_3^3}\right)\Big/\left(\frac{1}{2}m_{31}l_3\right),\quad a_{33}=\left(\frac{7EAm_{31}g\pi}{9l_3T_3\cos\theta_3}\right)\Big/\left(\frac{1}{2}m_{31}l_3\right)$$

$$a_{34}=\left(\frac{3EA\pi^4}{16l_3^3}\right)\Big/\left(\frac{1}{2}m_{31}l_3\right),\quad a_{35}=\left(\frac{2EAam_{31}g\pi}{\pi T_3\cos\theta_3}\right)\Big/\left(\frac{1}{2}m_{31}l_3\right)$$

$$a_{36}=\left(\frac{EAa\pi^2}{2l_3^2}\right)\Big/\left(\frac{1}{2}m_{31}l_3\right),\quad a_{37}=\left(\frac{2m_{31}gl_3}{\pi}-\frac{2m_{31}gl_3}{\pi\cos\theta_3}\right)\Big/\left(\frac{1}{2}m_{31}l_3\right)$$

$$\omega_{32}^2=\left(\frac{EA\pi^2}{2l_3}+\frac{\pi^2T_3}{2l_3}\right)\Big/\left(\frac{1}{2}m_{31}l_3\right),\quad a_{38}=\left(\frac{EA\pi^2\tan\theta_3}{2l_3}\right)\Big/\left(\frac{1}{2}m_{31}l_3\right)$$

$$a_{39}=\left(\frac{14EAm_{31}g\pi}{9l_3T_3\cos\theta_3}\right)\Big/\left(\frac{1}{2}m_{31}l_3\right),\quad a_{40}=\left(\frac{3EA\pi^2}{16l_3^3}\right)\Big/\left(\frac{1}{2}m_{31}l_3\right)$$

$$a_{41}=\left(\frac{3EA\pi^4}{16l_3^3}\right)\Big/\left(\frac{1}{2}m_{31}l_3\right),\quad a_{42}=\left(\frac{EAa\pi^2}{2l_3^2}\right)\Big/\left(\frac{1}{2}m_{31}l_3\right)$$

$$\omega_{绝1}^2=\frac{EAa^2}{Jl_1}+\frac{EAa^2}{Jl_2},\quad a_{43}=\frac{m_{绝1}a}{2J},\quad a_{44}=\frac{EAa\pi^2}{Jl_2},\quad a_{45}=\frac{2EAam_{11}g}{J\pi T_1\cos\theta_1}$$

$$a_{46}=\frac{EAa\pi^2}{4Jl_1^2},\quad a_{47}=\frac{EAa\pi^2}{4Jl_1^2},\quad a_{48}=\frac{2EAam_{21}g}{J\pi T_2\cos\theta_2},\quad a_{49}=\frac{EAa\pi^2}{4Jl_2^2},\quad a_{50}=\frac{EAa\pi^2}{4Jl_2^2}$$

$$\omega_{绝2}^2=\frac{EAa^2}{Jl_2}+\frac{EAa^2}{Jl_3},\quad a_{51}=T_1a-T_2a,\quad a_{52}=\frac{m_{绝2}a}{2J},\quad a_{53}=\frac{EAa^2}{Jl_2}$$

$$a_{54}=\frac{2EAam_{21}g}{J\pi T_2\cos\theta_2},\quad a_{55}=\frac{EAa\pi^2}{4Jl_2^2},\quad a_{56}=\frac{EAa\pi^2}{4Jl_2^2},\quad a_{57}=\frac{2EAam_{31}g}{J\pi T_3\cos\theta_3}$$

$$a_{58}=\frac{EAa\pi^2}{4Jl_3^2},\quad a_{59}=\frac{EAa\pi^2}{4JL_3^2},\quad a_{60}=T_2a-T_3a$$